高等职业教育农业农村部“十四五”规划教材

茶叶感官审评技术

周炎花 李清 主编

U0427478

中国农业出版社
北京

内容简介

本教材是全国高等职业院校茶叶生产与加工技术、茶艺与茶文化专业的一门专业核心课教材，主要由10个项目、51个任务组成。

本教材主要介绍了绿茶、红茶、乌龙茶、白茶、黄茶、黑茶六大基本茶类，以及花茶、固态速溶茶、茶饮料等再加工茶的审评知识与技能。全书以项目为导向、以任务驱动为依据，按照“项目—任务”的结构进行编写，每一项目中有若干任务，每一任务包括任务目标、知识准备、理论测验、技能实训等栏目，内容简明扼要，注重对学生理论知识及实践技能的培养，突出了岗位职业技能，体现了工学结合、校企合作的教学需要。

本教材可作为高等职业院校茶类相关专业及评茶员职业技能培训的教材，也适合茶叶企业技术人员、茶叶爱好者阅读参考。

编审人员名单

主　编　周炎花　李　清

副主编　杨双旭　马　蕊　卓　敏

编　者　（以姓氏笔画为序）

马　蕊（广西职业技术学院）

丘启彬（厦门茶叶进出口有限公司）

许博强（漳州天福茶业有限公司）

孙培培（浙江农业商贸职业学院）

李　清（宜宾职业技术学院）

杨双旭（漳州科技职业学院）

陈本果（遵义茶业学校）

卓　敏（广东科贸职业学院）

周炎花（漳州科技职业学院）

审　稿　郭雅玲（福建农林大学）

前言

本教材以高等职业院校培养复合型技术技能人才需要为基础，与茶叶企业生产实际相结合，为适应茶行业发展需要，培养茶行业实用型技术技能人才而编写。教材在“校企合作、工学结合”理念的指导下，采用以工作过程为导向的“典型工作任务分析法”，以茶叶企业评茶员、品控员岗位职业能力为依据，按照从“初学者到专家”的职业成长规律进行编写。

茶叶感官审评是一项技术性较强的工作，是评茶员通过视觉、嗅觉、味觉、触觉等感觉器官来评定茶叶品质优劣的一门技术，贯穿茶叶生产、加工、销售、品饮等各个环节，具有快速、直观、准确的特点，又具有定级、定价、仲裁等关键作用。由于我国茶区广阔，不同地区的气候条件、茶树品种、加工工艺等不同，形成了品类丰富、各具特色的茶叶。目前，各类茶叶品质评比大赛都是通过感官审评方法进行的。

本教材依据评茶员、品控员职业岗位的典型工作任务确定编写内容，使其与《评茶员》国家职业技能标准对接，注重吸收茶行业新知识、新方法和新标准，内容涵盖基本茶类和再加工茶的感官审评技术。教材内容以工作任务为依托，体现了以工作过程为导向的课程体系和行业发展要求，做到了产学结合，培养学生在掌握基本理论知识的基础上，强化专业技能的提升，从而增强学生的就业和创业能力。

《茶叶感官审评技术》教材由10个项目、51个任务组成，内容包括茶叶感官审评基础，茶叶感官审评准备，绿茶、红茶、乌龙茶、白茶、黄茶、黑茶六大基本茶类以及花茶、其他茶的感官审评。本教材按照“项目—任务”的结构进行编写。本教材旨在强化学生在“做中学，学中做”，并对接

评茶员职业岗位能力要求，融入茶叶新标准和新方法；在内容上注重满足学生的在校学习和后续学习的需要，科学安排各任务的知识点、技能点，既注重知识积累，也重视技能培养，为学生职业生涯的发展奠定了基础。

本教材由周炎花、李清担任主编，杨双旭、马蕊、卓敏担任副主编。周炎花负责编写项目二、项目三、项目四、项目五、项目八；李清参与编写了项目二、项目四、项目七、项目八；杨双旭负责编写项目一、项目六；马蕊负责编写项目七、项目九；卓敏参与编写项目三、项目五；丘启彬参与编写项目四、项目五；孙培培参与编写项目三；许博强负责编写项目十；陈本果参与编写项目三。教材中的图片主要由周炎花和杨双旭负责拍摄、整理，部分茶样图片由茶友提供。教材中配套的微课主要由周炎花、杨双旭统筹设计，并由漳州科技职业学院茶叶感官审评的校企师资团队共同拍摄制作。在教材的编写过程中，各位编写人员投入了大量的时间和精力，对书稿进行了反复修改，福建农林大学郭雅玲教授对书稿进行了指导与审阅，并提出了宝贵意见，在此表示衷心的感谢。

本教材在编写的过程中引用了一些作者的研究成果及相关资料，同时得到了多所同行院校的大力支持，在此表示衷心的感谢！

由于时间仓促，加之编者水平有限，教材中难免存在疏漏或不妥之处，恳请广大读者批评指正，以便进一步修订完善。

编　者

2021年8月

目录

项目一　茶叶感官审评基础

项目提要

茶叶感官审评是审评人员运用正常的视觉、嗅觉、味觉、触觉等辨别能力，对茶叶的品质（外形、汤色、香气、滋味与叶底等品质因子）进行综合分析和评价的过程。评茶员的道德素质、业务水平、感官识别能力和健康状况等决定了感官审评结果正确与否。因此，评茶员在从事茶叶品质评定过程中应当遵循评茶员的职业守则，不断提高个人素养，把理论学习与实际操作有机地结合起来，通过有意识地反复训练不断提高评茶能力。此外，良好的设备条件也是感官审评必不可少的条件。本项目主要介绍了茶叶感官审评原理、评茶员条件、茶叶感官审评室条件、茶叶取样等内容。

任务一　茶叶感官审评原理

任务目标

掌握视觉、嗅觉、味觉、触觉的基本原理知识。

能够辨别并描述不同茶类色、香、味品质风格特点。

知识准备

感觉器官所接受的外界刺激可分为视觉、听觉、嗅觉、味觉、触觉等。茶叶感官审评依靠审评人员的视觉、嗅觉、味觉、触觉等辨别能力来完成。人的感觉在形成的过程中容易受自身或环境的影响，但也遵循着一些心理学方面的规律。

一、感官审评的生理学基础

（一）视觉

在茶叶审评中，视觉对于辨识茶叶色泽，包括外形和叶底的色泽、汤色以及茶叶的外形等起着重要的作用。

1. 视觉的产生　光作用于视觉器官，使其感受细胞兴奋，信息经视觉神经系统加工后便产生视觉。视觉的适宜刺激波长为480～780nm，这部分电磁波仅占全部光波的1/70，属于可见光部分。在完全缺乏光源的环境中不会产生视觉。我们所见的光多数为反射光。

2. 视觉的敏感性　视觉是人和动物最重要的感觉，有90％以上的外界信息经视觉获得。

人和动物通过视觉感知外界物体的大小、颜色、明暗、动静，从而获得对其生存具有重要意义的各种信息。

在不同的光照条件下，眼睛对被观察物的敏感性是不同的。人从亮处进入暗室时，最初任何东西都看不清楚，经过一定时间，逐渐恢复了在暗处的视力，称为“暗适应”。相反，从暗处到强光下时，最初感到一片耀眼的光亮，不能视物，只能稍等片刻，才能恢复视觉，这称为“明适应”。

在明亮处，人眼可以看清物体的外形和细节，并能分辨出不同的颜色；在暗处，人的眼睛只能看到物体的外形，而无彩色视觉，只有黑、白、灰。因此，在茶叶感官审评的过程中，应充分考虑到光照对视觉的影响（图 1－1）。

图 1－1 光照条件对茶叶审评的影响

（二）嗅觉

嗅觉是辨别各种气味的感觉。嗅觉一直是我们所有感觉中最为神秘的东西。

1. 嗅觉的产生 嗅觉器官位于鼻腔。嗅觉的感受器是嗅细胞，它存在于鼻腔上端的嗅黏膜中。正常呼吸时，气流携带挥发性物质分子进入鼻腔，嗅细胞接受外界刺激，便产生嗅觉。

能够引起嗅觉的物质必须具备两个条件：第一，这种物质必须是挥发性的，可将它的分子释放到空气中；第二，它必须微溶于水，这样它才能穿过覆盖在嗅觉感受器官上的黏膜。茶叶冲泡时，香气成分随水汽散发到空气中，使我们感受到各种各样的气味。

2. 嗅觉的特点 嗅觉具有适应性，如“入芝兰之室，久而不闻其香”。

嗅觉的个体差异很大，有的人嗅觉较敏锐，有的人嗅觉稍迟钝。嗅觉敏锐者并非对所有气味敏感，而是针对特定的气味类型。一般情况下，强刺激的持续作用可以使嗅觉敏感性降低，微弱刺激的持续作用则使嗅觉敏感性提高。嗅细胞容易疲劳，当身体疲倦或营养不良时，都会引起嗅觉功能下降。因此，在茶叶审评时，应适当控制每次评茶的时间和茶样的数量，尽量避免嗅觉疲劳（图 1－2）。

图 1-2 控制每次茶叶审评的数量

一般的固体物质，除非在日常气温下能把分子释放到周围空气中去，否则是不能被闻到的。液体的气味同样只有变成蒸汽后才能被闻到。我们感受到强烈的气味时，往往都具有较高的蒸汽压力。因此，冲泡茶叶时，水温高则茶香明显。

（三）味觉

1. 味觉的产生 味觉的感受器是味蕾。味蕾主要分布在舌背部表面和舌侧缘，口腔和咽部黏膜的表面也有散在的味蕾存在。味蕾由味觉细胞和支持细胞组成。味觉细胞顶端有纤毛，称为味毛，由味蕾表面的孔伸出，是味觉感受的关键部位。水溶性的物质刺激味觉细胞，使其兴奋，由味觉神经传入神经中枢，进入大脑皮层，从而产生味觉。

2. 味觉的特点 关于味的分类，各国有一些差异，但甜、酸、咸、苦被公认为是 4 种基本味觉。辣味是由一种呈味物质刺激口腔及鼻腔黏膜引起的痛觉；涩味是呈味物质使舌黏膜收敛引起的感觉；鲜味是由如谷氨酸等化合物引发的一种味觉。在各种味道中，舌头对苦味最敏感，对甜味最不敏感（表 1-1）。

表 1-1 各种味道的刺激阈

味	物质	刺激阈/%
苦	奎宁	0.000 05
酸	醋酸	0.001 2
鲜	味精	0.03
咸	食盐	0.2
甜	砂糖	0.5

影响茶叶滋味的化学成分较为复杂。不同茶类、不同等级的茶叶滋味差异较大，主要是由其呈味物质的种类、含量及比例不同所致。茶叶中的主要呈味物质及其呈味特点如表 1-2 所示。各成分相互协调，共同构成茶汤“浓、醇、苦、鲜、甜”的味道。

表 1-2　茶叶中的主要呈味物质及其呈味特点

滋味	呈味物质
苦味	花青素、咖啡因、茶皂素
苦涩味	茶多酚
鲜味	游离氨基酸、茶黄素、儿茶素与咖啡因的络合物
甜味	部分氨基酸、可溶性糖、茶红素
酸味	草酸、抗坏血酸
味厚感	可溶性果胶
陈味感	游离脂肪酸

舌表面不同部位对不同味刺激的敏感程度不一样。人的舌尖部对甜味比较敏感，舌后两侧对酸味比较敏感，舌两侧前部对咸味比较敏感，而软腭和舌根部对苦味比较敏感（图 1-3）。

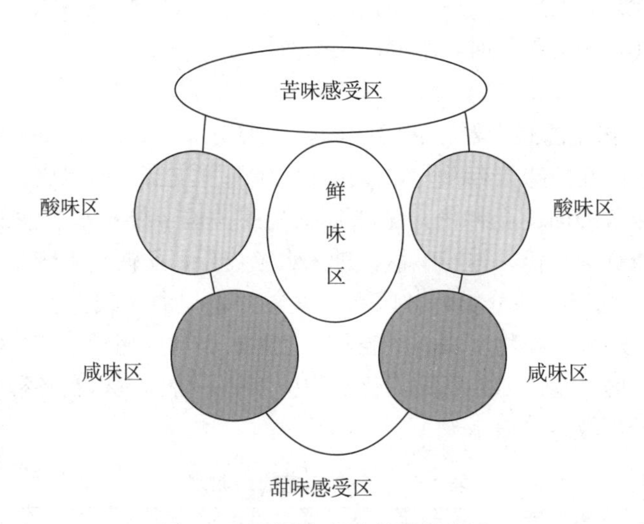

图 1-3　舌头各部位的感觉差异

不同年龄的人对呈味物质的敏感性不同。随着年龄的增长，味觉逐渐衰退。儿童味蕾较成人为多，随着年龄的增长而逐渐减少。另外，味觉的敏感度往往受食物或刺激物本身温度的影响，在 40℃左右时味觉的敏感度最高。

（四）触觉

通过人手表面接触茶叶（图 1-4）可以判断茶叶的光洁度、软硬、热冷、干湿等。触觉的准确度与手表面的光滑度有关。如果手有伤口，触觉的误差会较大。

图 1-4　通过触觉判别茶叶叶底

二、感官审评的心理学基础

人的感觉在形成的过程中遵循着一些心理学方面的规律（表 1-3）。

表 1-3　感官审评中常见的感觉现象及其释义

感觉现象	释义
感觉对比	当同一种感官受到不同刺激的作用时，其感觉会发生变化，这种现象称为感觉对比。感觉对比存在多种方式，包括增强、减弱、相乘、拮抗等
感觉适应	当刺激持续地作用于与人的感官时，人对刺激的感觉能力会发生变化，这种现象称为感觉适应。研究表明，强且持续的刺激使敏感性下降，微弱且持续刺激使敏感性提高
感觉后像	当刺激物对感官停止刺激后，人们对刺激物的感觉并没有停止，而是会维持一段很短的时间，这种现象称为感觉后像

理论测验

（一）单选题

1. 人从亮处进入暗室时，最初任何东西都看不清楚，经过一定时间，逐渐恢复了暗处的视力，称为（　　）。

A. 明适应　　B. 光适应　　C. 暗适应　　D. 亮适应

2. 人从暗处到强光下时，最初感到一片耀眼的光亮，不能视物，只能稍等片刻，才能恢复视觉，这称为（　　）。

A. 明适应　　B. 光适应　　C. 暗适应　　D. 亮适应

3. 人的舌尖对以下（　　）最敏感。

A. 苦味　　B. 酸味　　C. 甜味　　D. 鲜味

4. 舌后两侧对（　　）比较敏感。

A. 甜味　　B. 酸味　　C. 苦味　　D. 鲜味

5. 茶多酚具有（　　）味道。

A. 鲜味　　B. 苦涩味　　C. 酸味　　D. 甜味

（二）判断题

1. 嗅觉具有适应性，如“入芝兰之室，久而不闻其香”。（　　）
2. 当身体疲倦或营养不良时，就会引起嗅觉功能下降。（　　）
3. 苦味是呈味物质使舌黏膜收敛引起的感觉。（　　）
4. 茶叶中的游离氨基酸大多具有鲜味。（　　）
5. 强且持续的嗅觉刺激使敏感性下降，微弱且持续刺激使敏感性提高。因此，喝适宜浓度的茶利于保持感官的敏感性。（　　）

理论测验
答案 1-1

技能实训

技能实训1　不同茶类色、香、味的感受体验

根据感官审评的生理学和心理学基础知识，感受并描述不同茶类色、香、味的品质风格，并将结果填入表1-4中。

表1-4　不同茶类色、香、味的感受记录

茶类	色泽			香气	滋味
	干茶色	汤色	叶底色		
绿茶					
白茶					
红茶					
乌龙茶					
花茶					
黑茶					

任务二　评茶员条件

任务目标

掌握评茶员的职业守则，具备评茶员的个人素质，了解评茶工作要求。

能够制订感官审评室的工作守则。

知识准备

一、评茶员的职业守则

（一）评茶员的职业道德

1. 职业道德　职业道德是指人们在从事职业活动时应当遵守的与其特定的职业活动相适应的行为规范的总和。

微课：评茶员的职业素养

职业道德素质是职业素质的核心，思想政治素质是职业素质的灵魂。职业道德能够引导人们的职业活动向社会经济和精神文明的正确方向发展，要求人们在从事职业活动时具有强烈的社会责任感和高度的法律知识，同时在完成职业活动的各项任务时还应具有一定的奉献精神。因此，职业道德有利于改善社会的道德风尚，有利于社会精神文明的建设，也有利于职业活动的顺利开展及劳动者素质的不断提高。

2. 评茶员的职业道德　评茶员在从事茶叶品质评定过程中应当遵循的与其茶叶品质评定活动相适应的行为规范，即评茶员的职业道德。它要求评茶员实事求是、公正廉洁，又要勤奋好学、刻苦钻研，熟练掌握茶叶感官审评的方法和规则，不断积累实践经验，正确评定茶叶品质的优劣，把好茶叶产品质量关（图 1－5）。

图 1－5　茶叶品质评比

（二）评茶员的职业守则

“爱岗敬业、诚实守信、办事公道、服务群众、奉献社会”是我国职业道德基本规范。各行各业的具体职业道德，都必须体现这一总体道德规范，并结合本职业的特点把它具体化。评茶员的职业守则是指评茶人员应遵循的职业道德的基本准则，即评茶人员必须遵循的行为标准（表1－5）。

表1－5　评茶员的职业守则

职业守则	具体要求
忠于职守、爱岗敬业	履行自己的职业职责，有强烈的职业荣誉感和工作责任心，热爱自己的工作岗位，兢兢业业，为茶叶事业做出应有的贡献
科学严谨、客观公正	评茶是一项技术性较强的工作，要求评茶员具备敏锐的感觉器官的分辨能力和专业能力，以科学严谨的态度对茶叶品质做出客观的判断
注重调查、实事求是	在茶叶的评定过程中，应尊重客观事实，仔细了解其生产、加工、过程、贮存条件等，减少人为的误差
团结协作、不断进取	加强评茶员相互间的联系和交流，相互切磋，共同提高评茶技艺
遵纪守法、讲究公德	加强道德修养，提高自律能力，守法纪、讲公德，做一个德才兼备、素质优良的评茶员

二、评茶员的个人素养

茶叶审评是一种有意识地遵循一种方法，经过周密思考去支配自己感官印象的行为，它强调感觉器官的真实反映和表达，需经一系列科学的分析计算。评茶员应把理论学习与实际操作有机地结合起来，经有意识地反复训练，不断提高评茶能力（图1－6）。

图1－6　茶叶感官审评训练

（一）掌握系统的茶专业知识

作为一名评茶员，应是茶叶行业中“制、供、销”的多面手。想要成为一名判断茶叶品质的“行家”，需要做到以下几点。

（1）学习茶叶基础理论知识，掌握各类茶叶的品质特征、加工方法、品种特性、地域和季节差异、审评方法及要点。

（2）反复训练评茶技能，刻苦钻研，精益求精，不断提高自身的业务素质和技能水平。

（3）深入了解不同特点的消费市场和相应的饮茶习惯，能通过对市场消费变化的分析，把握市场的发展趋势，以实现产销对路。

（4）具有相当的组织能力和表达能力。

（二）具有健康的身体条件

茶汤中的呈味物质对感觉器官发生一系列刺激作用，通过传导神经送入大脑，经大脑综合整理后就形成了一种相应的知觉，人们把这种知觉称为香味或滋味。

能够引起人的嗅觉或味觉刺激物质的最小量，称为感觉阈值。每个人的感觉阈值是不同的。评茶员要求拥有敏锐的感觉器官，具有正常的身体条件：①嗅觉神经正常，无慢性鼻炎之类的病症，说话不带“翁鼻音”，鼻腔黏膜滋润，无明显分泌物；②视力正常，无色盲症；③无慢性传染病，如肺结核、肝炎等；④消化系统正常，无慢性胃病。

为了保持和提高感觉的敏锐度，需经常进行功能性锻炼，才能改善感觉的准确性和敏感性，同时增强评价和判断的能力。例如，可以通过双杯密码审评的方法，进行嗅觉和味觉的强化训练；配制不同浓度的香草、苦杏、茉莉、薄荷、柠檬等芳香物溶液，训练学员嗅觉的灵敏度；配制不同浓度的蔗糖、柠檬酸、氯化钠、奎宁、谷氨酸钠等溶液，训练学员味觉的灵敏度；配制不同浓度的重铬酸钾溶液，训练学员的辨色能力。

三、评茶工作要求

为保证评茶的准确性，评茶员应注意保持好自己的视觉、嗅觉和味觉器官的灵敏度，避免受到某些食物和药物的干扰与伤害。评茶员日常生活中的注意事项如表 1-6 所示。

表 1-6 评茶员日常生活注意事项

注意事项	具体原因
勿吸烟	烟叶气味浓重，在口腔和上呼吸道滞留时间较长，评茶时茶香和茶味易被烟气味掩盖，会难以辨评
勿饮酒	酒中含有较多的芳香物质，饮酒后口腔“留香”，会干扰评茶准确性；且饮酒会令人精神亢奋，随后很快使身体和精神产生疲乏
勿食用具有辛辣味和特殊气味的食物	辣椒、蒜、韭菜、葱等具有辛辣味和特殊的气味，食用后会刺激感觉器官，且气味在口腔内滞留时间较长，导致口味发腻、味觉下降、反胃吐酸水等，影响对茶叶香味的审评
勿食用甜食和油腻食物	食糖过多，影响消化液的正常分泌；含脂肪较多的食物，食后在胃内停留时间较长，则易出现消化不良，犯胃酸
慎用药物	长期服用土霉素、红霉素等抗生素类药物对中枢神经有明显的刺激作用，易使味觉严重下降
审评室使用无气味的清洁剂，评茶员勿使用有气味的化妆品	带香味的清洁剂和化妆品会干扰审评

理论测验

（一）单选题

1. 职业道德是指（　　）对道德的要求，它是从事这一行业的行为标准和要求。

A. 职业认知　　B. 职业本质　　C. 职业特点　　D. 职业习惯

2. 评茶人员职业道德是指评茶人员在从事茶叶品质评定过程中应当遵循的与其茶叶（　　）活动相适应的行为规范。

A. 品质评定　　B. 价格高低　　C. 等级鉴别　　D. 市场消费

3. 职业道德要求人们在从事职业活动时具有强烈的社会责任感和高度的（　　）。

A. 法律意识　　B. 行为约束　　C. 传统习惯　　D. 集体意识

4. 为做到办事公道，职业守则要求评茶员应（　　）。

A. 遵纪守法、文明经商　　B. 文明经商、微笑服务

C. 注重调查、实事求是　　D. 坚持原则、不谋私利

5. 下列（　　）属于评茶员职业道德规范。

A. 热爱本职、精业勤业　　B. 忠于职守、爱岗敬业

C. 热爱专业、忠于职守　　D. 顾全大局、忠于职守

（二）判断题

1. 评茶能力需要经过评茶人员有意识地反复训练才能具备。（　　）

2. 可配制不同浓度的茉莉、薄荷、柠檬等芳香物溶液，训练嗅觉的灵敏度。（　　）

3. 评茶员应掌握各类茶叶的品质特征、加工方法、品种特性、地域和季节差异、审评方法及要点等。（　　）

4. 评茶工作时吸烟、喝酒不会干扰评茶的准确性。（　　）

5. 食用辣椒、蒜、韭菜、葱等不影响评茶的准确性。（　　）

理论测验
答案 1-2

技能实训

技能实训 2　制订评茶员工作守则

根据评茶员的职业守则、个人素养及审评工作要求等知识，制订茶叶感官审评室的工作守则，填写表 1-7。

表 1-7　茶叶感官审评室的工作守则

评茶员的职业守则	审评室的工作要求

任务三　茶叶感官审评室条件

任务目标

掌握茶叶感官审评室布局、环境、设备、器具及审评用水的要求。

能够识别并正确使用审评器具。

能够绘制茶叶审评室分布图。

知识准备

茶叶感官审评室是专门用于感官评定茶叶品质的检验室，其设计应符合《茶叶感官审评室基本条件》（GB/T 18797—2012）的规范要求。

微课：茶叶感官审评室的条件

一、审评室条件

（一）审评室的基本要求

1. 地点　茶叶感官审评室应建立在地势干燥、环境清静、窗口面无高层建筑及杂物阻挡、无反射光、周围无异气污染的地区。

2. 室内环境　茶叶感官审评室内应空气清新、无异味，温度和湿度应适宜，室内安静、整洁、明亮（图 1-7）。

图 1-7　茶叶感官审评室

（二）审评室布局

茶叶感官审评室应包括以下几部分。

（1）进行感官审评工作的审评室。

（2）用于制备和存放评审样品及标准样的样品室。

（3）办公室。

（4）有条件的可在审评室附近建立休息室、盥洗室和更衣室。

（三）审评室建立

1. 朝向　宜坐南朝北，北向开窗。

2. 面积 按评茶人数和日常工作量而定。使用面积不得小于 10m²。

3. 室内色调 审评室墙壁和内部设施的色调应选择中性色，以避免影响对被检样品颜色的评价。

（1）墙壁。乳白色或接近白色。

（2）天花板。白色或接近白色。

（3）地面。浅灰色或较深灰色。

4. 气味 审评室内应保持无异味。室内的建筑材料和内部设施应易于清洁，不吸附和散发气味，器具清洁且不得留下气味。审评室周围应无污染气体排放。

5. 噪声 评茶期间应控制噪声不超过 50dB。

6. 采光

（1）自然光。室内光线应柔和、明亮，无阳光直射，无杂色反射光。利用室外自然光时，前方应无遮挡物、玻璃墙及涂有鲜艳色彩的反射物。开窗面积大，使用无色透明玻璃，并保持洁净。有条件的可采用北向斗式采光窗，采光窗高 2m，倾斜 30°，半壁涂以无反射光的黑色油漆；顶部镶以无色透明的玻璃平板，向外倾斜 3°～5°。

（2）人造光。当室内自然光线不足时，应有可调控的人造光源进行辅助照明。可在干、湿看台上方悬挂一组标准昼光灯管，应使光线均匀、柔和、无投影。灯管色温宜为 5 000～6 000K，使用人造光源时应防自然光线干扰。

（3）光照度。干评台工作面光照度约 1 000lx，湿评台工作面照度不低于 750lx。

7. 温度和湿度 室内应配备温度计、湿度计、空调机、去湿及通风装置，使室内温度、湿度得以控制。评茶时，室内温度宜保持在 15～27℃，室内相对湿度不高于 70％。

（四）集体工作区

集体工作区可在审评室内，用于审评员之间及与检验主持人之间的讨论，也可用于评价初始阶段的培训，以及任何需要时的讨论。集体工作区可摆放一张桌子供参加检验的所有审评人员同时使用，并能放置以下物品。

（1）供审评人员记录的审评记录表和笔。

（2）放置审评用的评茶盘、审评杯碗、计时器等。

（五）样品室

1. 要求 样品室宜紧靠审评室，但应与其隔开，以防相互干扰。室内应整洁、干燥、无异味。门窗应挂暗帘，室内温度宜≤20℃，相对湿度宜≤50％。

2. 设施 应配备以下设施。

（1）合适的样品柜。

（2）温度计、湿度计、空调机和除湿机。

（3）需要时可配备冷柜或冰箱，用于实物标准样及具代表性实物参考样的低温贮存。

（4）制备样品的其他必要设备。工作台、分样器（板）、分样盘、天平、茶罐等。

（5）照明设施和防火设施。

（六）办公室

办公室是审评人员处理日常事务的主要工作场所，宜靠近审评室，但不得与之混用。

二、审评设备与器具

审评室应配备干评台、湿评台、各类茶审评用具等基本设施，具体规格和要求按《茶叶感官审评方法》（GB/T 23776—2018）的规定执行。审评室应配备水池、毛巾，方便审评人员评茶前的清洗及审评后杯碗等器具的洗涤。

1. 审评台 干性审评台高度为 800～900mm，宽度为 600～750mm，台面为黑色亚光；湿性审评台高度为 750～800mm，宽度为 450～500mm，台面为白色亚光（图 1－8）。审评台长度视实际需要而定。

干性审评台

湿性审评台

图 1－8 审评台

2. 评茶标准杯碗 白色瓷质，颜色组成应符合《中国颜色体系》（GB/T 15608—2006）中的中性色规定，要求 $N \geqslant 9.5$，大小、厚薄、色泽一致。

根据审评茶样的不同分为以下几种。

（1）初制茶（毛茶）审评杯碗。杯呈圆柱形，高 75mm，外径 80mm，容量 250mL。具盖，盖上有一小孔，杯盖上面外径 92mm，与杯柄相对的杯口上缘有 3 个呈锯齿形的虑茶口，口中心深 4mm，宽 2.5mm，碗高 71mm，上口外径 112mm，容量 440mL（图 1－9）。

图 1－9 初制茶（毛茶）审评杯碗

（2）精制茶（成品茶）审评杯碗。杯呈圆柱形，高 66mm，外径 67mm，容量 150mL。具盖，盖上有一小孔，杯盖上面外径 76mm，与杯柄相对的杯口上缘有 3 个呈锯齿形的滤茶口，口中心深 3mm，宽 2.5mm，碗高 56mm，上口外径 95mm，容量 240mL（图 1－10）。

（3）乌龙茶审评杯碗。杯呈倒钟形，高 52mm，上口外径 83mm，容量 110mL。具盖，盖外径 72mm，碗高 51mm，上口外径 95mm，容量 160mL（图 1－10）。

精制茶（成品茶）审评杯碗　　乌龙茶审评杯碗

图 1－10　精制茶（或品茶）和乌龙茶审评杯碗

3. 评茶盘　木板或胶合板制，正方形，外围边长 230mm，边高 33mm，盘的一角有缺口，缺口呈倒等腰梯形，上宽 50mm，下宽 30mm，涂以白油漆，无气味（图 1－11）。

图 1－11　评茶盘

4. 扦样匾（盘）

（1）扦样匾。竹制，圆形，直径 1 000mm，边高 30mm，供取样用。

（2）扦样盘。木板或胶合板制，正方形，内围边长 500mm，边高 35mm，盘的一角开一缺口，涂以白色，无气味（图 1－12）。

图 1-12　扦样匾

5. 分样盘　木板或胶合板制，正方形，内围边长 320mm，边高 35mm，盘的两端各开一缺口，涂以白色，无气味。

6. 叶底盘　叶底盘有黑色叶底盘和白色搪瓷盘（图 1-13）。黑色叶底盘为正方形，外径边长 100mm，边高 15mm，供审评精制茶用。白色搪瓷盘为长方形，外径边长 230mm，宽 170mm，边高 30mm，一般供审评初制茶叶用。

黑色叶底盘

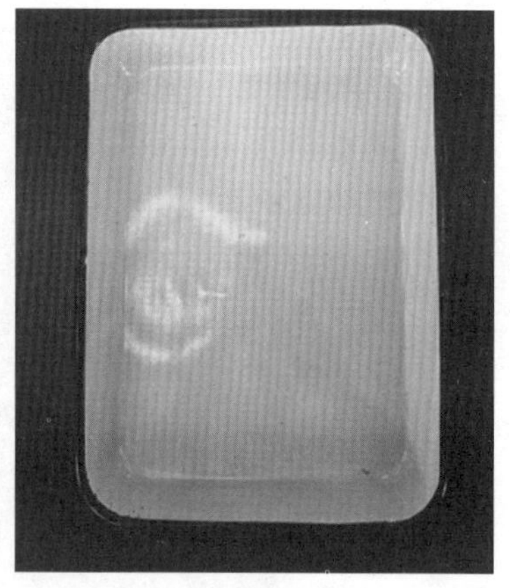

白色搪瓷盘

图 1-13　叶底盘

7. 分样器　木制或食品级不锈钢制，由 4 个或 6 个边长 120mm、高 250mm 的正方体组成长方体分样器的柜体，4 脚，高 200mm，上方敞口。具盖，每个正方体的下部开一个 50～90mm 的口子，有挡板，可开关。

8. 其他　审评用具如下（图 1-14）。

（1）称量用具。天平，感量 0.1g。

（2）计时器。定时钟或特制砂时针，精确到秒（s）。

天平

计时器

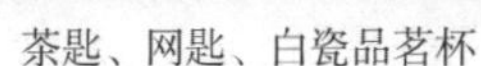

茶匙、网匙、白瓷品茗杯

烧水壶

图 1-14 其他评茶用具

(3) 白瓷品茗杯。用于尝滋味。

(4) 网匙。不锈钢网制半圆形小勺子，用于捞起碗底沉淀的碎茶。

(5) 茶匙。不锈钢制或瓷匙，容量约 10mL。

(6) 烧水壶。普通电热水壶，食品级不锈钢，容量不限。

(7) 茶筅。竹制，用于搅拌粉茶。

(8) 刻度尺。刻度精确到毫米 (mm)。

三、审评用水

(一) 水质要求

审评茶叶质量的好坏，是通过冲泡后来鉴定的。水的硬软度、冲泡时间、茶水比、水温等对茶叶香味影响大。审评用水的理化指标及卫生指标应符合《生活饮用水卫生标准》(GB 5749—2006)的规定。同一批茶叶审评用水应一致。审评用水的具体要求如表 1-8 所示。

表 1-8 审评用水要求

指标	具体要求
酸度	pH 6.5～8.5
总硬度	以 $CaCO_3$ 计，低于 450mg/L (钙使滋味发苦)
色度	无色透明、清澈，钳钴色度单位低于 15
浑浊度	散射浑浊度单位 (NTU) 低于 1
肉眼可见物	无

（续）

指标	具体要求
氯化物	低于250mg/L
矿物质	铁使茶汤发暗，滋味变淡，要求其含量低于0.3mg/L；铝使茶汤苦味增加，要求其含量低于0.2mg/L；铜含量低于1.0mg/L；锰含量低于0.1mg/L；铅含量低于0.01mg/L

（二）水温要求

《茶经》中有记载："其沸，如鱼目，微有声，为一沸；边缘如涌泉连珠，为二沸；腾波鼓浪为三沸。以上水老，不可食也。"陆羽认为煮水品茶宜选"二沸"，过沸，水中CO_2散失较多，茶汤无刺激性。若水未沸滚，则浸出率偏低，浸出速度慢，茶汤水味重。

评茶时要求水温必须是沸滚适度的开水（100℃）。

理论测验

（一）单选题

1. 审评杯宜选用（　　）。

A. 细腻白瓷杯　B. 青花瓷杯　C. 紫砂杯　D. 玻璃杯

2. 为减少直射光对评茶的影响，评茶室宜（　　）。

A. 坐北向南　B. 坐南向北　C. 坐东向西　D. 坐西向东

3. 审评用水需符合（　　）标准。

A. GB 3838—2002　B. GB 5749—2006

C. GB/T 8303—2013　D. GB 2763—2019

4. 茶叶审评室宜设在（　　）。

A. 闹市区　B. 交通要道旁　C. 娱乐场所旁　D. 城郊结合区

5. 评茶期间应控制噪声不超过（　　）dB。

A. 20　B. 30　C. 50　D. 80

（二）判断题

1. 当室内自然光线不足时，应有可调控的人造光源进行辅助照明，光线应均匀、柔和、无投影。（　　）

2. 评茶时，室内温度宜保持在30℃以上。（　　）

3. 评茶时，室内相对湿度不高于80%。（　　）

4. 评茶时，要求水温必须是沸滚适度的开水（100℃）。（　　）

5. 审评称样的天平感量应为0.1g。（　　）

理论测验

答案1-3

技能实训

技能实训3 设计茶叶感官审评室

根据茶叶感官审评室条件、设备与器具要求，设计茶叶感官审评室，画出茶叶感官审评室设计示意图，并指明审评室应配置的设施设备及主要技术参数，填写表1-9。

表1-9 茶叶感官审评室的分布图及主要参数

<table>
<tr><td>茶叶感官审评室的布局示意图</td><td colspan="3"></td></tr>
<tr><td rowspan="4">设备配置</td><td rowspan="4">审评室

样品室</td><td colspan="2">主要技术参数</td></tr>
<tr><td>朝向</td><td></td></tr>
<tr><td>室内色调</td><td></td></tr>
<tr><td>照明</td><td></td></tr>
<tr><td rowspan="5">说明</td><td rowspan="5">外部环境条件

内部环境条件</td><td>温度</td><td></td></tr>
<tr><td>湿度</td><td></td></tr>
<tr><td>噪声</td><td></td></tr>
<tr><td>面积</td><td></td></tr>
<tr><td>气味</td><td></td></tr>
</table>

任务四　茶叶取样

任务目标

掌握取样的意义、取样要求、取样方法、取样流程、茶样保管及审评取样等知识。

能够独立进行审评取样操作。

知识准备

取样又称扦样或抽样，是指从一批或数批茶叶中取出具有代表性样品供审评使用。取样方法是否准确，所取茶样是否具有代表性，是保证茶叶审评结果准确与否的关键。

一、取样的意义

茶叶具有不均匀性，要实现准确审评的目标，其前提是扦取具有代表性的茶叶样品。一般茶叶开汤审评用样量仅3g或5g，而这少量样茶的审评结果有时关系到一个地区、一个茶类或整批产品的质量状况。因此，抽取能充分代表整批茶叶品质的样品，才能保证审评结果的准确性。

此外，从收购和验收角度看，取样能决定一批茶的质量等级和经济价值；从生产和科研角度来说，样茶是反映茶叶生产水平和指导生产技术改进以及正确反映科研成果的根据；从茶叶出口角度讲，样茶反映了茶叶质量、规格与出口产品标准是否相符，关系到国家信誉。总之，取样是一项重要的技术工作，是准确评茶的前提。

二、取样要求

《茶取样》（GB/T 8302—2013）规定了茶叶取样的基本要求、取样条件、取样人员、取样用具等内容，适用于各类茶叶的取样。

1. 基本要求　应用统一的方法和步骤，抽取能充分代表整批茶叶品质的样品。

2. 取样条件　取样工作环境应满足食品卫生的有关规定，防止外来杂质混入样品。

3. 取样人员　应由有经验的取样人员或经培训合格的取样人员负责取样，或交由专门的取样机构负责取样。

4. 取样用具和盛器　取样时应使用下列用具：①开箱器；②取样铲；③有盖的专用茶箱；④塑料布；⑤分样器；⑥茶样罐、包装袋；⑦其他适用于取样的用具。

取样用具和盛器（包装袋）应符合食品卫生的有关规定，即清洁、干燥、无锈、无异味；盛器（包装袋）能防尘、防潮、避光。

三、取样方法

（一）大包装茶取样

1. 包装时取样　即在产品包装过程中取样。在茶叶定量装件时，抽取规定的件数，每件用取样铲取出样品约250g作为原始样品，盛于有盖的专用茶箱中。然后混匀，用分样器或四分法逐步缩分至 500～1 000g 作为平均样品，分装于两个茶样罐中，供检验用。

2. 包装后取样 即在产品成件、打包、刷唛后取样。在整批茶叶包装完成后的堆垛中，抽取规定的件数，逐件开启后分别将茶叶全部倒在塑料布上，用取样铲各取出有代表性的样品约 250g，置于有盖的专用茶箱中，混匀。用分样器或四分法逐步缩分至 500～1 000g 作为平均样品，分装于两个茶样罐中，供检验用。

检验用的试验样品应有备份，以供复验或备查之用。

（二）小包装茶取样

1. 包装时取样 按照大包装茶的取样方法进行取样。

2. 包装后取样 在整批包装完成后的堆垛中，抽取规定的件数，逐件开启。从各件内取出 2～3 盒（听、袋）。所取样品保留数盒（听、袋），盛于防潮的容器中，供进行单个检验。其余部分现场拆封，倒出茶叶混匀，再用分样器或四分法逐步缩分至 500～1 000g 作为平均样品，分装于两个茶样罐中，供检验用。

检验用的试验样品应有备份，以供复验或备查之用。

（三）紧压茶取样

1. 沱茶取样 抽取规定的件数，每件取 1 个（约 100g）。若取样总数大于 10 个，则在取得的总个数中抽取 6～10 个作为平均样品，分装于两个茶样罐或包装袋中，供检验用。

2. 砖茶、饼茶、方茶取样 抽取规定的件数，逐件开启，取出 1～2 块。若取样总块数较多，则在取得的总块数中，留取 2 块单块质量＞500g、4 块单块质量≤500g 的分装于两个包装袋中，供检验用。

3. 捆包的散茶取样 抽取规定的件数，从各件的上、中、下部取样。再用分样器或四分法缩分至 500～1 000g 作为平均样品，分装于两个茶样罐或包装袋中，供检验用。

检验用的试验样品应有备份，以供复验或备查之用。

四、取样流程

（一）确定取样件数

取样件数计算方法按表 1－10 的规定执行。

表 1－10 茶叶取样数计算方法

件数	取样数量计算方法
1～5	取样 1 件
6～50	取样 2 件
51～500	每增加 50 件（不足 50 件者按 50 件计）增取 1 件
501～1 000	每增加 100 件（不足 100 件者按 100 件计）增取 1 件
1 000 以上	每增加 500 件（不足 500 件者按 500 件计）增取 1 件

茶叶报检数和取样数见表 1－11。

表 1-11　茶叶报检数和取样数

单位：件

报检数	取样数	报检数	取样数	报检数	取样数
1～5	1	251～300	7	601～700	13
6～50	2	301～350	8	701～800	14
51～100	3	351～400	9	801～900	15
101～150	4	401～450	10	901～1 000	16
151～200	5	451～500	11	1 001～1 500	17
200～250	6	501～600	12	1 501～2 000	18

在取样时发现茶叶品质、包装或样堆存有异常情况时，可酌情增加或扩大取样数量，以保证所取样品的代表性，有必要时应停止取样。

（二）随机取样

采用随机取样的方法可按照随机数表随机抽取需取样的茶叶件数。若没有该表，可按照下列方法进行取样。

设 N 是一批中的件数，n 是需要抽取的件数，取样时可从任一件开始计数按（1，2，…，r）$r=N/n$（如果 N/n 不是整数，便取其整数部分为 r），挑选出第 r 件作为茶叶样品，继续数并挑出每个第 r 件，直到取得所需的件数为止。

（三）混合原始样品

将随机抽取得到的原始茶样集中倒入专用的容器内，取样结束后充分混合均匀，得到混合的原始样品。

（四）分样留样

采用分样器或四分法，将混合原始样品逐次均匀缩分至规定所需留样量。一般留样量为500～1 000g。

（五）样品的包装

所取的样品应迅速装在符合规定的茶样罐或包装袋内，并贴上封样条。

（六）样品的标签

每个样品的茶样罐或包装袋上都应有标签，详细标明样品名称、等级、生产日期、批次、取样基数、产地、样品数量、取样地点、取样日期、取样者的姓名及所需说明的其他重要事项。

（七）其他取样规定

1. 样品运送　所取的平均样品应及时发往检验部门，最迟不超过48h。

2. 取样报告单　报告单一式三份，由各相关部门留存，应写明包装及产品外观的任何不正常现象，以及所有可能会影响取样的客观条件。具体应包括下列内容：①取样地点；②取样日期；③取样时间；④取样者姓名；⑤取样方法；⑥样品所属单位盖章或证明人签名；⑦品名、规格、等级、产地、批次、取样基数；⑧样品数量及其说明；⑨包装质量。

五、茶样保管

（一）茶样的保存方法

茶样保管应做到密封、避光、干燥、防潮、隔氧、低温。如果茶样含水量较高、环境温度高、湿度大，或者茶样的密封条件不好，茶样变质的速度就会加快。因此，一般随着保存时间延长，茶样的品质或多或少均会变差，若要对样评茶，只能对照实物样或标准样的外形、内质参考文字标准。

（二）茶样干度的感官判断

茶叶含水量的多少与茶叶品质和收购定价密切相关。一般毛茶的含水量在6%～7%时品质较稳定；含水量超过8%，则容易陈化；含水量超过12%，则易霉变。因此，收到茶样后，可以采用摸、捻、折、听、闻的感官方法判断茶样的含水量，含水量高的茶样要及时进行烘干处理。以条形茶为例，感官判断茶叶含水量的方法如表1-12所示。

表1-12　条形茶含水量的感官判断方法

含水量/%	手感	手捻	嫩梗	茶香
5	很刺手	即成粉	轻折即断	干香高
7	感觉刺手	成粉	轻折即断	香气充足
10	有些刺手	有片末	稍用力可折断	香气正常
13	微感刺手	略有细片	用力可折断、梗皮不断	香气低沉
16	茶条弯曲	略有碎片	嫩梗用力不断	有潮气或陈气

六、审评取样

用分样器或对角四分法扦取100～200g作为审评用样（两份），其中一份直接用于审评，另一份留存备用。从样茶罐中倒出用于开汤审评的样茶，取100～200g放在茶样盘里，再拌匀（图1-15）。

审评具体取样要求如下：用拇指、食指、中指抓取审评茶样；每杯用样应一次抓够，宁可手中有余茶，也不宜多次抓茶；取样过程要求动作轻，尽量避免将茶叶抓碎或捏断，导致评茶误差（图1-16）。

图1-15　审评分样

图1-16　审评称样手法

理论测验

（一）单选题

1. 取样工作是一项非常认真细致的工作，对每一个（　　）的茶叶都必须取到。

A. 水平段　　B. 茶叶罐　　C. 不同等级　　D. 不同品种

2. 从堆垛抽取茶样后，逐件开启，从每件的上、中、下各部位抽取（　　）盒（听、袋）。

A. 3　　B. 2～3　　C. 3～5　　D. 1～5

3. 按取样规定，现有225件茶叶，应取（　　）件。

A. 3件　　B. 5件　　C. 6件　　D. 10件

4. 按取样规定，现有425件茶叶，应取（　　）件。

A. 3件　　B. 5件　　C. 6件　　D. 10件

5. 茶叶在取样时，若发现茶叶品质、包装等有异常情况，可酌情增加或（　　）取样数量。

A. 停止　　B. 扩大　　C. 减少　　D. 持平

（二）判断题

1. 取样时可以被阳光直射，但要防止外来杂质混入，以保证取样的准确。（　　）

2. 样品罐、样品袋上须有标签，简要注明样品名称、等级、生产日期、批次、取样基数、产地、样品数量、取样地点、取样日期和取样者的姓名等。（　　）

3. 茶叶具有均匀性和稳定性。（　　）

4. 称样时，取样多少最终都不会影响审评结果。（　　）

5. 审评时取样采用拇指、食指、中指，一抓到底，取出三段茶。（　　）

理论测验
答案 1-4

技能实训

技能实训4　样品接收和包装分析

根据取样报告单内容要求，设计取样报告单，填写完成茶叶样品接收和包装分析记录表（表1-13）。

表 1-13 样品接收和包装分析

<table>
<tr><td colspan="6">茶叶取样观察</td></tr>
<tr><td>取样人</td><td colspan="5"></td></tr>
<tr><td rowspan="2">品类</td><td rowspan="2"></td><td>等级</td><td></td><td>取样的适用标准</td><td></td></tr>
<tr><td>数量</td><td></td><td>取样日期</td><td></td></tr>
<tr><td rowspan="3">检验项目</td><td colspan="2">国家强制性标准的项目</td><td colspan="3"></td></tr>
<tr><td colspan="2">检验的基本项目</td><td colspan="3"></td></tr>
<tr><td colspan="2">其他项目可视检验的用途和标准</td><td colspan="3"></td></tr>
<tr><td colspan="6">茶叶包装分析</td></tr>
<tr><td colspan="2">包装适用标准</td><td colspan="4"></td></tr>
<tr><td colspan="2">按标准填写包装应标识的项目</td><td colspan="4"></td></tr>
<tr><td colspan="2">根据来样进行分析存在问题</td><td colspan="4"></td></tr>
<tr><td colspan="2">根据分析提出整改意见</td><td colspan="4"></td></tr>
</table>

项目二　茶叶感官审评准备

项目提要

茶叶的品质主要体现在外形、汤色、香气、滋味和叶底等5个方面。评茶员应根据国家规定的茶叶感官审评方法、茶叶感官审评术语、茶叶产品标准等对茶叶的品质进行客观公正的判定。感官审评具有全面、便捷、高效的特点，它在茶叶生产、贸易和消费中被广泛采用。评茶员应具备扎实的茶叶理论知识和规范、熟练的审评操作技能，以保证审评结果的准确性。本项目主要包括茶叶感官审评项目、茶叶感官审评方法、茶叶审评术语与运用、茶叶感官审评结果与判定及茶叶标准知识等内容。

任务一　茶叶感官审评项目

任务目标

掌握茶叶感官审评外形项目和内质项目的相关知识。

会设计茶叶感官审评记录表。

知识准备

根据《茶叶感官审评方法》（GB/T 23776—2018）对初制茶进行审评，应从茶叶的外形（包括形状、嫩度、色泽、整碎和净度）、汤色、香气、滋味和叶底5个方面进行审评，称之为5项因子评茶法；对精制茶进行审评，应从茶叶外形的形状、色泽、整碎、净度和内质的汤色、香气、滋味、叶底8个方面进行审评，称之为8项因子评茶法。

一、外形感官审评

（一）形状（条索）

形状指茶叶产品的造型、大小、粗细、长短等。各类茶应具有一定的外形规格，这是区别茶叶商品种类和等级的依据。我国茶叶外形形状千姿百态，种类繁多，有条形、卷曲形、扁形、圆形、颗粒形、针形、片形、尖形、圆珠形等。

（二）嫩度

嫩度主要看芽叶比例与叶质老嫩，有无锋苗和茸毛，条索的光糙度，具体如表2-1所示。锋苗指芽叶紧卷做成条索的锐度。

表 2-1 嫩度的审评因素及释义

项目		释义
嫩度	好	芽与嫩叶比例大、含量多，或芽与嫩叶比例相近、芽壮身骨重、叶质厚实
	差	老嫩不匀，芽少叶多
锋苗	多	嫩度好，制工好的表现为条索紧结、芽头完整锋利并显露
	少	嫩度差的，制工虽好，条索完整，但不锐无锋，品质就次
光糙度	光	一般嫩叶质地柔软、果胶质多，容易揉成条，条索呈现光滑平伏
	糙	老叶质地较硬，初制时条索不易揉紧，且表面凸凹不平，条索呈皱纹，叶脉隆起，干茶外形粗糙

由于不同茶类采摘时对嫩度的要求不同，因此审评茶叶嫩度时应因茶而异。

(三) 色泽

色泽主要从色度和光泽度两方面去看。色度即茶叶的颜色及色的深浅程度。光泽度指茶叶接受外来光线后，一部分光线被吸收，一部分光线被反射出来，形成茶叶的色面，色面的亮暗程度即光泽度。

干茶色泽审评的因素包括深浅、润枯、鲜暗、匀杂等，如表 2-2 所示。

表 2-2 干茶色泽审评因素及释义

审评因素	释义
深浅	首先看色泽是否正常，即是否符合该茶类应有的色泽
润枯	“润”表示茶色一致，茶条似带油光，色面反光强，油润光滑 “枯”是有色而无光泽或光泽差 劣变茶或陈茶，色泽枯而暗
鲜暗	“鲜”为色泽鲜艳、鲜活，给人以新鲜感，表示鲜叶嫩而新鲜 “暗”表现为茶色深又无光泽
匀杂	“匀”表示色调和一致，给人以正常感 “杂”指色不一致，参差不齐，茶中多黄片、青条、筋梗、焦片末等

茶类不同，茶叶的色泽不同。例如绿茶，若鲜叶嫩而新鲜，加工及时合理，则色泽鲜润；若鲜叶粗老、储运不当、初制不当或茶叶陈化，则可能色泽枯而暗。另外，紫芽鲜叶制成的绿茶色泽带黑发暗；深绿的鲜叶制成的红茶色泽呈现青暗或乌暗。

(四) 整碎

整碎指外形的匀整程度。毛茶的整碎受采摘和初制加工技术的影响，基本上要求保持原毛茶的自然形态，一般以完整的好，断碎的为差。精茶的整碎主要评比三段茶的比例是否恰当，要求筛档匀称、不脱档，面张茶平伏，下盘茶含量不超过标准样，上、中、下三段茶互相衔接。三段茶的比例不恰当称为“脱档”。

(五) 净度

净度指茶梗、茶片及非茶叶夹杂物的含量程度。不含夹杂物的茶叶净度好；反之则净度差。

茶中夹杂物有两类，即茶类夹杂物与非茶类夹杂物。茶类夹杂物是指茶梗（嫩梗、老梗、木质梗）、茶籽、茶朴、茶片、茶末、毛衣等；非茶类夹杂物是指采、制、存、运中混入的杂物，如杂草、树叶、泥沙、石子等。

散茶外形审评其形状、嫩度、色泽、整碎和净度。紧压茶外形审评其形状规格、松紧度、表面光洁度和色泽。分里、面茶的紧压茶外形审评是否起层脱面、包心是否外露等。茯砖加评"金花"是否茂盛、均匀及颗粒大小。

二、内质感官审评

（一）汤色

茶叶汤色审评主要从色度、亮度和清浊度等三方面进行。

1. 色度 指茶汤颜色。审评时主要从正常色、劣变色和陈变色三方面去看，如表 2-3 所示。

表 2-3 茶汤色度审评要素及释义

类型	释义
正常色	鲜叶在得当工艺下制成茶叶，冲泡后呈现的汤色
劣变色	由于鲜叶采运、摊放或初制不当等形成变质，汤色不正常
陈变色	茶叶陈化过程中呈现出的茶汤色泽

（1）正常色。茶汤汤色除与茶树品种和鲜叶老嫩有关外，还与茶叶的制法相关。如绿茶绿汤，绿中带黄；红茶红汤，红艳明亮；青茶橙黄明亮；白茶浅黄明净；黄茶黄汤；黑茶深红等。另外，在正常汤色中应进一步区别其浓淡和深浅。

（2）劣变色。劣变色常产生于制茶过程中。如鲜叶处理不当，制成绿茶轻则汤黄，重则变红；绿茶杀青不当有红梗红叶，汤色带红；绿茶干燥温度偏高，汤色黄浊；红茶发酵过度，汤色深暗等。

（3）陈变色。在正常条件下贮存，随着时间延长，陈化程度加深，产生陈变色。

2. 亮度 指亮暗程度，具体如表 2-4 所示。凡茶汤亮度好的品质亦好，亮度差的品质亦差。茶汤能一眼见底的为明亮，如绿茶看碗底反光强就明亮。红茶还可看汤面沿碗边的金黄色圈（称金圈）的颜色和厚度，光圈的颜色正常、鲜明而厚的，亮度好；光圈颜色不正常且暗而窄的，亮度差，品质亦差。

表 2-4 茶汤亮度类型及释义

类型	释义
亮	射入的光线通过汤层吸收的部分少，而被反射出来的多
暗	射入的光线通过汤层吸收的部分多，而被反射出来的少

3. 清浊度 指茶汤清澈或混浊程度，即"清"与"浊"，具体含义如表 2-5 所示。

表 2-5 茶汤清浊度及释义

类型	释义
清	汤色纯净透明，无混杂，一眼见底，清澈透明
浊	汤不清且混浊，视线不易透过汤层，难见碗底，汤中有沉淀物或细小浮悬物

茶叶劣变或陈变产生的酸、馊、霉、陈的茶汤，混而不清。杀青炒焦的叶片，干燥烘或炒焦的碎片，冲泡所混入汤中产生沉淀，都能使茶汤浑而不清。

在浑汤中要区别两种情况。

（1）“冷后浑”或称“乳凝现象”。这是因为咖啡因和多酚类的络合物溶于热水，而不溶于冷水，冷却后即被析出，所以茶汤冷后产生的“冷后浑”是品质好的表现。

（2）“汤中见雪飘”现象。鲜叶细嫩多毫，如碧螺春、都匀毛尖、信阳毛尖等，茶汤中茸毛多，浮悬汤中。“汤中见雪飘”也是品质好的表现。

（二）香气

香气审评其纯度、浓度、类型、持久性。

1. 纯度 纯度分为“纯”与“异”。

（1）“纯”。指某茶应有的香气。香气的“纯”要区别3种情况，即茶类香、地域香和附加香，具体含义如表2-6所示。

表2-6 纯正香气的审评要素及释义

类型	释义
茶类香	指某茶类应有的香气。如绿茶要清香，黄大茶要有锅巴香，黑茶和小种红茶要松烟香，青茶要带花香或果香，白茶要有毫香，红茶要有甜香感等
地域香	指地方特有的香气。如同是炒青绿茶，有嫩香、熟板栗香、兰花香等；同是红茶，有蜜糖香、橘糖香、果香和玫瑰花香等
附加香	指外添加的香气。如添加茉莉花、玉兰花、桂花、栀子花等窨制花香

在茶类香中要注意区别产地香和季节香。①产地香即高山、低山、洲地之区别，一般高山茶香高于低山，在制工良好的情况下带有花香；②季节香即不同季节香气的区别，我国红绿茶一般是春茶香高于夏秋茶，秋茶香气又比夏茶好，大叶种红茶香气夏秋茶又比春茶好。

（2）“异”。指茶香不纯或夹杂其他外来气味，程度轻的尚能嗅到茶香，重的则以异气为主，如烟焦、酸馊、霉陈、青草气、腥气、药气、木气、油气等。

2. 浓度 香气浓度可从以下6个方面来区别，即浓、鲜、清、纯、平、粗，具体含义如表2-7所示。

表2-7 香气浓度审评内容及释义

类型	释义
浓	香气高，入鼻充沛有活力，刺激性强
鲜	犹如呼吸新鲜空气，有醒神爽快之感
清	有清爽新鲜之感，其刺激性有强弱和感受快慢之分
纯	香气一般，无异杂气味
平	香气平淡但无异杂气味
粗	感觉糙鼻或辛涩

3. 类型 茶叶中不同的香气成分及其不同组成比例形成了绿茶、红茶、乌龙茶、白茶、

黑茶、黄茶等各类茶的独特风味。根据鲜叶品质、制法与茶叶香气特点可将香气分为多种类型，如绿茶的嫩香、竹香、清香、栗香；白茶的毫香、清香；红茶的甜香；乌龙茶的花果香、焙火香；黑茶的陈香、枣香等。

4. 持久性 即香气的长短。香气以持久为好，嗅香时茶汤从热到冷都能嗅到表明香气持久或长，反之则不持久或短。

香气以符合茶类香型，高而长、鲜爽馥郁的好，高而短的次之，低而粗的为差。凡有烟、焦、酸、馊、霉及其他异气的为低劣。

此外，花茶加评鲜灵度；小种红茶和部分黑茶加评松烟香；白茶加评毫香；普洱茶加评陈香。

（三）滋味

审评滋味先要区别其是否纯正。纯正的滋味审评其纯异、浓淡、厚薄、醇涩、和鲜钝等。

1. 纯正 指品质正常的茶应有的滋味，具体如表2-8所示。

表2-8 纯正滋味审评内容及其释义

项目		释义
浓与淡	浓	浸出的内含物丰富，汤中可溶性成分多，刺激性强或富有收敛性
	淡	内含物少，淡薄缺味
强与弱	强	茶汤吮入口中感到刺激性强或收敛性强
	弱	刺激性弱，吐出茶汤口中平淡
鲜与爽	鲜	似食新鲜水果感觉
	爽	爽口，在尝味时可使香气从鼻中冲出，感到轻快爽适
醇与和	醇	茶味尚浓，回味爽，但刺激性不强
	和	茶味平淡正常

2. 不纯正 表示滋味不正或变质有异味，包括苦、涩、粗、异，具体如表2-9所示。

表2-9 滋味不纯正的情况及其释义

类型	释义
苦	苦味是茶汤滋味的特点
涩	似食生柿，有麻嘴、厚唇、紧舌之感
粗	粗老茶汤味在舌面感觉粗糙
异	属不正常滋味，如酸、馊、霉、焦味等

对苦味不能一概而论，应加以区别。如茶汤入口先微苦后回味甜，或饮茶入口，遍喉爽快，口中留有余甘，这是好茶；先微苦后不苦也不甜者次之；先微苦后也苦又次之；先苦后更苦者最差。后两种味觉反应属苦味。

涩味轻重可从刺激的部位和范围大小来区别，涩味轻的在舌面两侧有感觉，重一点的整个舌面有麻木感。一般茶汤的涩味，最重的也只在口腔和舌面有反映，先有涩感后不涩的属于茶汤味的特点，不属于味涩，吐出茶汤仍有涩味才属涩味。涩味一方面表示茶叶品质老杂，另一方面是季节茶的标志。

（四）叶底

干茶冲泡时吸水膨胀，芽叶摊展，叶质老嫩、色泽、匀度和鲜叶加工合理与否均可在叶底中呈现出来。叶底审评其嫩度、色泽和匀度（包括嫩度的匀度和色泽的匀度）。

1. 嫩度 以芽与嫩叶含量比例和叶质老嫩来衡量。但根据品种和茶类要求不同，一般以芽含量多、粗而长为好，芽细而短、病芽和驻芽为差；中小叶种如碧螺春茶细嫩多芽，以其芽细而短为好。叶质老嫩判别方法如表 2－10 所示。

表 2－10 叶质老嫩判别方法

判别项目	嫩度好	嫩度差
柔软度	手指按压叶底感觉柔软，放手后不松起	硬有弹性，放手后松起
叶脉	不隆起，平滑，不触手	隆起，触手
叶缘锯齿	边缘锯齿状不明显	边缘锯齿状明显
叶肉	厚软为嫩，软薄次之	硬薄

2. 色泽 主要看色度和亮度，其含义与干茶色泽相同。审评时掌握本茶类应有的色泽和当年新茶的正常色泽。如绿茶叶底以嫩绿、黄绿、翠绿明亮者为好，深绿者次之，暗绿带青张或红梗红叶者为差；红茶叶底以红艳、红亮者为好，红暗、花杂者差。

3. 匀度 匀度是鉴定叶底品质的辅助因子，主要看老嫩、大小、厚薄、色泽和整碎的情况，上述因子都较接近、一致匀称的匀度好，反之则差。

审评叶底时还要注意看叶张舒展情况及是否掺杂等。好的叶底应具备亮、嫩、厚、稍卷等几个或全部因子；差的为暗、老、薄、摊等几个或全部因子；有焦片、焦叶、变质叶、烂叶、劣变叶或制造时干燥温度过高卷缩条等为最差。

理论测验

（一）单选题

1. 审评香气除辨别香型外，主要比较香气的（　　）、高低和长短。

A. 纯正　　B. 持久　　C. 纯异　　D. 浓淡

2. 汤色审评主要从色度、（　　）和清浊度三方面去评比。

A. 鲜度　　B. 光泽度　　C. 氧化度　　D. 亮度

3. 条索指外形的形态和（　　）。

A. 弯曲度　　B. 轻重　　C. 紧结度　　D. 润泽度

4. 纯正的滋味可区别其浓淡、强弱、鲜爽、（　　）。

A. 醇正　　B. 醇和　　C. 醇厚　　D. 醇香

5. 叶底评比，主要审评叶底的嫩度、色泽和（　　）。

A. 肥瘦　　B. 短碎　　C. 匀度　　D. 硬杂

（二）判断题

1. 茶汤汤色只与茶树品种和鲜叶老嫩有关，与制法无关。（　　）
2. 香气高低可以从浓、鲜、清、纯、平、粗等几个方面来区别。（　　）
3. 茶汤亮表明射入汤层的光线被吸收的多，反射出来的少。（　　）
4. 香气审评其鲜纯、浓度、类型、持久性。（　　）
5. 敏锐的感觉器官分辨能力需要经过评茶人员有意识的长期训练才能具备。（　　）

理论测验
答案 2-1

技能实训

技能实训 5　设计茶叶感官审评记录表

根据茶叶感官审评知识设计茶叶感官审评记录表，并填写表 2-11。

表 2-11　茶叶感官审评记录

编号	茶名	茶类	各品质因子							
1										
2										
3										
4										
5										
6										
7										
8										
9										
10										

任务二 茶叶感官审评方法

任务目标

掌握茶叶外形和内质审评方法、各茶类茶汤制备方法及各因子审评顺序等知识。

能够制订茶叶感官审评工作规范；能够独立、规范地进行柱形杯审评法和盖碗审评法的操作。

知识准备

一、审评操作方法

（一）外形审评方法

将缩分后的有代表性的茶样 100～200g 放在评茶盘中，双手握住茶盘对角，用回旋筛转法使茶样按粗细、长短、大小、整碎顺序分层，并顺势收下评茶盘中间，呈圆馒头形，分别从上层（也称面张、上段）、中层（也称中段、中档）、下层（也称下段、下脚），按审评内容用目测、手感等方法，通过翻动茶叶、调换位置反复查看比较外形。

1. 初制茶外形审评方法 用目测法审评面张茶后，审评人员用手轻轻地将大部分上、中段茶抓在手中，审评留在评茶盘中的下段茶的品质，然后抓茶的手反转、于心朝上摊开，将茶摊放在手中，用目测法审评中段茶的品质，同时，用手掂估同等体积茶（身骨）的重量。

2. 精制茶外形审评方法 用目测法审评面张茶后，审评人员双手握住评茶盘，用“簸”的手法，让茶叶在评茶盘中从内向外按形态呈现从大到小的排布，分出上、中、下档，然后目测审评。

（二）内质审评方法

1. 汤色 根据汤色审评内容目测审评茶汤，应注意光线、评茶用具等的影响，可调换审评碗的位置以减少环境光线对汤色的影响。

2. 香气 一手持杯，一手持盖，靠近鼻孔，半开杯盖，嗅评杯中香气，每次持续 2～3s，后随即合上杯盖，反复 1～2 次。根据审评内容判断香气的质量，并热嗅（杯温约 75℃）、温嗅（杯温约 45℃）、冷嗅（杯温接近室温）结合进行。

3. 滋味 用茶匙取适量（5mL）茶汤放在口内，通过吸吮使茶汤在口腔内循环打转，接触舌头各部位，吐出茶汤或咽下，审评茶汤滋味。审评滋味适宜的茶汤温度为 50℃。

4. 叶底 精制茶采用黑色叶底盘，毛茶与乌龙茶等采用白色搪瓷叶底盘，操作时应将杯中的茶叶全部倒入叶底盘中，其中白色搪瓷叶底盘中要加入适量清水，让叶底漂浮起来。审评叶底可以采用目测、手感等方法。

柱形杯审评法操作流程

二、茶汤制备方法与各因子审评顺序

1. 红茶、绿茶、黄茶、白茶、乌龙茶（柱形杯审评法） 取有代表性茶样 3.0g

或 5.0g，茶水比（质量体积比）1∶50，置于相应的审评杯中，注满沸水，加盖，计时，按表 2-12 选择冲泡时间，依次等速沥出茶汤，留叶底于杯中，按汤色、香气、滋味、叶底的顺序逐项审评。

表 2-12 各类茶冲泡时间

茶类	冲泡时间/min
绿茶	4
红茶	5
乌龙茶（条型、卷曲型）	5
乌龙茶（圆结型、拳曲型、颗粒型）	6
白茶	5
黄茶	5

微课：乌龙茶盖碗审评法

2. 乌龙茶（盖碗审评法） 沸水烫热评茶杯碗，称取有代表性茶样 5.0g 置于 110mL 倒钟形评茶杯中，快速注满沸水，用杯盖刮去液面泡沫，加盖。1min 后揭盖嗅其盖香，审评茶叶香气，2min 后沥茶汤入评茶碗中，审评汤色和滋味。第二次冲泡，加盖，1～2min 后揭盖嗅其盖香，评茶叶香气，3min 后沥茶汤入评茶碗中，再评汤色和滋味。第三次冲泡，加盖，2～3min 后评香气，5min 后沥茶汤入评茶碗中，审评汤色和滋味。最后闻嗅叶底香，并倒入叶底盘中，审评叶底。审评结果以第二次冲泡为主要依据，综合第一、第三次冲泡的审评结果，统筹评判。

乌龙茶盖碗审评法操作流程

3. 黑茶（散茶）（柱形杯审评法） 取有代表性茶样 3.0g 或 5.0g 茶水比（质量体积比）1∶50，置于相应的审评杯中，注满沸水，浸泡 2min，按冲泡次序依次等速将茶汤沥入评茶碗中，审评汤色、嗅杯中叶底香气、尝滋味后，进行二次冲泡，5min 后沥出茶汤依次审评汤色、香气、滋味、叶底。汤色的审评结果以第一泡为主要依据，香气和滋味以第二泡为主要依据。

4. 紧压茶（柱形杯审评法） 称取有代表性的茶样 3.0g 或 5.0g，茶水比（质量体积比）1∶50，置于相应的审评杯中，注满沸水，依紧压程度加盖浸泡 2～5min，按冲泡次序依次等速将茶汤沥入评茶碗中，审评汤色、嗅杯中叶底香气、尝滋味后进行第二次冲泡，5～8min 后沥出茶汤依次审评汤色、香气、滋味、叶底。结果以第二泡为主要依据，综合第一泡进行评判。

5. 花茶（柱形杯审评法） 拣除茶样中的花瓣、花萼、花蒂等花类夹杂物，称取有代表性茶样 3.0g，置于 150mL 精制茶评茶杯中，注满沸水，加盖浸泡 3min，按冲泡次序依次等速将茶汤沥入评茶碗中，审评汤色、香气（鲜灵度和纯度）、滋味；第二次冲泡 5min，沥出茶汤，依次审评汤色、香气（浓度和持久性）、滋味、叶底。结果根据两次冲泡综合评判。

6. 袋泡茶（柱形杯审评法） 取一茶袋置于 150mL 审评杯中，注满沸水，加盖浸泡 3min 后揭盖，上下提动袋茶两次（间隔 1min），提动后随即盖上杯盖，5min 后沥茶汤入审评碗中，依次审评汤色、香气、滋味和叶底。叶底审评茶袋冲泡后的完整性。

7. 粉茶（柱形杯审评法） 取0.6g茶样置于240mL的评茶碗中，注入150mL的沸水，定时3min，并用茶筅搅拌，依次审评其汤色、香气与滋味。

理论测验

（一）单选题

1. 审评精制茶，采用（　　）规格审评杯。

A. 120mL　B. 150mL　C. 200mL　D. 250mL

2. 乌龙茶盖碗审评杯规格是（　　）。

A. 110mL　B. 120mL　C. 150mL　D. 250mL

3. 适合嗅香气的温度是（　　）。

A. 30℃　B. 45～55℃　C. 55～60℃　D. 60℃以上

4. 适合尝滋味的茶汤温度是（　　）。

A. 30～40℃　B. 45～55℃　C. 55～60℃　D. 高于70℃

5. 乌龙茶盖碗审评法，用茶量为（　　）。

A. 3g　B. 4g　C. 5g　D. 7g

（二）判断题

1. 嗅香气分为热嗅（杯温约75℃）、温嗅（杯温约45℃）、冷嗅（杯温接近室温）。（　　）

2. 审评滋味，用茶匙取适量茶汤于口内，茶汤量可随意。（　　）

3. 审评茶汤汤色时，光线要均匀，评茶用具要一致。（　　）

4. 审评毛茶与乌龙茶叶底采用白色搪瓷叶底盘，并要加入适量清水。（　　）

5. 每次尝味较适合的时间为5s。（　　）

理论测验
答案2-2

技能实训

技能实训6　茶叶感官审评操作流程训练

掌握茶叶感官审评的方法，能独立、规范地完成评茶操作，并制订柱形杯审评法和盖碗审评法的工作流程，说明注意事项，填写茶叶感官审评的工作流程表（表2-13）。

表 2-13　茶叶感官审评的工作流程

柱形杯审评法工作流程	盖碗审评法工作流程

任务三　感官审评术语与运用

任务目标

掌握茶叶感官审评通用术语。

能够运用茶叶感官审评术语描述茶叶的品质特征。

知识准备

我国茶类众多，花色品种丰富，各类茶的产地、品种、工艺等级品质状况极为复杂多变，因此注释评语是项艰难的工作。评茶员应认真学习领会感官审评术语的含义，在进行茶叶审评时既要对照实物标准样来正确评比，又要根据各种茶类的品质特点，结合长期评茶工作中形成的经验标准得出正确的结论。

一、评茶术语的特点

评茶术语是记述茶叶品质感官审评结果的专业性用语，简称评语。评语有等级评语和对样评语之分，如表 2-14 所示。

表 2-14　等级评语与对样评语的比较

类型	释义	举例
等级评语	反映各级茶的品质要求和等级特征，具有级差的特征，表示品质由高到低的顺序术语	特级茶用“细嫩多毫”，一级茶则用“紧细匀齐”，二级茶用“紧结匀整”等
对样评语	评比样对照标准样相比较而记述的评语，指出评比样哪些因子高于或低于参考样。同一评语会出现于不同等级之间	与标准样相符的用“相符”或作“√”的记号

1. 评语有褒贬之分　评语所用词汇的含义，除相符者外，还有褒义词和贬义词。

（1）褒义词。用来指出产品的品质优点或特点，如外形的细紧、细嫩、紧秀圆结、挺直尖削、重实、匀齐等，香气的芳香持久、清香、嫩香、花香、毫香等，滋味的浓强、鲜爽、醇厚等，汤色的清澈、红艳等，叶底的嫩匀、厚实、明亮等。

（2）贬义词。用来指出产品的品质缺点，如外形的松散、短碎、轻飘、花杂、脱档，香气的低闷、粗青、烟气、异气，滋味的淡薄、苦涩、粗钝，汤色的深暗、混浊，叶底的粗老、瘦薄、暗褐等。

2. 评语适用茶类不同　评茶术语有的只能专用于一种茶类，有的则可通用于几种茶类。例如，香气“鲜灵”只适于茉莉花茶；“清香”适用于绿茶、乌龙茶、白茶，而不宜用于红茶；滋味“鲜浓”则可用于多种茶类。

3. 评语适用品质因子不同　评茶术语有的只能用于一项品质因子，有的则可相互通用。例如，“醇厚”“醇和”只适用于滋味，而“纯正”“纯和”既可用于滋味，又可用于香气；

“柔嫩”只能用于叶底，不能用于外形，而“细嫩”则可通用。

4. 评语褒贬因茶类不同 评茶术语有的对某种茶属褒义词，而对另一种茶则属贬义词。例如，条索“卷曲”对碧螺春、蒙顶甘露、都匀毛尖等茶都是应有的品质特征，但对银针、眉茶等则属缺点；“扁直”对龙井、大方茶都是应有的品质特征，但对其他红茶、绿茶则属缺点。

二、各茶类通用评语

根据《茶叶感官审评术语》(GB/T 14487—2017)，茶类通用的评语如下。

(一) 干茶形状

1. 显毫 有茸毛的茶条比例高。

2. 多毫 有茸毛的茶条比例较高，程度比显毫低。

3. 披毫 茶条布满茸毛。

4. 锋苗 叶细嫩，紧结有锐度。

5. 身骨 茶条轻重，也指单位体积的重量。

6. 重实 身骨重，茶在手中有沉重感。

7. 轻飘 身骨轻，茶在手中分量很轻。

8. 匀整、匀齐、匀称 上、中、下三段茶的粗细、长短、大小较一致，比例适当，无脱档现象。

9. 匀净 匀齐而洁净，不含梗朴及其他夹杂物。

10. 脱档 上、下段茶多，中段茶少；或上段茶少，下段茶多。三段茶比例不当。

11. 挺直 茶条不曲不弯。

12. 弯曲、钩曲 不直，呈钩状或弓状。

13. 平伏 茶叶在盘中相互紧贴，无松起架空现象。

14. 细紧 茶叶细嫩，条索细长紧卷而完整，锋苗好。

15. 紧秀 茶叶细嫩，紧细秀长，显锋苗。

16. 挺秀 茶叶细嫩，造型好，挺直秀气尖削。

17. 紧结 茶条卷紧而重实。紧压茶压制密度高。

18. 紧直 茶条卷紧而直。

19. 紧实 茶条卷紧，身骨较重实。紧压茶压制密度适度。

20. 肥壮、硕壮 芽叶肥嫩，身骨重实。

21. 壮实 尚肥大，身骨较重实。

22. 粗实 茶叶嫩度较差，形粗大尚结实。

23. 粗壮 条粗大而壮实。

24. 粗松 嫩度差，形状粗大而松散。

25. 松条、松泡 茶条卷紧度较差。

26. 卷曲 茶条紧卷呈螺旋状或环状。

27. 盘花 先将茶叶加工揉捻成条形，再炒制成圆形或椭圆形的颗粒。

28. 细圆 颗粒细小圆紧，嫩度好，身骨重实。

29. 圆结 颗粒圆而紧结，身骨重实。

30. 圆整 颗粒圆而整齐。

31. 圆实 颗粒圆而稍大，身骨较重实。

32. 粗圆 茶叶嫩度较差，颗粒稍粗大尚成圆。

33. 粗扁 茶叶嫩度差，颗粒粗松带扁。

34. 团块 颗粒大如蚕豆或荔枝核，多数为嫩芽叶粘结而成，为条形茶或圆形茶中加工有缺陷的干茶外形。

35. 扁块 结成扁圆形或不规则圆形带扁的团块。

36. 圆直、浑直 茶条圆浑而挺直。

37. 浑圆 茶条圆而紧结一致。

38. 扁平 扁形茶外形扁坦平直。

39. 扁直 扁平挺直。

40. 松扁 茶条不紧而呈平扁状。

41. 扁条 条形扁，欠浑圆。

42. 肥直 芽头肥壮挺直。

43. 粗大 比正常规格大的茶。

44. 细小 比正常规格小的茶。

45. 短钝、短秃 茶条折断，无锋苗。

46. 短碎 面张条短，下段茶多，欠匀整。

47. 松碎 条松而短碎。

48. 下脚重 下段中最小的筛号茶过多。

49. 爆点 干茶上的突起泡点。

50. 破口 折、切断口痕迹显露。

51. 老嫩不匀 成熟叶与嫩叶混杂，条形与嫩度、叶色不一致。

（二）干茶色泽

1. 油润 鲜活，光泽好。

2. 光洁 茶条表面平洁，尚油润发亮。

3. 枯燥 干枯，无光泽。

4. 枯暗 枯燥，反光差。

5. 枯红 色红而枯燥。

6. 调匀 叶色均匀一致。

7. 花杂 叶色不一，形状不一或多梗、朴等茶类夹杂物。

8. 翠绿 绿中显青翠。

9. 嫩黄 金黄中泛出嫩白色，为白化叶类茶、黄茶等干茶、汤色和叶底特有色泽。

10. 黄绿 以绿为主，绿中带黄。

11. 绿黄 以黄为主，黄中泛绿。

12. 灰绿 叶面色泽绿而稍带灰白色。

13. 墨绿、乌绿、苍绿 色泽浓绿泛乌有光泽。

14. 暗绿 色泽绿而发暗，无光泽，品质次于乌绿。

15. 绿褐 褐中带绿。

16. 青褐　褐中带青。
17. 黄褐　褐中带黄。
18. 灰褐　色褐带灰。
19. 棕褐　褐中带棕。常用于康砖、金尖茶的干茶和叶底色泽。
20. 褐黑　乌中带褐，有光泽。
21. 乌润　乌黑而油润。

（三）汤色

1. 清澈　清净，透明，光亮。
2. 混浊　茶汤中有大量悬浮物，透明度差。
3. 沉淀物　茶汤中沉于碗底的物质。
4. 明亮　清净反光强。
5. 暗　反光弱。
6. 鲜亮　新鲜明亮。
7. 鲜艳　鲜明艳丽，清澈明亮。
8. 深　茶汤颜色深。
9. 浅　茶汤色泽淡。
10. 浅黄　黄色较浅。
11. 杏黄　汤色黄稍带浅绿。
12. 深黄　黄色较深。
13. 橙黄　黄中微泛红，似橘黄色，有深浅之分。
14. 橙红　红中泛橙色。
15. 深红　红较深。
16. 黄亮　黄而明亮，有深浅之分。
17. 黄暗　色黄反光弱。
18. 红暗　色红反光弱。
19. 青暗　色青反光弱。

（四）香气

1. 高香　茶香优而强烈。
2. 高强　香气高，浓度大，持久。
3. 鲜爽　香气新鲜愉悦。
4. 嫩香　嫩茶所特有的愉悦细腻的香气。
5. 鲜嫩　鲜爽带嫩香。
6. 馥郁　香气幽雅丰富，芬芳持久。
7. 浓郁　香气丰富，芬芳持久。
8. 清香　清新纯净。
9. 清高　清香高而持久。
10. 清鲜　清香鲜爽。
11. 清长　清而纯正并持久的香气。
12. 清纯　清香纯正。

13. 甜香　香气有甜感。

14. 板栗香　似熟栗子香。

15. 花香　似鲜花的香气，新鲜悦鼻，多为优质乌龙茶、红茶之品种香或乌龙茶做青适度的香气。

16. 花蜜香　花香中带有蜜糖香味。

17. 果香　浓郁的果实熟透的香气。

18. 木香　茶叶粗老或冬茶后期，梗叶木质化，香气中带纤维气味和甜感。

19. 地域香　特殊地域、土质栽培的茶树，其鲜叶加工后会产生特有的香气，如岩韵、高山韵等。

20. 松烟香　带有松脂烟香。

21. 陈香　茶质好，保存得当，陈化后具有的愉悦的香气，无杂、霉气。

22. 纯正　茶香纯净正常。

23. 平正　茶香平淡，无异杂气。

24. 香飘、虚香　香浮而不持久。

25. 欠纯　香气夹有其他的异杂气。

26. 足火香　干燥充分，火功饱满。

27. 焦糖香　干燥充足，火功高带有糖香。

28. 高火　茶叶干燥过程中温度高或时间长而产生似锅巴香稍高于正常火功。

29. 老火　茶叶干燥过程中温度过高或时间过长而产生的似烤黄锅巴香，程度重于高火。

30. 焦气　有较重的焦煳气，程度重于老火。

31. 闷气　沉闷不爽。

32. 低　低微，无粗气。

33. 日晒气　茶叶受太阳光照射后带有日光味。

34. 青气　带有青草或青叶气息。

35. 钝浊　滞钝不爽。

36. 青浊气　气味不清爽，多为雨水青、杀青未杀透或做青不当而产生的青气和浊气。

37. 粗气　粗老叶的气息。

38. 粗短气　香短，带粗老气息。

39. 失风　失去正常的香气特征但程度轻于陈气。多由于干燥后茶叶摊凉时间太长，茶暴露于空气中或保管时未密封，茶叶吸潮引起。

40. 陈气　茶叶存放中失去新茶香味，呈现不愉悦的类似油脂氧化变质的气味。

41. 酸、馊气　茶叶含水量高、加工不当、变质所出现的不正常气味。馊气程度重于酸气。

42. 劣异气　茶叶加工或贮存不当产生的劣变气息或污染外来物质所产生的气息，如烟、焦、酸、馊、霉或其他异杂气。

（五）滋味

1. 浓　内含物丰富，收敛性强。

2. 厚　内含物丰富，有黏稠感。

3. 醇 浓淡适中，口感柔和。

4. 滑 茶汤入口和吞咽后顺滑，无粗糙感。

5. 回甘 茶汤饮后，舌根和喉部有甜感，并有滋润的感觉。

6. 浓厚 入口浓，收敛性强，回味有黏稠感。

7. 醇厚 入口爽适味有黏稠感。

8. 浓醇 入口浓，有收敛性，回味爽适。

9. 甘醇 醇而回甘。

10. 甘滑 滑中带甘。

11. 甘鲜 鲜洁有回甘。

12. 甜醇 入口即有甜感，爽适柔和。

13. 甜爽 爽口而有甜味。

14. 鲜醇 鲜洁醇爽。

15. 醇爽 醇而鲜爽。

16. 清醇 茶汤入口爽适，清爽柔和。

17. 醇正 浓度适当，正常无异味。

18. 醇和 醇而和淡。

19. 平和 茶味和淡，无粗味。

20. 淡薄 茶汤内含物少，无杂味。

21. 浊 口感不顺，茶汤中似有胶状悬浮物或有杂质。

22. 涩 茶汤入口后，有厚舌阻滞的感觉。

23. 苦 茶汤入口有苦味，回味仍苦。

24. 粗味 粗糙滞钝，带木质味。

25. 青涩 涩而带有生青味。

26. 青味 青草气味。

27. 青浊味 茶汤不清爽，带青味和浊味，多为雨水青、晒青、做青不足或杀青不匀不透而产生。

28. 熟闷味 茶汤入口不爽，带有蒸熟或闷熟味。

29. 闷黄味 茶汤有闷黄软熟的气味，多为杀青叶闷堆未及时摊开、揉捻时间偏长或包揉叶温过高、定型时间偏长而引起。

30. 淡水味 茶汤浓度感不足，淡薄如水。

31. 高山韵 高山茶所特有的香气清高细腻，滋味丰厚饱满的综合体现。

32. 丛韵 单株茶树所体现的特有香气和滋味，多为凤凰单丛茶、武夷名丛或普洱大树茶之香味特征。

33. 陈醇 茶质好，保存得当，陈化后具有的愉悦柔和的滋味，无杂、无霉味。

34. 高火味 茶叶干燥过程中温度高或时间长而产生的，微带烤黄的锅巴味。

35. 老火味 茶叶干燥过程中温度过高，或时间过长而产生的似烤焦黄锅巴味，程度重于高火味。

36. 焦味 茶汤带有较重的焦煳味，程度重于老火味。

37. 辛味 普洱茶原料多为夏暑季雨水茶，因渥堆不足或无后熟陈化而产生的辛辣味。

38. 陈味 茶叶存放中失去新茶香味，呈现不愉快的类似油脂氧化变质的味道。

39. 杂味 滋味混杂不清爽。

40. 霉味 茶叶存放过程中水分过高导致真菌生长所散发出的气味。

41. 劣异味 茶叶加工或贮存不当产生的劣变味或被外来物质污染所产生的味感，如烟、焦、酸、馊、霉或其他异杂味。

（六）叶底

1. 细嫩 芽头多或叶子细小嫩软。

2. 肥嫩 芽头肥壮，叶质柔软厚实。

3. 柔嫩 嫩而柔软。

4. 柔软 手按如棉，按后伏贴盘底。

5. 肥亮 叶肉肥厚，叶色透明发亮。

6. 软亮 嫩度适当或稍嫩，叶质柔软，按后伏贴盘底，叶色明亮。

7. 匀 老嫩、大小、厚薄、整碎或色泽等均匀一致。

8. 杂 老嫩、大小、厚薄、整碎或色泽等不一致。

9. 硬 坚硬，有弹性。

10. 嫩匀 芽叶匀齐一致，嫩而柔软。

11. 肥厚 芽或叶肥壮，叶肉厚。

12. 开展、舒展 叶张展开，叶质柔软。

13. 摊张 老叶摊开。

14. 青张 夹杂青色叶片。

15. 乌条 叶底乌暗而不开展。

16. 粗老 叶质粗硬，叶脉显露。

17. 皱缩 叶质老，叶卷缩起皱纹。

18. 瘦薄 芽头瘦小，叶张单薄少肉。

19. 破碎 断碎、破碎叶片多。

20. 暗杂 叶色暗沉，老嫩不一。

21. 硬杂 叶质粗老、坚硬、多梗、色泽驳杂。

22. 焦斑 叶张边缘、叶面或叶背有局部黑色或黄色灼伤斑痕。

三、感官审评常用名词、虚词

（一）感官审评常用名词

1. 芽头 未发育成茎叶的嫩尖，质地柔软。

2. 茎 尚未木质化的嫩梢。

3. 梗 着生芽叶的已显木质化的茎，一般指当年青梗。

4. 筋 脱去叶肉的叶柄、叶脉部分。

5. 碎 呈颗粒状细而短的断碎芽叶。

6. 夹片 呈折叠状的扁片。

7. 单张 单瓣叶子，有老嫩之分。

8. 片 破碎的细小轻薄片。

9. 末　细小，呈沙粒状或粉末状。

10. 朴　叶质稍粗老呈折叠状的扁片块。

11. 红梗　梗子呈红色。

12. 红筋　叶脉呈红色。

13. 红叶　叶片呈红色。

14. 渥红　鲜叶堆放中叶温升高而红变。

15. 丝瓜瓢　渥堆过度，叶质腐烂，只留下网络状叶脉，形似丝瓜瓠。

16. 麻梗　隔年老梗，粗老梗，麻白色。

17. 剥皮梗　在揉捻过程中脱了皮的梗。

18. 绿苔　新梢的绿色嫩梗。

19. 上段　经摇样盘后，上层较长大的茶叶，也称面装或面张。

20. 中段　经摇样盘后，集中在中层较细紧、重实的茶叶，也称中档或腰档。

21. 下段　经摇样盘后，沉积于底层细小的碎、片、末茶，也称下身或下盘。

22. 中和性　香气不突出的茶叶适于拼和。

（二）感官审评常用虚词

茶叶品质情况复杂，当产品样对照某等级标准样进行评比时，某些品质因子往往在程度上有差别。此时除可以用符合该等级茶的评语作为主体词外，还可以在主体词前加用“稍”“略”“尚”“欠”等比较性辅助词来丰富词汇，表达质量差异程度，这种辅助词称为副词，也有的称为虚词。不同虚词的含义及其用法如表 2－15 所示。

表 2－15　部分感官审评常用虚词的含义及其用法

副词	释义	举例
较	两者相比有一定差距	较浓、较高、较低、较暗、较纯等
稍、略	两词含义基本相同，某种程度不深时用	略扁、略弯曲、略烟、条稍松、稍暗、略有回甜、略有花香、稍浓、稍高
欠	在规格要求上或某种程度上达不到要求，且程度上较严重	欠紧结、欠亮、欠浓、欠嫩、欠匀等。
尚	某种程度有些不足，但基本还接近时用，只能冠于褒义词之前	尚嫩、尚浓、尚亮、尚净、尚纯、尚紧、尚壮等
带	某种程度上轻微；有时可与其他副词连用，在程度上又比单独使用时更轻些	带花香、带有烟气、带涩、带扁、略带花香、略带烟气、略带苦涩
有	形容某些方面存在	有茎、有梗、有花香、有烟味等
显	形容某方面比较突出	显白毫、显锋苗、显金毫、显芽等
微	在某种程度上很轻微	微烟、微焦、微黄、微红、微苦涩等

这类词用来比较样茶与标准样茶或贸易成交样茶的差异程度，离开作为对照的标准样茶或贸易成交样茶，这些副词所表达的差异程度就失去了衡量的准绳。

其他常用的虚词还有：

1. 相当　两者相比，品质水平一致或基本相符。

2. 接近　两者相比，品质水平差距甚小或某项因子略差。

3. 稍高　两者相比，品质水平稍好或某项因子稍高。

4. 稍低　两者相比，品质水平稍差或某项因子稍低。

5. 较高　两者相比，品质水平较好或某项因子较高。

6. 较低　两者相比，品质水平较差或某项因子较差。

7. 高　两者相比，品质水平明显好或某项因子明显好。

8. 低　两者相比，品质水平差距大，明显差或某项因于明显差。

9. 强　两者相比，其品质总水平要好些。

10. 弱　两者相比，其品质总水平要差些。

理论测验

（一）单选题

1. 既可以描述香气，又可以描述滋味的评茶术语是（　　）。

A. 醇厚　B. 鲜灵　C. 纯正　D. 醇和

2. 下列术语中（　　）不属于等级评语。

A. 稍低　B. 浓郁　C. 清高　D. 馥郁

3. 下列术语中（　　）属于对样评语。

A. 细嫩　B. 紧细　C. 紧结　D. 符合

4. 下列评语中（　　）副词用法不妥。

A. 滋味尚浓　B. 滋味尚淡　C. 滋味欠浓　D. 滋味较浓

5. 下列评语中（　　）说法是错的。

A. 香气较高　B. 滋味稍淡　C. 汤色不明亮　D. 外形尚紧结

（二）判断题

1. 滋味“鲜浓”可用于多种茶类。（　　）

2. “清香”只适用于绿茶，不适用于乌龙茶、白茶、红茶等。（　　）

3. 评茶术语有的只能用于一项品质因子，有的则可相互通用。（　　）

4. 脱档指三段茶比例不当。（　　）

5. 地域香指特殊地域、土质栽培的茶树，其鲜叶加工后会产生特有的香气，如甜香、高山香等。（　　）

理论测验
答案 2-3

技能实训

技能实训 7　不同茶类的感官品质描述

理解茶叶感官审评通用术语的含义，学习运用评语描述茶叶品质特征，填写不同茶类的感官审评表（表 2-16）。

表 2-16　不同茶类的感官审评

编号	茶名	茶类	外形				内质			
			形状	色泽	整碎	净度	汤色	香气	滋味	叶底
1										
2										
3										
4										
5										
6										

任务四　感官审评结果与判定

任务目标

掌握七档制对样审评方法和百分制审评方法，熟悉各类茶审评因子评分系数。

能够运用七档制对样审评方法和百分制审评方法评定茶叶品质。

知识准备

一、审评结果与判定

（一）级别判定

级别判定即对照一组标准样品，比较未知茶样品与标准样品之间某一级别在外形和内质的相符程度（或差距）。首先，对照一组标准样品的外形，从外形的形状、嫩度、色泽、整碎和净度5个方面综合判定未知样品等于或约等于标准样品中的某一级别，即定为该未知样品的外形级别；然后从内质的汤色、香气、滋味与叶底4个方面综合判定未知样品等于或约等于标准样中的某一级别，即定为该未知样品的内质级别。未知样最后的级别判定结果按下式进行计算：

未知样的级别＝（外形级别＋内质级别）÷2

（二）合格判定

1. 评分　以成交样或标准样相应等级的色、香、味、形的品质要求为水平依据，按规定的审评因子即形状、整碎、净度、色泽、香气、滋味、汤色和叶底进行评分（表2-17）。

表2-17　各类成品茶品质审评因子

茶类	外形				内质			
	形状（A）	整碎（B）	净度（C）	色泽（D）	香气（E）	滋味（F）	汤色（G）	叶底（H）
绿茶	√	√	√	√	√	√	√	√
红茶	√	√	√	√	√	√	√	√
乌龙茶	√	√	√	√	√	√	√	√
白茶	√	√	√	√	√	√	√	√
黑茶（散茶）	√	√	√	√	√	√	√	√
黄茶	√	√	√	√	√	√	√	√
花茶	√	√	√	√	√	√	√	√
袋泡茶	√	×	√	√	√	√	√	√
紧压茶	√	×	√	√	√	√	√	√
粉茶	√	×	√	√	√	√	√	×

注："×"为非审评因子。

将生产样对照标准样或成交样逐项对比审评，按"七档制"方法进行评分（表2-18）。

表 2-18 七档制审评方法

七档制	评分	说明
高	+3	差异大，明显好于标准样
较高	+2	差异较大，好于标准样
稍高	+1	仔细辨别才能区分，稍好于标准样
相当	0	标准样或成交样水平
稍低	−1	仔细辨别才能区分，稍差于标准样
较低	−2	差异较大，差于标准样
低	−3	差异大，明显差于标准样

2. 计算结果 审评结果按下式进行计算：

$$Y=An+Bn+\cdots+Hn$$

式中：Y——茶叶审评总得分；

An、Bn、…、Hn——各项审评因子的得分。

3. 结果判定 任何单一审评因子中得−3分者判该样品为不合格。总得分小于−3分者该样品为不合格。

(三) 其他合格判定方法（五档制对样评茶）

口岸公司对成品茶验收审评一般采用五级标准制评定品质等级。外形审评条索、色泽、整碎、净度，内质审评汤色、香气、滋味和叶底。验收结果以高、稍高、符合、稍低、低五级制来划分，其对应的说明如表 2-19 所示。

表 2-19 五档制审评方法

五档制	出口	内销	说明
高	△	++	高于对照标准样半级以上
稍高	⊥	+	高于对照标准样不到半级
相当	√	√	与标准样品质大体一致
稍低	⊤	−	低于对照标准样半级以内
低	▽	−−	低于对照标准样半级以上

二、品质评定

(一) 评分的形式

1. 独立评分 整个审评过程由1个或若干个评茶员独立完成。

2. 集体得分 整个审评过程由3人或3人以上（奇数）评茶员一起完成。参加审评的人员组成1个审评小组，推荐其中1人为主评。审评过程中由主评先评出分数，其他人员根据品质标准对主评出具的分数进行修改与确认，对观点差异较大的茶进行讨论，最后共同确定分数，如有争论，投票决定，并加注评语。评语符合《茶叶感官审评术语》（GB/T 14487—2017）。

（二）评分的方法

茶叶品质顺序的排列样品应在 2 只以上（含 2 只），评分前工作人员对茶样进行分类、密码编号，审评人员在不了解茶样的来源、密码条件下进行盲评，根据审评知识与品质标准，从外形、汤色、香气、滋味和叶底 5 个方面进行审评。在公平、公正条件下对每个茶样进行评分，并加注评语。评语参照《茶叶感官审评术语》（GB/T 14487—2017），评分标准参见《茶叶感官审评方法》（GB/T 23776—2018）。

（三）分数的确定

当独立评分评茶员数不足 5 人时，每个评茶员所评分数相加的总和除以参加评分的人数所得的分数即为该茶样审评的最终得分；当独立评分评茶员人数在 5 人以上时，可在评分的结果中去除一个最高分和一个最低分，其余的分数相加的总和除以其人数所得的分数即为该茶样审评的最终得分。

（四）结果的计算

1. 计算方法 将单项因子的得分与该因子的评分系数相乘，并将各个乘积值相加，即为该茶样审评的总得分。计算式如下：

$$Y=A\times a+B\times b+\cdots+E\times e$$

式中：Y——茶叶审评总得分；

A、B、…、E——各品质因子的审评得分；

a、b、…、e——各品质因子的评分系数。

2. 各茶类审评因子评分系数 各茶类审评因子评分系数如表 2-20 所示。

表 2-20 各类茶审评因子评分系数

茶类	外形（a）	汤色（b）	香气（c）	滋味（d）	叶底（e）
绿茶	25	10	25	30	10
工夫红茶（小种红茶）	25	10	25	30	10
（红）碎茶	20	10	30	30	10
乌龙茶	20	5	30	35	10
黑茶（散茶）	20	15	25	30	10
紧压茶	20	10	30	35	5
白茶	25	10	25	30	10
黄茶	25	10	25	30	10
花茶	20	5	35	30	10
袋泡茶	10	20	30	30	10
粉茶	10	20	35	35	0

（五）结果评定

根据计算结果按分数由高到低依次排列。分数相同者，则按“滋味→外形→香气→汤色→叶底”的次序比较单一因子得分的高低，高者居前。

理论测验

（一）单选题

1. 茶叶审评时，若某项品质因子高于标准样，常用（　　）来记录品质。

A. ⊤　　B. √　　C. ⊥　　D. △

2. 茶叶审评时，若某项品质因子与标准样符合，常用（　　）来记录品质。

A. ⊤　　B. √　　C. ⊥　　D. ×

3. 根据七档制评分方法，对照标准样相当，按规定给（　　）分。

A. 0　　B. −1　　C. −2　　D. −3

4. 根据茶叶品质审评结果的判定原则，任一品质因子评为（　　）分为不合格。

A. −1　　B. −2　　C. −3　　D. 0

5. 根据对样评分法，稍高于标准样，评为（　　）分。

A. +1　　B. +2　　C. +3　　D. −1

（二）判断题

1. 在审评时遇到两个分数相同者，应按“滋味→香气→外形→汤色→叶底”的次序比较单一因子得分的高低，高者居前。（　　）

2. 对样评茶时，“相当”说明品质与标准样或成交样水平一致。（　　）

3. 七档制对样评茶中，总得分小于−3分者该样品为不合格。（　　）

4. 当独立评分评茶员人数在5人以上时，可在评分的结果中去除一个最高分和一个最低分，其余的分数相加的总和除以其人数所得的分数即为该茶样审评的最终得分。（　　）

5. 百分制评茶中，将单项因子的得分与该因子的评分系数相乘，并将各个乘积值相加，即为该茶样审评的总得分。（　　）

理论测验
答案2-4

技能实训

技能实训8　对样评茶法和百分制评茶法训练

用七档制对样审评方法和百分制审评方法评定茶叶的品质，填写评茶记录表（表2-21、表2-22）。

表 2-21 七档制对样评茶记录

编号	茶名	茶类	外形				内质				总分	结论
			形状	色泽	整碎	净度	汤色	香气	滋味	叶底		
1												
2												
3												
4												
5												
6												

表 2-22 百分制评茶记录

编号	茶名	茶类	外形	内质				总分	结论
				汤色	香气	滋味	叶底		
1									
2									
3									
4									
5									
6									

任务五　茶叶标准知识

任务目标

熟悉各茶类及再加工茶类的国家标准、茶叶标准样；了解其国家标准相关知识、中国茶叶标准发展概况及中国标准化体制改革发展方向等知识。

能够进行茶叶实物标准样审评操作。

知识准备

一、标准相关知识

（一）标准与标准化的定义

1. 标准　在一定的范围内获得最佳秩序，对活动或其结果规定共同的和重复使用的规则、导则或特性的文件，称为标准。标准发布前须经公认机构的批准。标准应以科学技术和经验的综合成果为基础，以促进最佳社会效益为目的。

2. 标准化　在一定的范围内获得最佳秩序，对实际的或潜在的问题制定共同的和重复使用的规则的活动，称为标准化，它包括制定、发布及实施标准的过程。标准化的重要意义是改进产品、过程和服务的适用性，防止贸易壁垒，促进技术合作。通过制定、发布和实施标准达到统一是标准化的实质。获得最佳秩序和社会效益是标准化的目的。

标准化的基本特性主要包括以下几个方面：①抽象性；②技术性；③经济性；④连续性，也称继承性；⑤约束性；⑥政策性。

（二）标准体制

中国标准分为强制性标准和推荐性标准两类。保障人体健康，人身、财产安全的标准和法律、行政法规规定强制执行的标准是强制性标准（GB），其他标准是推荐性标准（GB/T）。

中国标准分为国家标准、行业标准、地方标准和企业标准四级。对需要在全国范畴内统一的技术要求，应当制定国家标准。对没有国家标准而又需要在全国某个行业范围内统一的技术要求，可以制定行业标准。茶叶行业标准有 ZBX 系列、ZBB 系列、农业（NY）等。对没有国家标准和行业标准而又需要在省、自治区、直辖市范围内统一的工业产品的安全、卫生要求，可以制定地方标准（DB/T）。企业生产的产品没有国家标准、行业标准和地方标准的，应当制定相应的企业标准。对已有国家标准、行业标准或地方标准的，鼓励企业制定严于国家标准、行业标准或地方标准要求的企业标准（QB）。

（三）标准制定程序

中国国家标准制定程序划分为 9 个阶段：预阶段、立项阶段、起草阶段、征求意见阶段、审查阶段、批准阶段、出版阶段、复审阶段、废止阶段。

对下列情况，制定国家标准可以采用快速程序。

（1）对等同采用、等效采用国际标准或国外先进标准的标准制、修订项目，可直接由立项阶段进入征求意见阶段，省略起草阶段。

(2) 对现有国家标准的修订项目或中国其他各级标准的转化项目，可直接由立项阶段进入审查阶段，省略起草阶段和征求意见阶段。

二、中国茶叶标准发展概况

茶叶标准源自茶叶贸易，主要用来划分茶叶的规格、控制茶叶质量，即控制茶叶产品的质量安全，主要是根据茶叶标准所规定的项目进行检验，并依据标准的限量对检验结果作出判定。

近年来，国家对标准化工作高度重视，2015 年 12 月 30 日国务院办公厅印发《国家标准化体系建设发展规划（2016—2020 年）》，部署推动实施标准化战略，加快完善标准化体系，全面提升我国标准化水平，这是我国标准化领域第一个国家专项规划。至今，我国已基本建成了支撑国家治理体系和治理能力现代化的国家标准化体系，标准有效性、先进性和适用性显著增强，“中国标准”国际影响力和贡献力大幅提升，已迈入世界标准强国行列。

政府单一供给的标准体系已转变为由政府主导制定的标准和市场自主制定的标准共同构成的新型标准体系。政府主导制定的标准由六类整合精简为四类，分别是强制性国家标准、推荐性国家标准、推荐性行业标准、推荐性地方标准；市场自主制定的标准分为团体标准和企业标准。政府主导制定的标准侧重于保基本，市场自主制定的标准侧重于提高竞争力。

三、各茶类及再加工茶类的国家标准

通过各茶类和再加工茶类专用的国家标准和行业标准，配以茶通用类的国家标准和行业标准可组合成各茶类和再加工茶类的标准综合体。

(一) 绿茶

绿茶的系列产品国家标准包括：

《绿茶　第 1 部分：基本要求》(GB/T 14456.1—2017)

《绿茶　第 2 部分：大叶种绿茶》(GB/T 14456.2—2017)

《绿茶　第 3 部分：中小叶种绿茶》(GB/T 14456.3—2017)

《绿茶　第 4 部分：珠茶》(GB/T 14456.4—2017)

《绿茶　第 5 部分：眉茶》(GB/T 14456.5—2017)

《绿茶　第 6 部分：蒸青茶》(GB/T 14456.6—2017)

绿茶的地理标志产品标准包括：

《地理标志产品　龙井茶》(GB/T 18650—2008)

《地理标志产品　蒙山茶》(GB/T 18665—2008)（除绿茶外还包含有黄茶和茉莉花茶）

《地理标志产品　洞庭（山）碧螺春茶》(GB/T 18957—2008)

《地理标志产品　黄山毛峰茶》(GB/T 19460—2008)

《地理标志产品　狗牯脑茶》(GB/T 19691—2008)

《地理标志产品　太平猴魁茶》(GB/T 19698—2008)

《地理标志产品　安吉白茶》(GB/T 20354—2006)

《地理标志产品　乌牛早茶》(GB/T 20360—2006)

《地理标志产品　雨花茶》(GB/T 20605—2006)

《地地理标志产品　庐山云雾茶》(GB/T 21003—2007)

《地理标志产品　信阳毛尖茶》(GB/T 22737—2008)

《地理标志产品　崂山绿茶》(GB/T 26530—2011)

(二) 红茶

红茶的系列产品国家标准包括:

《红茶　第1部分:红碎茶》(GB/T 13738.1—2017)

《红茶　第2部分:工夫红茶》(GB/T 13738.2—2017)

《红茶　第3部分:小种红茶》(GB/T 13738.3—2012)

红茶的地理标志产品标准:

《地理标志产品　坦洋工夫》(GB/T 24710—2009)

(三) 乌龙茶

乌龙茶的系列产品国家标准包括:

《乌龙茶　第1部分:基本要求》(GB/T 30357.1—2013)

《乌龙茶　第2部分:铁观音》(GB/T 30357.2—2013)

《乌龙茶　第3部分:黄金桂》(GB/T 30357.3—2015)

《乌龙茶　第4部分:水仙》(GB/T 30357.4—2015)

《乌龙茶　第5部分:肉桂》(GB/T 30357.5—2015)

《乌龙茶　第6部分:单丛》(GB/T 30357.6—2017)

《乌龙茶　第7部分:佛手》(GB/T 30357.7—2017)

《乌龙茶　第9部分:白芽奇兰》(GB/T 30357.9—2020)

乌龙茶的地理标志产品标准包括:

《地理标志产品　安溪铁观音》(GB/T 19598—2006)

《地理标志产品　武夷岩茶》(GB/T 18745—2006)

《地理标志产品　永春佛手》(GB/T 21824—2008)

(四) 黑茶

黑茶的系列产品国家标准包括:

《黑茶　第1部分:基本要求》(GB/T 32719.1—2016)

《黑茶　第2部分:花卷茶》(GB/T 32719.2—2016)

《黑茶　第3部分:湘尖茶》(GB/T 32719.3—2016)

《黑茶　第4部分:六堡茶》(GB/T 32719.4—2016)

《黑茶　第5部分:茯茶》(GB/T 32719.5—2018)

(五) 白茶

白茶产品国家标准包括:

《白茶》(GB/T 22291—2017)

《紧压白茶》(GB/T 31751—2015)

白茶地理标志产品标准:

《地理标志产品　政和白茶》(GB/T 22109—2008)

(六) 黄茶

黄茶产品国家标准:

《黄茶》(GB/T 21726—2018)

(七)再加工茶

紧压茶系列产品国家标准包括:

《紧压茶　第1部分:花砖茶》(GB/T 9833.1—2013)

《紧压茶　第2部分:黑砖茶》(GB/T 9833.2—2013)

《紧压茶　第3部分:茯砖茶》(GB/T 9833.3—2013)

《紧压茶　第4部分:康砖茶》(GB/T 9833.4—2013)

《紧压茶　第5部分:沱茶》(GB/T 9833.5—2013)

《紧压茶　第6部分:紧茶》(GB/T 9833.6—2013)

《紧压茶　第7部分:金尖茶》(GB/T 9833.7—2013)

《紧压茶　第8部分:米砖茶》(GB/T 9833.8—2013)

《紧压茶　第9部分:青砖茶》(GB/T 9833.9—2013)

其他产品标准有:

《茉莉花茶》(GB/T 22292—2017)

《袋泡茶》(GB/T 24690—2018)

《固态速溶茶　第4部分:规格》(GB/T 18798.4—2013)

(八)茶制品系列产品

茶制品系列产品国家标准包括:

《茶制品　第1部分:固态速溶茶》(GB/T 31740.1—2015)

《茶制品　第2部分:茶多酚》(GB/T 31740.2—2015)

《茶制品　第3部分:茶黄素》(GB/T 31740.3—2015)

四、中国标准化体制改革发展方向

(一)团体标准

《深化标准化工作改革方案》鼓励培育发展团体标准。在标准制定主体上,鼓励具备相应能力的学会、协会、商会、联合会等社会组织和产业技术联盟协调相关市场主体共同制定满足市场和创新需要的标准,供市场自愿选用,增加标准的有效供给。在标准管理上,对团体标准不设行政许可,由社会组织和产业技术联盟自主制定发布,通过市场竞争优胜劣汰。国务院标准化主管部门会同国务院有关部门制定团体标准发展指导意见和标准化良好行为规范,对团体标准进行必要的规范、引导和监督。

目前,在国家标准化管理委员会网站上已建有“全国团体标准信息平台”,可以进行社会团体的注册。目前有多家茶行业的团体通过注册的社会团体已在该平台发布茶叶团体标准。

(二)企业标准

《深化标准化工作改革方案》中提出“放开搞活企业标准”。企业根据需要自主制定、实施企业标准,鼓励企业制定高于国家标准、行业标准、地方标准,具有竞争力的企业标准。

目前,在国家标准化管理委员会网站上已建有“企业产品标准信息公共服务平台”,企业登录后按地区进行注册并遵守协议,就可在该平台上发布自己的产品标准并进行备案,其中涉茶的产品标准有数百项。

（三）国家标准英文出版稿

《深化标准化工作改革方案》提出："加强中国标准外文版翻译出版工作，推动与主要贸易国之间的标准互认，推进优势、特色领域标准国际化，创建中国标准品牌。"

全国茶叶标准化技术委员会秘书处根据国家标准化管理委员会的有关规定，先后组织有关专家进行了中国茶叶标准外文版的翻译工作。现已有 10 多项茶叶国家标准的英文版进行了正式出版发行，部分如下：

《Compressed tea-Part 1：Huazhuan tea》(GB/T 9833.1—2013)

《Compressed tea-Part 2：Heizhuan tea》(GB/T 9833.2—2013)

《Compressed tea-Part 3：Fuzhuan tea》(GB/T 9833.3—2013)

《Compressed tea-Part 4：Kangzhuan tea》(GB/T 9833.4—2013)

《Compressed tea-Part 5：Tuo tea》(GB/T 9833.5—2013)

《Compressed tea-Part 6：Jin tea》(GB/T 9833.6—2013)

《Compressed tea-Part 7：Jinjian tea》(GB/T 9833.7—2013)

《Compressed tea-Part 8：Mizhuan tea》(GB/T 9833.8—2013)

《Compressed tea-Part 9：Qingzhuan tea》(GB/T 9833.9—2013)

五、茶叶实物标准样

茶叶标准样（standard samples of tea）是指具有足够的均匀性，代表该类茶叶品质特征，经过技术鉴定，符合该产品标准的并附有质量等级说明的一批茶叶样品。产品标准是检验产品质量的标尺，一般产品的标准大多用数据规定，而茶叶是一种特殊的农副产品，决定茶叶产品品质优劣的主要项目，即色、香、味、形等，目前仍以感官审评作为主要检验方法。鉴别茶叶品质的优劣，以文字标准和实物标准样茶为依据。茶叶实物标准样是茶叶产销各方对茶叶质量共同制定和遵守的依据，也是正确评定茶叶品质优劣和等级高低的依据。

（一）茶叶标准样的分类

茶叶标准样一般分为毛茶标准样、加工标准样和贸易标准样 3 种。

1. 毛茶标准样 毛茶标准样是收购毛茶的质量标准。红毛茶、炒青、毛烘青均分为六级十二等，逢双等设样，共设 6 个实物标准样；黄大茶分为三级六等，设 3 个实物标准样；乌龙茶一般分为五级十等，设 4 个实物标准样；黑毛茶及四川南路边茶分四级，设 4 个实物标准样；六堡茶分为五级十等，设 5 个实物标准样。

2. 加工标准样 加工标准样又称验收统一标准样，是毛茶加工成外销、内销、边销成品茶时对样加工，使产品质量规格化的实物依据，也是成品茶交接验收的主要依据。各类茶叶加工标准样按品质分级，级间不设等。

3. 贸易标准样 贸易标准样又称销售标准样，茶叶市场放开以前专指出口茶叶贸易标准样，是根据我国外销茶叶的传统风格、市场需要和生产可能，由主管出口经营部门制定的，是茶叶对外贸易中成交计价和货物交接的实物依据。根据加工和出口需要，珠茶产品分为特级（3505）、一级（9372）、二级（9373）、三级（9374）、四级（9375）；眉茶产品分为珍眉、雨茶、秀眉和贡熙，各花色按品质质量分级，各级均编以固定号码，即茶号，如表 2-23 所示。

表 2-23 部分眉茶产品花色及对应的茶号

花色	级别	唛号	花色	级别	唛号
珍眉	特珍特级	41022	秀眉	特级	8117
	特珍一级	9371		一级	9400
	特珍二级	9370		二级	9376
	一级	9369		三级	9380
	二级	9368	贡熙	特贡一级	9277
	三级	9367		特贡二级	9377
	四级	9366		一级	9389
雨茶	一级	8147		二级	9417
	二级	8167		三级	9500

近年来，也有由各省（自治区、直辖市）自营出口部门根据贸易需要自行编制的贸易标准样。国内茶叶销售企业根据市场需要，结合企业自身经营特色，也制定适合本企业经营需要的销售标准样。

（二）茶叶标准样的制备

茶叶标准样的制备流程主要是：原料选择→原料整理→小样试拼→小样排序→大样拼堆→大样评定等，具体参见《茶叶标准样品制备技术条件》（GB/T 18795—2012）。

1. 原料选取

（1）选取当年区域、品质有代表性且符合制作标准样品预期要求的原料，原料应在春茶及夏秋茶期间选留。

（2）选取外形、内质基本符合标准要求的、有代表性的、相应等级的茶叶，且品质正常。其理化指标、卫生指标符合该产品的要求。

（3）选用的原料要有足够的数量，宜多于标准目标实物样成样数量的 2～3 倍，以保证满足使用需要。

（4）原料选取后应进行水分测定，以采取保质措施。选取的原料应存放于干燥、无异味、密封性能良好的容器内，放置于干燥、无异味、温度控制在 5℃以下的仓房内。

2. 样品制备

（1）制备工艺和选用的加工工具应保证原料的均匀性，避免容器和环境对原料的污染。

（2）将不同地区选送的同级原料按密码编号进行排队，对照所拼等级的基准样进行评比，剔除不符标准水平的单样，选定可拼用的单样若干个。品质评定按《茶叶感官审评方法》（GB/T 23776—2018）的规定进行。

（3）小样试拼。由主拼人员在原料中选取有区域代表性和品质代表性的若干个单样，按比例拼配成一个小样，用其他单样反复调剂，手工整理，使外形、内质基本符合标准样品的品质要求。每次拼配与调整应记录每个单样所用的样品数量及调整的情况。

（4）小样排序。小样试拼结束后，对照基准样品质水平做进一步调整，直到全部符合基准样品质水平，封样，向任务下达部门或授权单位报批。每次拼配与调整应记录每个单样所用的样品数量及调整的情况。

（5）大样拼堆。通过任务下达部门或授权单位的审批同意后，选择干净、清洁、卫生、安全、干燥的场所做大样拼配。拼配时应先对照小样试拼小堆，进行品质水平均匀性试验，符合后再按比例拼大堆，应注意充分匀堆并避免茶样的断碎，记录各拼配用量和总样量。

（6）大样评定。取样按《茶　取样》（GB/T 8302—2013）的规定进行。品质评定按《茶叶感官审评方法》（GB/T 23776—2018）的规定进行，出具评定结果（报告）。评定结果符合基准样的茶样可留作备用。

茶叶标准样有效期为3年，茶叶标准样到期后应及时进行更换。

理论测验

（一）单选题

1. 茶叶包装标识产品标准代号为“GB/T”，其适用文字标准是（　　）。

A. 国家标准　B. 国家推荐标准　C. 部颁标准　D. 企业标准

2. （　　）不属于标准化的基本特性。

A. 经济性　B. 约束性　C. 稳定性　D. 政策性

3. 对没有国家标准和行业标准而又需要在省（自治区、直辖市）范围内统一的工业产品的安全、卫生要求，可以制定（　　）。

A. 国家标准　B. 行业标准　C. 地方标准　D. 企业标准

4. 出口茶号“9375”代表珠茶（　　）。

A. 一级　B. 二级　C. 三级　D. 四级

5. 以下（　　）不属于茶叶实物标准样。

A. 毛茶标准样　B. 加工标准样　C. 精茶标准样　D. 贸易标准样

（二）判断题

1. 对没有国家标准而又需要在全国某个行业范围内统一的技术要求，可以制定企业标准。（　　）

2. 企业生产的产品没有国家标准、行业标准和地方标准的，应当制定相应的企业标准。（　　）

3. 把政府单一供给的现行标准体系，转变为由政府主导制定的标准和市场自主制定的标准共同构成的新型标准体系。（　　）

4. 出口茶号“3505”代表特级珠茶。（　　）

5. 茶叶标准样有效期为5年。（　　）

理论测验
答案2-5

技能实训

技能实训9　茶叶实物标准样的感官审评

了解我国茶叶实物标准样的种类和制备流程，根据感官审评方法，完成一套茶叶实物标准样的审评报告，并填写感官审评记录表（表2-24）。

表2-24　茶叶感官审评记录

编号	茶名	项目	外形				内质				总分	等级	备注
			形状	色泽	整碎	净度	汤色	香气	滋味	叶底			
1		评语											
		评分											
2		评语											
		评分											
3		评语											
		评分											
4		评语											
		评分											
5		评语											
		评分											
6		评语											
		评分											

项目三　绿茶的感官审评

项目提要

绿茶是我国产量最大、种植面积最大、历史名茶最多、历史最为悠久的茶类。绿茶属不发酵茶，具有“清汤绿叶”的品质特点。其初制加工工艺为：茶树鲜叶采摘→杀青→揉捻（造型）→干燥。杀青工艺是形成绿茶品质的关键工序。在长期的茶叶生产加工的发展过程中，涌现出许多造型富有特色、品质优异的绿茶产品，深受广大消费者喜爱。本项目主要介绍了绿茶的感官审评方法、评茶术语、评分原则、品质形成及常见品质问题，大叶种、中小叶种、扁形、卷曲形、自然花朵形、针形、芽形等绿茶的感官品质特征及感官审评要点。

任务一　绿茶感官审评准备

任务目标

掌握绿茶的感官审评方法、评茶术语与评分原则；了解绿茶品质形成的原因及常见品质问题。

能独立、规范、熟练完成绿茶审评操作；会识别常见绿茶产品。

知识准备

部分绿茶图谱

根据《绿茶　第1部分：基本要求》(GB/T 14456.1—2018) 规定，绿茶以茶树芽、叶、嫩茎为原料，经杀青、揉捻、干燥等工序制成。绿茶产品根据加工工艺的不同，分为炒青绿茶、烘青绿茶、蒸青绿茶和晒青绿茶。

一、绿茶的感官审评方法

绿茶审评内容详见项目二中的任务一（茶叶感官审评项目），审评方法详见项目二中的任务二（茶叶感官审评方法）。

绿茶感官审评采用柱形杯审评法。取有代表性茶样 3.0g 或 5.0g，茶水比（质量体积比）1∶50，置于相应的审评杯中，注满沸水，加盖，计时，冲泡 4min，依次等速沥出茶汤，留叶底于杯中，按汤色、香气、滋味、叶底的顺序逐项审评。

二、绿茶的感官审评术语

根据《茶叶感官审评术语》(GB/T 14487—2017),茶类通用审评术语适用于绿茶,详见项目二中的任务三(感官审评术语与运用)。此外,绿茶常用的审评术语如下。

(一)干茶形状

1. 纤细　条索细紧如铜丝,为芽叶特别细小的碧螺春等茶之形状特征。

2. 卷曲如螺　条索卷紧后呈螺旋状,为碧螺春等高档卷曲形绿茶之造型。

3. 雀舌　细嫩芽头略扁,形似小鸟舌头。

4. 兰花形　一芽二叶自然舒展,形似兰花。

5. 凤羽形　芽叶有夹角,形似燕尾。

6. 黄头　叶质较老,颗粒粗松,色泽露黄。

7. 圆头　条形茶中结成圆块的茶,为条形茶中加工有缺陷的干茶的外形特征。

8. 扁削　扁平而尖锋显露,扁茶边缘如刀削过一样齐整,不起丝毫皱折,多为高档扁形茶的外形特征。

9. 尖削　芽尖如剑锋。

10. 光滑　茶条表面平洁油滑,光润发亮。

11. 折叠　形状不平,呈皱叠状。

12. 紧条　扁形茶长宽比不当,宽度明显小于正常值。

13. 狭长条　扁形茶扁条过窄、过长。

14. 宽条　扁形茶长宽比不当,宽度明显大于正常值。

15. 宽皱　扁形茶扁条折皱而宽松。

16. 浑条　扁形茶的茶条不扁而呈浑圆状。

17. 扁瘪　叶质瘦薄,扁而瘪。

18. 细直　细紧圆直,形似松针。

19. 茸毫密布、茸毫披覆　芽叶茸毫密密地覆盖着茶条,为高档碧螺春等多茸毫绿茶之外形。

20. 茸毫遍布　芽叶茸毫遮掩茶条,但覆盖程度低于密布。

21. 脱毫　茸毫脱离芽叶,为碧螺春等多茸毫绿茶加工中有缺陷的干茶的外形特征。

(二)干茶色泽

1. 嫩绿　浅绿嫩黄,富有光泽,为高档绿茶干茶、汤色和叶底的色泽特征。

2. 鲜绿豆色　深翠绿,似新鲜绿豆色,为恩施玉露等细嫩型蒸青绿茶的色泽特征。

3. 深绿　绿色较深。

4. 绿润　色绿,富有光泽。

5. 银绿　白色茸毛遮掩下的茶条,银色中透出嫩绿的色泽,为茸毛显露的高档绿茶的色泽特征。

6. 糙米色　色泽嫩绿微黄,光泽度好,为高档狮峰龙井茶的色泽特征。

7. 黄绿　以绿为主,绿中带黄。

8. 绿黄　以黄为主,黄中泛绿。

9. 灰绿　叶面色泽绿而稍带灰白色。

10. 翠绿　绿中显青翠。
11. 墨绿、乌绿、苍绿　色泽浓绿，泛乌而有光泽。
12. 起霜　茶条表面带灰白色、有光泽。
13. 露黄　面张含有少量黄朴、片及黄条。
14. 灰黄　色黄带灰。
15. 枯黄　色黄而枯燥。
16. 灰暗　色深暗带死灰色。

（三）汤色

1. 绿艳　汤色鲜艳，翠绿而微黄，清澈鲜亮。
2. 碧绿　绿中带翠，清澈鲜艳。
3. 浅绿　绿色较淡，清澈明亮。
4. 杏绿　浅绿微黄，清澈明亮。
5. 黄绿　以绿为主，绿中带黄。
6. 绿黄　以黄为主，黄中泛绿。

（四）香气

1. 鲜爽　香气新鲜愉悦。
2. 嫩香　嫩茶所特有的愉悦细腻的香气。
3. 鲜嫩　鲜爽带嫩香。
4. 清香　清新纯净。
5. 清高　清香高而持久。
6. 清鲜　清香鲜爽。
7. 板栗香　似熟栗子香。
8. 纯正　茶香纯净正常。
9. 平正　茶香平淡，无异杂气。
10. 青气　带有青草或青叶气息。

（五）滋味

1. 浓　内含物丰富，收敛性强。
2. 厚　内含物丰富，有黏稠感。
3. 醇　浓淡适中，口感柔和。
4. 滑　茶汤入口和吞咽后顺滑，无粗糙感。
5. 回甘　茶汤饮后，舌根和喉部有甜感，并有滋润的感觉。
6. 浓厚　入口浓，收敛性强，回味有黏稠感。
7. 醇厚　入口爽适味有黏稠感。
8. 浓醇　入口浓，有收敛性，回味爽适。
9. 甘鲜　鲜洁有回甘。
10. 鲜醇　鲜洁醇爽。
11. 醇爽　醇而鲜爽。
12. 清醇　茶汤入口爽适，清爽柔和。
13. 醇正　浓度适当，正常无异味。

14. 醇和 醇而和淡。
15. 平和 茶味和淡，无粗味。
16. 淡薄 茶汤内含物少，无杂味。
17. 浊 口感不顺，茶汤中似有胶状悬浮物或有杂质。
18. 涩 茶汤入口后，有厚舌阻滞的感觉。
19. 苦 茶汤入口有苦味，回味仍苦。
20. 粗味 粗糙滞钝，带木质味。
21. 青涩 涩而带有生青味。
22. 青味 青草气味。
23. 熟闷味 茶汤入口不爽，带有蒸熟或闷熟味。
24. 淡水味 茶汤浓度感不足，淡薄如水。

（六）叶底

1. 细嫩 芽头多或叶子细小嫩软。
2. 肥嫩 芽头肥壮，叶质柔软厚实。
3. 柔嫩 嫩而柔软。
4. 柔软 手按如绵，按后伏贴盘底。
5. 靛青、靛蓝 夹杂蓝绿色芽叶，为紫芽种或部分夏秋茶的叶底特征。
6. 红梗红叶 茎叶泛红，为绿茶品质弊病。

三、绿茶的品质评分原则

绿茶品质评语与各品质因子评分原则如表 3-1 所示。

表 3-1 绿茶品质评语与各品质因子评分原则

因子	级别	品质特征	给分	评分系数/%
外形（a）	甲	以单芽或一芽一叶初展到一芽二叶为原料，造型有特色，色泽嫩绿、翠绿、深绿、鲜绿，油润，匀整，净度好	90～99	25
	乙	较嫩，以一芽二叶为主为原料，造型较有特色，色泽墨绿或黄绿或青绿较油润，尚匀整，净度较好	80～89	
	丙	嫩度稍低，造型特色不明显，色泽暗褐或陈灰或灰绿或偏黄，较匀整，净度尚好	70～79	
汤色（b）	甲	嫩绿明亮或绿明亮	90～99	10
	乙	尚绿明亮或黄绿明亮	80～89	
	丙	深黄或黄绿欠亮或混浊	70～79	
香气（c）	甲	高爽有栗香或有嫩香或带花香	90～99	25
	乙	清香，尚高爽，火工香	80～89	
	丙	尚纯，熟闷，老火	70～79	
滋味（d）	甲	甘鲜或鲜醇，醇厚鲜爽，浓醇鲜爽	90～99	30
	乙	清爽，浓尚醇，尚醇厚	80～89	
	丙	尚醇，浓涩，青涩	70～79	

（续）

因子	级别	品质特征	给分	评分系数/%
叶底（e）	甲	嫩匀多芽，较嫩绿明亮，匀齐	90～99	10
	乙	嫩匀有芽，绿明亮，尚匀齐	80～89	
	丙	尚嫩，黄绿，欠匀齐	70～79	

四、绿茶的品质形成

绿茶的品质成分主要有：茶多酚（20%～35%）、氨基酸（1%～5%）、咖啡因（2%～5%）、可溶性糖（1%～4%）、叶绿素（0.5%左右）、芳香油（0.005%～0.03%）及无机矿物微量元素等。

绿茶的初制基本工艺包括摊放（摊青）、杀青、揉捻（造型）、干燥。杀青是形成绿茶品质的关键工序。绿茶加工中，利用高温（锅炒或蒸汽）杀青，钝化了酶的活性，制止了多酚类物质的酶性氧化，保持了绿茶"清汤绿叶"的特色。在一般情况下，绿茶的品质在杀青工序中已基本形成，以后的工序在杀青的基础上进行造型、蒸发水分、发展香气。绿茶类的品质特征是"三绿"——干茶绿、茶汤绿、叶底绿。在内质上要求香气高爽、滋味鲜醇。但不同的品种在品质上仍各有特色。

1. 绿茶色泽的形成 绿茶色泽包括干茶色泽、汤色和叶底色泽。绿茶色泽与茶树品种、鲜叶原料老嫩、生态环境、茶树栽培和茶叶加工技术等关系密切。构成绿茶色泽的主要物质是各种色素，如叶绿素、叶黄素、胡萝卜素和黄酮类等。干茶色泽和叶底色泽主要以叶绿素为主。

叶绿素在绿茶加工过程中部分分解为叶绿酸和叶绿醇，这两种成分在水中有一定的溶解度，构成茶汤的绿色部分；叶黄素、胡萝卜素和黄酮类构成茶汤的黄色部分。所以，绿茶的汤色其实是黄绿色。

2. 绿茶香气的形成 绿茶的香气类型有很多，如清香、栗香、嫩香、兰花香、青草气和粗老气等。构成绿茶的香气成分很多：绿茶中的清香物质有反型青叶醇、顺已烯乙酯和2-已烯醛等；花香物质有芳樟醇、香叶醇和橙花醇等；青草气和粗老气的物质有顺型青叶醇、正已醛和异戊醇等；具有绿茶新茶香的物质主要是新茶中含有的微量反型青叶醇、正壬醛和顺-3-已烯基乙酸酯等。如果茶时保管不当，这些成分很快会消失，绿茶的新茶香亦随之消失。同时，绿茶中的脂类自动氧化产生令人不愉快的陈味物质。

绿茶的香气类型及高低与茶树品种、茶园生态环境、肥料种类和茶叶加工技术等也密切相关。

3. 绿茶滋味的形成 绿茶具有"鲜醇爽口"的滋味。绿茶滋味物质主要是茶多酚、氨基酸、糖类、咖啡因和果胶物质等。这些物质相互组合、彼此协调，就形成绿茶"鲜、爽、醇、浓"等各种茶味。多酚主要由儿茶素、花黄素和花青素等组成。儿茶素又分简单儿茶素和复杂儿茶素。简单儿茶素收敛性弱，有爽口的回味；复杂儿茶素收敛性强，有苦涩味；花黄素有苦涩味；花青素呈苦味。氨基酸是鲜味物质，在茶叶中含量为1%～5%，对绿茶滋味起重要作用。单纯的茶多酚类化合物为苦涩味，单纯的氨基酸为鲜味，两者相同作用起来则具有"鲜爽"的滋味。

绿茶的苦味主要是由茶叶中的咖啡因、可可碱和茶碱引起的；绿茶中含有的谷氨酸、谷氨酰胺、缬氨酸、蛋氨酸、精氨酸、天冬氨酸和茶氨酸都带较强的鲜味。绿茶中的甜味物质主要是糖类，因为总量不高，不是茶汤的主体滋味，但在茶汤中能抑制苦味和涩味，起到调味剂的作用。

五、绿茶常见品质问题

1. 色泽深暗 除了用紫芽原料外，其色泽的深暗多是由于加工技术不当造成的。

2. 造型无特色 造型缺乏特色是名优绿茶的大忌。

3. 灰暗 低温长炒，茶汁黏附于叶表，在加工过程中与机具长时间摩擦而造成。

4. 脱档 上、中、下三段茶比例失当。

5. 风味淡薄 部分名优绿茶为追求嫩度和造型，往往使用单芽加工，这可能会造成香气、滋味的淡薄。

6. 香味生青 名优绿茶的制作中为追求绿色，不经摊放或适度揉捻，降低了茶叶内含物质的转化程度，常会出现生青的风味。

7. 异味污染 茶叶有极强吸附性，易被各种有味物质污染而带异味。常见异味有烟味、木炭味、塑料味、石灰味、油墨味、机油味、纸异味、杉木味等。

8. 生青 原料摊放、杀青、揉捻不足的茶叶常表现出的一种特征。

9. 苦味 部分病变叶片加工出的产品所表现的特征。

10. 涩味 夏季加工的茶叶因茶多酚转化不足而表现的一种滋味特征。

11. 爆点、焦斑 叶片在炒制过程中局部被烤焦或炭化而形成的斑点。

12. 红梗红叶 原料采摘、杀青不当导致叶茎部和叶片局部红变的现象。

13. 焦味 加工过程中叶片在高温下被炭化后散发的味道。

14. 陈味 茶叶失风受潮、品质变陈后具有的一种不良味道。

15. 霉味 茶叶因大量生长霉菌而散发的一种味道。有此味的茶叶已失去饮用价值。

16. 水闷味 雨水叶或未及时烘干的半成品堆闷时间过久而形成的一种令人不快的味道。

17. 日晒味 原料或成品经阳光烤晒所致的一种风味特征。除晒青外，其他绿茶带日晒味表明品质低下。

18. 花杂 原料嫩度不一所致。

理论测验

（一）单选题

1. 形成绿茶品质的关键工序是（　　）。

A. 摊凉　　B. 杀青　　C. 揉捻　　D. 干燥

2. 绿茶的“三绿”品质特征，不包括（　　）。

A. 干茶绿　　B. 汤色绿　　C. 茸毛绿　　D. 叶底绿

3. 按照国标《茶叶感官审评方法》（GB/T 23776—2018）规定，绿茶精制茶内质审评开汤按照（　　）茶、（　　）沸水冲泡（　　）的方式进行操作。

A. 3.0g　150mL　4min　　B. 3.0g　150mL　5min

C. 4.0g　200mL　4min　　D. 5.0g　250mL　5min

4. 构成绿茶“鲜味”的成分是（　　）。
A. 茶多酚　　B. 氨基酸　　C. 咖啡因　　D. 糖类

5. 构成绿茶“苦涩味”的成分是（　　）。
A. 茶多酚　　B. 氨基酸　　C. 柠檬酸　　D. 糖类

（二）判断题

1. 条索细紧如铜丝，称为“纤细”。（　　）
2. “雀舌”是指细嫩芽头略扁、形似小鸟舌头。（　　）
3. “嫩绿”为低档绿茶干茶、汤色和叶底色泽特征。（　　）
4. 黄绿是指以绿为主，绿中带黄。（　　）
5. 品质好的绿茶香气“高爽有栗香或有嫩香或带花香”。（　　）

理论测验
答案 3-1

技能实训

技能实训 10　绿茶产品辨识

绿茶产品种类繁多、造型丰富，通过茶样的外形，辨别茶样，写出茶样名称，并使用审评术语描述茶样外形，填写绿茶产品辨识记录表（表 3-2）。

表 3-2　绿茶产品辨识记录

样号	茶名	外形描述

任务二 大叶种绿茶的感官审评

任务目标

掌握大叶种绿茶的感官品质特征及感官审评要点。

能够正确审评大叶种绿茶产品。

知识准备

根据《绿茶 第2部分：大叶种绿茶》(GB/T 14456.2—2018) 规定，大叶种绿茶是利用大叶种茶树的鲜叶，经过摊青、杀青、揉捻、干燥、整形等加工工艺制成的绿茶。

一、大叶种绿茶的感官品质特征

根据加工工艺的不同，大叶种绿茶可分为蒸青绿茶、炒青绿茶、烘青绿茶和晒青绿茶。

（一）晒青绿茶

晒青绿茶是指鲜叶用锅炒高温杀青，经揉捻、日晒方式干燥，并经筛分整理、拼配等工艺制成的绿茶。晒青绿茶按照产品感官品质的不同，分为特级、一级、二级、三级、四级、五级（表3-3）。

表3-3 各等级晒青绿茶的感官品质特征

级别	外形				内质			
	条索	整碎	净度	色泽	香气	滋味	汤色	叶底
特级	肥嫩紧结、显锋苗	匀整	净	深绿润、白毫显露	清香浓长	浓醇回甘	黄绿明亮	肥嫩多芽、绿黄明亮
一级	肥嫩紧结、有锋苗	匀整	稍有嫩茎	深绿润、有白毫	清香	浓醇	黄绿亮	柔嫩有芽、绿黄亮
二级	肥大紧实	匀整	有嫩峯	深绿尚润	清纯	醇和	黄绿尚亮	尚柔嫩、绿黄尚亮
三级	壮实	尚匀整	稍有梗片	深绿带褐	纯正	平和	绿黄	尚软、绿黄
四级	粗实	尚匀整	有梗朴片	绿黄带褐	稍粗	稍粗淡	绿黄稍暗	稍粗、黄带褐
五级	粗松	欠匀整	梗朴片较多	带褐枯	粗	粗	黄暗	粗老、黄褐

（二）烘青绿茶

烘青绿茶是指鲜叶用锅炒或滚筒高温杀青，经揉捻、全烘干干燥，并经筛分整理、拼配等工艺制成的绿茶。烘青绿茶按照产品感官品质的不同，分为特级、一级、二级、三级（表3-4）。

表 3-4 各等级烘青绿茶感官品质要求

级别	外形				内质			
	条索	整碎	净度	色泽	香气	滋味	汤色	叶底
特级	肥嫩紧实、有锋苗	匀整	净	青绿润、白毫显露	嫩香浓郁	浓厚鲜爽	黄绿明亮	肥嫩匀、黄绿明亮
一级	肥壮紧实	匀整	有嫩茎	青绿尚润、有白毫	嫩浓	浓厚	黄绿尚亮	肥厚、黄绿尚亮
二级	尚肥壮	尚匀整	有茎梗	青绿	纯正	浓醇	黄绿	尚嫩匀、黄绿
三级	粗实	欠匀整	有梗片	绿黄稍花	平正	尚浓稍粗	绿黄	欠匀绿黄

（三）炒青绿茶

炒青绿茶是指鲜叶用锅炒或滚筒高温杀青，经揉捻、初烘、炒干，并经筛分整理、拼配等工艺制成的绿茶。炒青绿茶按照产品感官品质的不同，分为特级、一级、二级、三级（表 3-5）。

表 3-5 各等级炒青绿茶的感官品质特征

级别	外形				内质			
	条索	整碎	净度	色泽	香气	滋味	汤色	叶底
特级	肥嫩紧结、显锋苗、重实	匀整平伏	净	灰绿光润	清高持久	浓厚鲜爽	黄绿明亮	肥嫩匀、黄绿明亮
一级	紧结、有锋苗	匀整	稍有嫩梗	灰绿润	清高	浓醇	黄绿亮	肥软、黄绿亮
二级	尚紧结	尚匀整	有嫩梗	黄绿	纯正	浓尚醇	黄绿尚亮	厚实尚匀、黄绿尚亮
三级	粗实	欠匀整	有梗片	绿黄稍杂	平正	浓稍粗涩	绿黄	欠匀绿黄

（四）蒸青绿茶

蒸青绿茶是指鲜叶用蒸汽杀青，经初烘、揉捻、干燥，并经滚炒、筛分等工艺制成的绿茶。蒸青绿茶按照产品感官品质的不同，分为特级（针形）、特级（条形）、一级、二级、三级（表 3-6）。

表 3-6 各等级蒸青绿茶的感官品质特征

级别	外形				内质			
	条索	整碎	色泽	净度	香气	滋味	汤色	叶底
特级（针形）	紧细、重实	匀整	乌绿油润、白毫显露	净	清高持久	浓醇鲜爽	绿明亮	肥嫩、绿明亮
特级（条形）	紧结、重实	匀整	灰绿润	净	清高持久	浓醇爽	绿明亮	肥嫩、绿亮
一级	紧结、尚重实	匀整	灰绿润	有嫩茎	清香	浓醇	黄绿亮	嫩匀、黄绿亮
二级	尚紧结	尚匀整	灰绿尚润	有茎梗	纯正	浓尚醇	黄绿	尚嫩黄绿
三级	粗实	欠匀整	灰绿稍花	有梗朴	平正	浓欠醇	绿黄	叶张尚厚实、黄绿稍暗

二、大叶种绿茶的感官审评要点

（一）晒青绿茶的审评要点

1. 外形审评要点

（1）条索。以肥嫩紧结、显锋苗为佳，以壮实、粗实、粗松等为次。

（2）色泽。以深绿润、白毫显露为佳，以深绿带褐、绿黄带褐等为次。

（3）整碎。主要看上段茶的整齐度和中段茶的比例，以匀整为佳，以欠匀整为次。

（4）净度。上档茶可含嫩梗，不夹杂老梗、朴片、团块；中下档茶有少量老梗、朴片等夹杂。

2. 内质审评要点

（1）汤色。以黄绿明亮为佳，以绿黄、绿黄稍暗、黄暗为次。

（2）香气。以清香、浓长为佳，以纯正、稍粗、粗等为次。

（3）滋味。以浓醇回甘为佳，以平和、稍粗淡、粗等为次。

（4）叶底。以肥嫩多芽、柔嫩有芽、绿黄明亮等为佳，以稍粗、黄带褐、粗老、黄褐等为次。

（二）烘青绿茶的审评要点

1. 外形审评要点

（1）条索。以肥嫩紧实、肥壮紧实、有锋苗为佳，以粗实等为次。

（2）色泽。以青绿润、白毫显露为佳，以绿黄稍花等为次。

（3）整碎。以匀整为佳，以欠匀整为次。

（4）净度。以洁净为佳。上档茶可含嫩茎，中下档茶有少量老梗、朴片等夹杂。

2. 内质审评要点

（1）汤色。以黄绿明亮为佳，以绿黄、绿黄稍暗、黄暗为次。

（2）香气。以嫩香、浓郁为佳，以纯正、平正等为次。

（3）滋味。以浓厚、鲜爽为佳，以稍粗淡、粗等为次。

（4）叶底。以肥嫩多芽、柔嫩有芽、黄绿明亮等为佳，以稍粗、黄带褐、粗老、黄褐等为次。

（三）炒青的审评要点

1. 外形审评要点

（1）条索。以肥嫩紧结、重实、显锋苗为佳，以粗实等为次。

（2）色泽。以灰绿、光润为佳，以绿黄、稍杂等为次。

（3）整碎。以匀整为佳，以欠匀整为次。

（4）净度。以洁净为佳。上档茶稍有嫩茎，中下档茶有少量老梗、朴片等夹杂。

2. 内质审评要点

（1）汤色。以黄绿明亮为佳，以绿黄、绿黄稍暗、黄暗为次。

（2）香气。以清高、持久为佳，以纯正、平正等为次。

（3）滋味。以浓厚鲜爽、浓醇爽口为佳，以粗涩、尚醇等为次。

（4）叶底。以肥嫩、匀齐、黄绿明亮等为佳，以绿黄、黄带褐、粗老、欠匀等为次。

（四）蒸青的审评要点

1. 外形审评要点

（1）条索。以紧结重实为佳，以粗实等为次。

（2）色泽。以乌绿油润（针形）或灰绿润（条形）、多白毫为佳，以灰绿尚欠润、灰绿稍花等为次。

（3）整碎。以匀整为佳，以欠匀整为次。

（4）净度。以洁净为佳，以有老梗、朴片等夹杂为次。

2. 内质审评要点

（1）汤色。以绿、黄绿明亮为佳，以绿黄、绿黄稍暗、黄暗为次。

（2）香气。以清高、持久为佳，以纯正、平正等为次。

（3）滋味。以浓醇鲜爽、浓醇爽口为佳，以粗涩、浓欠醇等为次。

（4）叶底。以肥嫩、绿明亮等为佳，以黄绿稍暗、粗老、欠匀等为次。

理论测验

（一）单选题

1. 以下（　　）不是适合制作大叶种绿茶的品种。

A. 云南大叶种　B. 海南大叶　C. 中茶108　D. 连南大叶

2. 鲜叶用锅炒或滚筒高温杀青，经揉捻、全烘干干燥，并经筛分整理、拼配等工艺制成的绿茶，称为（　　）。

A. 晒青绿茶　B. 烘青绿茶　C. 炒青绿茶　D. 蒸青绿茶

3. 优质的大叶种晒青绿茶的外形要求（　　）。

A. 细嫩乌绿　B. 细嫩翠绿　C. 肥嫩翠绿　D. 肥嫩深绿

4. 优质的大叶种炒青绿茶的滋味要求（　　）。

A. 浓厚鲜爽　B. 醇和　C. 甜醇　D. 醇爽

5. 优质的大叶种蒸青绿茶的汤色要求（　　）。

A. 黄绿　B. 杏绿　C. 黄亮　D. 绿明亮

（二）判断题

1. 根据加工工艺的不同，大叶种绿茶可分为蒸青绿茶、炒青绿茶、烘青绿茶和晒青绿茶。（　　）

2. 晒青绿茶是指鲜叶用锅炒高温杀青，经揉捻、日晒方式干燥，并经筛分整理、拼配等工艺制成的绿茶。（　　）

3. 大叶种晒青绿茶滋味以醇和回甘为佳，以平和、稍粗淡、粗等为次。（　　）

4. 大叶种烘青绿茶色泽以黄绿润、白毫显露为佳。（　　）

5. 大叶种炒青绿茶香气以清高、持久为佳，以纯正、平正等为次。（　　）

理论测验

答案 3-2

技能实训

技能实训 11　大叶种绿茶的感官审评

总结大叶种绿茶的品质特征和审评要点，根据绿茶感官审评方法，完成不同类型和等级大叶种绿茶样品的感官审评，提交感官审评报告，填写茶叶感官审评表（见附录）。

任务三　中小叶种绿茶的感官审评

任务目标

掌握中小叶种绿茶的感官品质特征及感官审评要点。

能够正确审评中小叶种绿茶产品。

知识准备

根据《绿茶　第3部分：中小叶种绿茶》（GB/T 14456.3—2016）规定，中小叶种绿茶是利用中小叶种茶树的鲜叶，经过摊青、杀青、揉捻、干燥等加工工艺制成的绿茶。

一、中小叶种绿茶的感官品质特征

根据加工工艺的不同，中小叶种绿茶包括炒青绿茶、烘青绿茶。

（一）炒青绿茶

炒青绿茶是指经过杀青、揉捻，采用炒干方式干燥加工制成的绿茶。按产品形状不同分为长炒青绿茶、圆炒青绿茶、扁炒青绿茶。不同形状的产品按照感官品质要求分为：特级、一级、二级、三级、四级、五级。

1. 长炒青绿茶　长炒青绿茶品质一般要求外形条索细嫩紧结有锋苗，色泽绿润；汤色绿明亮，香高持久，滋味浓醇爽口，叶底嫩匀、绿亮。各等级长炒青绿的茶感官品质特征如表3－7所示。

表3－7　各等级长炒青绿茶的感官品质特征

级别	外形				内质			
	条索	整碎	色泽	净度	香气	滋味	汤色	叶底
特级	紧细、显锋苗	匀整	绿润	稍有嫩茎	鲜嫩高爽	鲜醇	清绿明亮	柔嫩匀整、嫩绿明亮
一级	紧结、有锋苗	匀整	绿尚润	有嫩茎	清高	浓醇	绿明亮	绿嫩明亮
二级	紧实	尚匀整	绿	稍有梗片	清香	醇和	黄绿明亮	尚嫩、黄绿明亮
三级	尚紧实	尚匀整	黄绿	有梗片	纯正	平和	黄绿尚明亮	稍有摊张、黄绿尚明亮
四级	粗实	欠匀整	绿黄	有梗朴片	稍粗	稍粗淡	黄绿	有摊张、绿黄
五级	粗松	欠匀整	绿黄带枯	有黄朴梗片	粗气	粗淡	绿黄稍暗	粗老、绿黄稍暗

2. 圆炒青绿茶　圆炒青绿茶的品质一般要求外形颗粒圆结重实，色泽深绿油润；汤色黄绿明亮，香气高纯，滋味浓厚、耐泡，叶底完整、黄绿明亮。圆炒青绿茶因产地和采制方法不同，有平水炒青、泉岗辉白、涌溪火青等。各等级圆炒青绿茶的感官品质特征如表3－8所示。

表 3-8　各等级圆炒青绿茶的感官品质特征

级别	外形				内质			
	条索	整碎	色泽	净度	香气	滋味	汤色	叶底
特级	细圆重实	匀整	深绿光润	净	香高持久	浓厚	清绿明亮	芽叶较完整、嫩绿明亮
一级	圆结	匀整	绿润	稍有嫩茎	高	浓醇	黄绿明亮	芽叶尚完整、黄绿明亮
二级	圆紧	匀称	尚绿润	稍有黄头	纯正	醇和	黄绿尚明亮	尚嫩尚匀、黄绿尚明亮
三级	圆实	匀称	黄绿	有黄头	平正	平和	黄绿	有单张、黄绿尚明亮
四级	粗圆	尚匀	绿黄	有黄头、扁块	稍低	稍粗淡	绿黄	单张较多、绿黄
五级	粗扁	尚匀	绿黄稍枯	有朴块	有粗气	粗淡	黄稍暗	粗老、绿黄稍暗

3. 扁炒青绿茶　扁炒青绿茶因产地和采制方法不同，历史上分为龙井、旗枪、大方。其特点是外形扁平挺直、匀齐光洁，色泽绿润；汤色黄绿明亮，香气清高，滋味浓醇爽口，叶底嫩匀、绿明亮。各等级扁炒青绿茶的感官品质特征如表 3-9 所示。

表 3-9　各等级扁炒青绿茶的感官品质特征

级别	外形				内质			
	条索	整碎	色泽	净度	香气	滋味	汤色	叶底
特级	扁平挺直、光滑	匀整	绿润	洁净	鲜嫩高爽	鲜醇	清绿明亮	柔嫩匀整、嫩绿明亮
一级	扁平挺直	匀整	黄绿润	洁净	清高	浓醇	绿明亮	嫩匀、绿明亮
二级	扁平尚直	匀整	绿尚润	净	清香	醇和	黄绿明亮	尚嫩、黄绿明亮
三级	尚扁直	尚匀整	黄绿	稍有朴片	纯正	醇正	黄绿尚明	稍有摊张、黄绿尚明亮
四级	尚扁、稍阔大	尚匀	绿黄	有朴片	稍有粗气	平和	黄绿	有摊张、绿黄
五级	尚扁、稍粗松	欠匀整	绿黄稍枯	有黄朴片	有粗气	稍粗淡	绿黄稍暗	稍粗老、绿黄稍暗

（二）烘青绿茶

烘青绿茶是指经过杀青、揉捻，采用烘焙方式干燥加工制成的绿茶。烘青绿茶外形条索紧结、显锋苗、匀整，色泽深绿油润，香气清高；汤色黄绿明亮，滋味鲜醇，叶底柔嫩匀整、绿亮。传统上，烘青绿茶毛茶常作为窨制花茶的茶坯。现在许多烘青制成成品茶后直接进入市场。其感官品质特征如表 3-10 所示。

表 3-10　各等级烘青绿茶的感官品质特征

级别	外形				内质			
	条索	整碎	色泽	净度	香气	滋味	汤色	叶底
特级	细紧、显锋苗	匀整	绿润	稍有嫩茎	鲜嫩清香	鲜醇	清绿明亮	柔嫩匀整、嫩绿明亮
一级	细紧、有锋苗	匀整	尚绿润	有嫩茎	清香	浓醇	黄绿明亮	尚嫩匀、黄绿明亮
二级	紧实	尚匀整	黄绿	有茎梗	纯正	醇和	黄绿尚明亮	尚嫩、黄绿尚明亮
三级	粗实	尚匀整	黄绿	稍有朴片	稍低	平和	黄绿	有单张、黄绿
四级	稍粗松	欠匀整	绿黄	有梗朴片	稍粗	稍粗淡	绿黄	单张稍多、绿黄稍暗
五级	粗松	欠匀整	黄稍枯	多梗朴片	粗	粗淡	黄稍暗	较粗老、黄稍暗

二、中小叶种绿茶的感官审评要点

（一）炒青绿茶的审评要点

1. 外形审评要点

（1）条索。长炒青绿茶以紧细、紧结、显锋苗或有锋苗为佳，以粗实、粗松等为次；圆炒青绿茶以细圆、重实、圆结为佳，以粗圆、粗扁等为次；扁炒青绿茶以扁平挺直、光滑为佳，以尚扁、稍阔大、稍粗松等为次。

（2）色泽。长炒青绿茶以绿润、绿为佳，圆炒青绿茶以绿润、深绿润为佳，扁炒青绿茶以绿润、黄绿润为佳；以绿黄、绿黄带褐、黄暗等为次。

（3）整碎。以匀整为佳，以欠匀整为次。

（4）净度。以净为佳，以有梗、朴、片等为次。上档茶可含嫩茎、嫩梗，中下档茶有少量老梗、朴片等夹杂。

2. 内质审评要点

（1）汤色。以清绿明亮、绿明亮、黄绿明亮为佳，以绿黄、黄暗等为次。

（2）香气。以鲜嫩、高爽、清高、香高持久为佳，以尚纯、平淡、稍粗、粗气为次。

（3）滋味。以鲜醇、浓醇、浓厚为佳，以平和、稍粗淡、粗淡等为次。

（4）叶底。以柔嫩匀整、嫩绿明亮、绿明亮、黄绿明亮等为佳，以有摊张、粗老、单张较多、绿黄、黄暗等为次。

（二）烘青的审评要点

1. 外形审评要点

（1）条索。以细紧、显锋苗为佳，以粗实、粗松等为次。

（2）色泽。以绿润为佳，以绿黄、稍枯等为次。

（3）整碎。以匀整为佳，以欠匀整为次。

（4）净度。以较净为佳，以有梗朴片为次。上档茶可含嫩茎，中下档茶有少量老梗、朴片等夹杂。

2. 内质审评要点

（1）汤色。以清绿明亮、黄绿明亮为佳，以绿黄、绿黄稍暗、黄暗为次。

（2）香气。以鲜嫩、清香为佳，以低、平、粗等为次。

（3）滋味。以鲜醇、浓醇为佳，以平和、稍粗淡、粗等为次。

(4) 叶底。以柔嫩匀整、嫩绿明亮、绿嫩明亮等为佳，以单张稍多、粗老、绿黄、黄暗等为次。

理论测验

(一) 单选题

1. 经过杀青、揉捻，采用炒干方式干燥加工制成的绿茶产品为（　　）。

A. 晒青　　B. 烘青　　C. 炒青　　D. 蒸青

2. 按产品形状划分，炒青绿茶不包括（　　）。

A. 长炒青绿茶　　B. 圆炒青绿茶　　C. 扁炒青绿茶　　D. 蒸青绿茶

3. 优质的长炒青绿茶的外形要求（　　）。

A. 色泽黄润　　B. 紧实　　C. 紧细、显锋苗　　D. 肥嫩

4. 优质的圆炒青绿茶的滋味要求（　　）。

A. 浓厚　　B. 醇和　　C. 醇正　　D. 醇爽

5. 优质的扁炒青绿茶的外形要求（　　）。

A. 紧细　　B. 紧结　　C. 圆结　　D. 扁直

(二) 判断题

1. 根据加工工艺的不同，中小叶种绿茶包括炒青绿茶、烘青绿茶。（　　）
2. 烘青绿茶是指经过杀青、揉捻，采用炒干方式干燥加工制成的绿茶。（　　）
3. 圆炒青以细圆、重实、圆结为佳，以粗圆、粗扁等为次。（　　）
4. 扁炒青滋味以鲜醇、浓醇为佳，以平和、稍粗淡、粗淡等为次。（　　）
5. 中小叶烘青绿茶香气以高爽为佳，以鲜嫩等为次。（　　）

理论测验
答案 3-3

技能实训

技能实训 12　中小叶种绿茶的感官审评

总结中小叶种绿茶的品质特征和审评要点，根据绿茶感官审评方法完成不同类型和等级中小叶种绿茶样品的感官审评，提交感官审评报告，填写茶叶感官审评表（见附录）。

任务四　珠茶的感官审评

任务目标

掌握珠茶的感官品质特征及感官审评要点。

能够正确审评珠茶产品。

知识准备

根据《绿茶　第4部分：珠茶》(GB/T 14456.4—2016) 规定，珠茶是以圆炒青绿茶为原料，经筛分、风选、整形、拣剔、拼配等精制工序制成的符合一定规格的绿茶成品茶。

一、珠茶的感官品质特征

根据加工和出口需要，珠茶产品分为特级 (3505)、一级 (9372)、二级 (9373)、三级 (9374)、四级 (9375)。实物标准样根据各等级的感官品质要求制作，每3年更换1次。各等级珠茶的感官品质特征如表3-11所示。

表3-11　各等级珠茶感官品质特征

级别	外形				内质			
	颗粒	整碎	色泽	净度	香气	滋味	汤色	叶底
特级 (3505)	圆结、重实	匀整	乌绿润、起霜	洁净	浓纯	浓厚	黄绿明亮	嫩匀、嫩绿明亮
一级 (9372)	尚圆结、尚实	尚匀整	乌绿尚润	尚洁净	浓纯	醇厚	黄绿尚明亮	嫩尚匀、黄绿明
二级 (9373)	圆整	匀称	尚乌绿润	稍有黄头	纯正	醇和	黄绿尚明	尚嫩匀、黄绿明
三级 (9374)	尚圆整	尚匀称	乌绿带黄	露黄头、有嫩茎	尚纯正	尚醇和	黄绿	黄绿尚匀
四级 (9375)	粗圆	欠匀	黄乌尚匀	稍有黄扁块、有茎梗	平和	稍带粗味	黄尚明	黄尚匀

二、珠茶的感官审评要点

(一) 外形审评要点

1. 形状　颗粒审评细圆度、紧结度、重实度。以颗粒细圆、紧结、重实为佳，以颗粒粗大、空松为次。

2. 色泽　审评深浅、润枯、匀杂。以深绿光润起霜、均匀为佳，以乌暗、黄杂、黄枯为次。

3. 整碎　审评匀整程度。要求颗粒粗细、匀整，上、中、下段茶拼配适当。

4. 净度 审评黄头、茎梗、筋梗、老梗含量。以洁净为佳，以有黄头、茎梗的、粗老为次。

（二）内质审评要点

1. 香气 审评浓度、纯度。高级茶香高持久，纯正爽快；中级茶香气纯正，较为低弱、清淡；低级茶平正、带粗。

2. 汤色 审评颜色深浅、亮暗。高级茶汤色嫩绿鲜明或黄绿明亮；中等茶汤色绿黄、亮度稍欠；低级茶色黄、橙黄、稍暗。

3. 滋味 审评浓淡、厚薄、醇涩等。高级茶浓醇爽口；中等茶味醇和、较清淡；低级茶味低淡、略粗、粗涩的为级外茶。

4. 叶底 审评嫩度、色泽。高级的嫩软多芽叶，匀整黄绿明亮，不带黄、老梗叶；中级茶叶底尚嫩匀，少芽，柔软度稍欠，色黄绿尚亮；低级茶叶底尚软，带茎梗，色暗绿黄。

理论测验

（一）单选题

1. 珠茶以（　　）绿茶为原料，经筛分、风选、整形、拣剔、拼配等精制工序制成。
   A. 长炒青　　B. 圆炒青　　C. 扁炒青　　D. 蒸青
2. 珠茶标准样根据各等级的感官品质要求制作，每（　　）年更换1次。
   A. 6　　B. 5　　C. 4　　D. 3
3. 唛号“3505”代表（　　）珠茶。
   A. 特级　　B. 一级　　C. 二级　　D. 三级
4. 优质珠茶的外形要求（　　）。
   A. 圆结　　B. 壮结　　C. 紧结　　D. 紧实
5. 优质珠茶的滋味要求（　　）。
   A. 鲜醇　　B. 醇和　　C. 醇爽　　D. 浓厚

（二）判断题

1. 珠茶外形色泽“乌绿润、起霜”是品质好的表现。（　　）
2. 高级珠茶汤色嫩绿鲜明、黄绿明亮。（　　）
3. 唛号“9375”代表一级珠茶。（　　）
4. 珠茶颗粒评比细圆度、紧结度、重实度。（　　）
5. 珠茶叶底要求肥嫩、黄绿明亮。（　　）

理论测验
答案3－4

技能实训

技能实训13　珠茶的感官审评

总结珠茶的品质特征和审评要点，根据绿茶感官审评方法完成不同等级珠茶样品的感官审评，提交感官审评报告，填写茶叶感官审评表（见附录）。

任务五　眉茶的感官审评

任务目标

掌握眉茶的感官品质特征及感官审评要点等知识。

能够正确审评眉茶产品。

知识准备

根据《绿茶　第5部分：眉茶》（GB/T 14456.5—2016）规定，眉茶是以长炒青绿茶为原料，经筛分、切轧、风选、拣剔、车色、拼配等精制工序制成的符合一定规格要求的成品茶。

一、眉茶的感官品质特征

根据加工和出口需要，眉茶产品分为珍眉、雨茶、秀眉和贡熙。

1. 珍眉　珍眉设特珍特级、特珍一级、特珍二级、珍眉一级、珍眉二级、珍眉三级、珍眉四级。各等级珍眉的感官品质特征如表3-12所示。

表3-12　各等级珍眉的感官品质特征

级别	外形				内质			
	条索	整碎	色泽	净度	香气	滋味	汤色	叶底
特珍特级（41022）	细紧、显锋苗	匀整	绿润、起霜	洁净	高香持久	鲜浓醇厚	绿明亮	含芽、嫩绿明亮
特珍一级（9371）	细紧、有锋苗	匀整	绿润、起霜	净	高香	鲜浓醇	绿明亮	嫩匀、嫩绿明亮
特珍二级（9370）	紧结	尚匀整	绿润	尚净	较高	浓厚	黄绿明亮	嫩匀、绿明亮
珍眉一级（9369）	紧实	尚匀整	绿尚润	尚净	尚高	浓醇	黄绿尚明亮	尚嫩匀、黄绿明亮
珍眉二级（9368）	尚紧实	尚匀	黄绿尚润	稍有嫩茎	纯正	醇和	黄绿	尚匀软、黄绿
珍眉三级（9367）	稍实	尚匀	绿黄	带细梗	平正	平和	绿黄	尚软、绿黄
珍眉四级（9366）	稍粗松	欠匀	黄	带梗朴	稍粗	稍粗淡	黄稍暗	稍粗、绿黄

2. 雨茶　雨茶设雨茶一级、雨茶二级。各等级雨茶的感官品质特征如表3-13所示。

表 3-13 各等级雨茶的感官品质特征

级别	外形				内质			
	条索	整碎	色泽	净度	香气	滋味	汤色	叶底
雨茶一级(8147)	细短紧结带蝌蚪形	匀称	绿润	稍有茎梗	高纯	浓厚	黄绿明亮	嫩匀、黄绿明亮
雨茶二级(8167)	短钝稍松	尚匀	绿黄	筋条茎梗显露	平正	平和	绿黄稍暗	叶质尚软、尚匀绿黄

3. 秀眉 秀眉设秀眉特级、秀眉一级、秀眉二级、秀眉三级。各等级秀眉的感官品质特征如表 3-14 所示。

表 3-14 各等级秀眉的感官品质特征

级别	外形				内质			
	条索	整碎	色泽	净度	香气	滋味	汤色	叶底
秀眉特级(8117)	嫩茎细条	匀称	黄绿	带细梗	尚高	浓尚醇	黄绿尚明亮	尚嫩匀、黄绿明亮
秀眉一级(9400)	筋条带片	尚匀	绿黄	有细梗	纯正	浓带涩	黄绿	尚软尚匀、绿黄
秀眉二级(9376)	片带筋条	尚匀	黄	稍带轻片	稍粗	稍粗涩	黄	稍粗绿黄
秀眉三级(9380)	片形	尚匀	黄稍枯	有轻片	粗	粗带涩	黄稍暗	较粗黄暗

4. 贡熙 贡熙设特贡一级、特贡二级、贡熙一级、贡熙二级、贡熙三级。各等级贡熙的感官品质特征如表 3-15 所示。

表 3-15 各等级贡熙的感官品质特征

级别	外形				内质			
	条索	整碎	色泽	净度	香气	滋味	汤色	叶底
特贡一级(9277)	圆结重实	匀整	绿润	净	高	浓爽	绿亮	嫩匀、绿亮
特贡二级(9377)	圆结	尚匀整	绿尚润	稍有黄头	尚高	醇厚	黄绿明亮	尚嫩匀、黄绿明亮
贡熙一级(9389)	圆实	匀称	黄绿	有黄头	纯正	醇和	黄绿	尚嫩尚匀、黄绿尚明亮
贡熙二级(9417)	尚圆实	尚匀称	绿黄	黄头显露	平正	平和	黄	叶质尚软、绿黄
贡熙三级(9500)	尚圆略扁	尚匀	黄稍枯	有朴片	有粗气	粗带涩	稍黄暗	稍粗老、黄稍暗

二、眉茶的感官审评要点

(一) 外形审评要点

1. 形状 审评条索松紧、长短、粗细、轻重和锋苗等情况。眉茶外形大小、粗细有一定的等级规格，一般要求紧细圆直、匀嫩显锋苗。凡松扁、粗松、短秃、空飘为低次。

2. 色泽 审评绿润、黄枯，调匀和驳杂。高级茶的色泽绿光润起霜，调匀一致；黄绿、黄枯一般为低级茶，原料嫩度偏老或老嫩不匀，色泽偏黄或夹杂松黄条。

3. 整碎 审评匀整度和下盘茶含量。要求上、中、下段茶搭配适当，体形匀整，下盘茶无碎末。中低级茶下盘茶比例稍大，要求匀称，低级茶可含一定量的碎茶，但比例有规定。

4. 净度 审评细梗、朴片等夹杂物。高级茶要求洁净无夹杂，低级茶略带细梗、朴片。

(二) 内质审评要点

1. 香气 审评纯度、高低、长短。高级眉茶香气清高，有嫩香或熟板栗香，冷香持久；中级眉茶香高纯正，持久程度较低；低级眉茶香气平正稍粗；气味粗杂的为级外茶。

2. 汤色 审评颜色、亮暗、清浊。高级眉茶汤色嫩绿或黄绿，清澈明亮；中级眉茶汤色黄绿，明亮或稍欠；低级眉茶汤色偏黄稍暗；汤色黄暗的属级外茶。

3. 滋味 审评浓淡、厚薄、爽粗。高级眉茶鲜浓醇厚、浓醇、醇厚；中级眉茶味醇和，鲜爽度较次；低级眉茶味平和或平淡，带粗。

4. 叶底 审评嫩匀度和色泽。高级眉茶细嫩多芽、柔软明亮，色嫩绿，不含青、暗叶；中级眉茶柔软有芽，嫩度稍欠，色黄绿尚匀，不带红梗叶；低级眉茶略粗糙，绿黄带暗。

理论测验

(一) 单选题

1. 眉茶是以（　　）绿茶为原料，经筛分、切轧、风选、拣剔、车色、拼配等精制工序制成的符合一定规格要求的成品茶。

A. 烘青　B. 长炒青　C. 圆炒青　D. 扁炒青

2. 高级眉茶香气要求（　　）。

A. 清香持久　B. 花香馥郁　C. 香高持久　D. 香气平正

3. 唛号“41022”代表（　　）。

A. 特珍特级　B. 特珍一级　C. 珍眉一级　D. 珍眉二级

4. “雨茶一级”唛号为（　　）。

A. 9375　B. 8147　C. 8167　D. 9370

5. 优质的眉茶外形要求（　　）。

A. 绿润起霜　B. 绿黄　C. 黄稍枯　D. 绿尚润

(二) 判断题

1. 珍眉设特珍特级、特珍一级、特珍二级、珍眉一级、珍眉二级、珍眉三级、珍眉四级，共分为七级。（　　）

2. 雨茶设雨茶一级、雨茶二级、雨茶三级，共分为三级。（　　）

3. 眉茶外形的形状审评主要看条索松紧、长短、粗细、轻重和锋苗等情况。（　　）
4. 唛号“9389”代表贡熙二级。（　　）
5. 高级眉茶滋味鲜浓醇厚、浓醇、醇厚，低级眉茶味平淡，带粗。（　　）

理论测验
答案 3-5

技能实训

技能实训 14　眉茶的感官审评

总结眉茶的品质特征和审评要点，根据绿茶感官审评方法完成不同花色等级眉茶样品的感官审评，提交感官审评报告，填写茶叶感官审评表（见附录）。

任务六　蒸青绿茶的感官审评

任务目标

掌握蒸青绿茶的感官品质特征及感官审评要点。

能够正确审评蒸青绿茶产品。

知识准备

根据《绿茶　第6部分：蒸青茶》（GB/T 14456.6—2016）规定，蒸青绿茶是以茶树的鲜叶、嫩茎为原料，经蒸汽杀青、揉捻、干燥、成型等工序制成的绿茶产品。

一、蒸青绿茶的感官品质特征

蒸青绿茶外形条索细紧、挺直呈棍棒形，色泽深绿或鲜绿油润；汤色绿明亮，香气清香带海藻气，滋味鲜醇，叶底显青绿。蒸青茶产品依据感官品质分为特级、一级、二级、三级、四级、五级和片茶。各等级蒸青绿茶的感官品质特征如表3-16所示。

表3-16　各等级蒸青绿茶的感官品质特征

级别	外形				内质			
	条索	整碎	色泽	净度	香气	滋味	汤色	叶底
特级	紧直	匀整	绿润	稍有嫩片	清香	鲜醇	绿明亮	嫩匀
一级	扁直	匀整	绿尚润	稍有嫩茎片	尚清香	醇和	绿尚明	嫩尚匀
二级	尚扁直	尚匀整	绿	有嫩茎片	纯正	尚醇和	绿	尚嫩
三级	稍粗松	尚匀	绿稍枯	稍有朴片	尚纯正	平和	绿欠明	欠匀
四级	稍粗松	欠匀	枯	有朴片	尚纯	尚平和	绿稍暗	欠匀、稍暗
五级	较粗松	欠匀、有碎片	枯暗	朴片较多	稍粗	稍淡	绿稍暗带黄	较粗、稍暗
片茶	片、带细筋	欠匀、多碎片	绿	稍飘	尚纯	淡涩	浅绿	稍粗、欠匀

二、蒸青绿茶的感官审评要点

（一）外形审评要点

1. 形状　审评条索的松紧、匀整、轻重和芽尖的含量。条索以细长棍棒形，紧直、扁直、芽尖完整为佳；以条索粗松、松扁为次。

2. 色泽　审评颜色、鲜暗、匀杂。以绿润为佳，以黄暗、花为差。

3. 整碎　以匀整为佳，以欠匀整、多碎片为次。

4. 净度　以稍有嫩片为佳，以多梗、朴片为次。

（二）内质审评要点

1. 汤色 审评颜色、亮暗、清浊。以绿明亮、绿为佳，以绿稍暗、绿黄、深黄、暗浊为次。

2. 香气 审评高低、纯异、香型。以鲜嫩带花香、海澡香、清香为佳，以带青草气、粗气为次。

3. 滋味 审评浓淡、甘涩。以鲜醇、新鲜、甘滑调和、有清鲜海藻味为佳，以涩、粗、熟闷味为次。

4. 叶底 审评侧重嫩度和匀度。以嫩、匀齐为佳，以欠匀、稍暗、较粗等为次。

理论测验

（一）单选题

1.（　　）是以茶树的鲜叶、嫩茎为原料，经蒸汽杀青、揉捻、干燥、成型等工序制成的绿茶产品。

A. 炒青绿茶　B. 烘青绿茶　C. 蒸青绿茶　D. 晒青绿茶

2. 蒸青绿茶外形条索（　　）。

A. 紧直，呈棍棒形　B. 扁平光滑

C. 紧结　D. 卷曲

3. 优质的蒸青绿茶的香气具备（　　）。

A. 花香浓郁　B. 清香带海藻气　C. 板栗香　D. 甜香

4. 高档的蒸青绿茶的滋味要求（　　）。

A. 浓厚　B. 醇和　C. 平和　D. 鲜醇

5. 蒸青绿茶的叶底（　　）。

A. 青绿色　B. 黄绿　C. 黄亮　D. 绿黄

（二）判断题

1. 蒸青绿茶外形条索以紧直为佳。（　　）

2. 甜香是蒸青绿茶的香气特点。（　　）

3. 蒸青绿茶滋味以鲜醇、新鲜、甘滑调和、有清鲜海藻味为佳。（　　）

4. 蒸青绿茶滋味以平和、稍粗淡、粗淡等为次。（　　）

5. 蒸青绿茶叶底主要审评其完整程度。（　　）

理论测验

答案 3-6

技能实训

技能实训 15　蒸青绿茶的感官审评

总结蒸青绿茶的品质特征和审评要点，根据绿茶感官审评方法完成不同等级蒸青绿茶样品的感官审评，提交感官审评报告，填写茶叶感官审评表（见附录）。

任务七　扁形绿茶的感官审评

任务目标

掌握龙井茶等扁形绿茶的感官品质特征及感官审评要点。

能够正确审评龙井茶等扁形绿茶产品。

知识准备

扁形绿茶是外形扁平挺直的绿茶，其工艺流程包括鲜叶摊放、青锅、摊凉回潮、压扁做形、辉锅等，产品代表有龙井茶、大方茶、茅山青锋茶、安吉白茶（龙形）等。

一、扁形绿茶的感官品质特征

微课：龙井茶的感官审评

1. 龙井茶　根据国家标准《地理标志产品　龙井茶》（GB/T 18650—2008），龙井茶的产区有越州产区、钱塘产区和西湖产区。三大茶区都是浙江省的茶叶主产区，境内山多地少，地理环境非常适宜茶树生长。钱塘产区包括杭州的萧山、滨江、余杭、富阳、临安、桐庐、建德、淳安等8个县（市、区）；越州产区包括绍兴的柯桥、越城、新昌、嵊州、诸暨、上虞、磐安、东阳、天台等9个县（市、区），以大佛龙井、越乡龙井知名度较高；西湖龙井名气最大，西湖产区包括在西湖区168平方公里，分一级保护区和二级保护区两个产区。西湖风景名胜区为一级保护区，如狮峰、梅坞等，二级保护区是西湖区的龙坞、转塘、留下、双浦。龙井茶选用的品种是龙井群体、龙井43、龙井长叶、迎霜、鸠坑等经审（认）的茶树良种。龙井茶具有色绿、香郁、味甘、形美的品质特点。

龙井茶加工工艺为：茶鲜叶摊放→青锅→摊凉回潮→辉锅。茶鲜叶质量要求：芽叶完整，色泽鲜绿，匀整，用于同批次加工的鲜叶其嫩度、匀度、净度、新鲜度应基本一致。龙井茶的鲜叶质量分为特级、一级、二级、三级、四级，各级具体要求如表3-17所示，低于四级的及劣变鲜叶不得用于加工龙井茶。

表3-17　龙井茶的鲜叶质量分级要求

等级	要求
特级	一芽一叶初展，芽叶夹角度小，芽长于叶，芽叶匀齐肥壮，芽叶长度不超过2.5cm
一级	一芽一叶至一芽二叶初展，以一芽一叶为主，一芽二叶初展在10%以下，芽稍长于叶，芽叶完整、匀净，芽叶长度不超过3cm
二级	一芽一叶至一芽二叶，一芽二叶在30%以下，芽与叶长度基本相等，芽叶完整，芽叶长度不超过3.5cm
三级	一芽二叶至一芽三叶初展，以一芽二叶为主，一芽三叶不超过30%，叶长于芽，芽叶完整，芽叶长度不超过4cm
四级	一芽二叶至一芽三叶，一芽三叶不超过50%，叶长于芽，有部分嫩的对夹叶，长度不超过4.5cm

龙井茶产品分为特级、一级、二级、三级、四级、五级。各等级龙井茶的感官品质特征如表3－18所示。

表3－18 各等级龙井茶的感官品质特征

项目	级别					
	特级	一级	二级	三级	四级	五级
外形	扁平光滑、挺直尖削、嫩绿鲜润、匀整重实、匀净	扁平光滑、尚润、挺直、嫩绿尚鲜润、匀整有锋、洁净	扁平挺直、尚光滑、绿润、匀整、尚洁净	扁平、尚光滑、尚挺直、尚绿润、尚匀整、尚洁净	扁平稍有宽扁条、绿稍深、尚匀整、尚匀、稍有青黄片	尚扁平、有宽扁条、深绿较暗、尚整、有青壳碎片
香气	清香持久	清香尚持久	清香	尚清香	纯正	平和
滋味	鲜醇甘爽	鲜醇爽口	尚鲜	尚醇	尚醇	尚纯正
汤色	嫩绿明亮、清澈	嫩绿明亮	绿明亮	尚绿明亮	黄绿明亮	黄绿
叶底	芽叶细嫩成朵、匀齐、嫩绿明亮	细嫩成朵、嫩绿明亮	尚细嫩成朵、绿明亮	尚成朵、有嫩单片、浅绿尚明亮	尚嫩匀稍有青张、尚绿明	尚嫩欠匀、稍有青张、绿稍深
其他要求	无霉变，无劣变，无污染，无异味 产品洁净，不得着色，不得夹杂非茶类物质，不含任何添加剂					

2. 大方茶 根据《地理标志产品 大方茶》（DB34/T 1354—2018），大方茶是采用歙县竹铺种或适制品种茶树新梢为原料，经鲜叶拣剔分级、摊青、杀青、做型、摊凉、拷扁整型、辉锅或干燥等特定工艺制成的扁形绿茶。大方茶以歙县老竹大方最著名，老竹大方外形挺秀、扁平光滑、有较多棱角，色泽墨绿油润，有熟板栗香，汤色淡杏绿，滋味浓爽，叶底厚软黄绿。各等级大方茶的感官品质特征如表3－19所示。

表3－19 各等级大方茶的感官品质特征

等级	外形	内质			
		汤色	香气	滋味	叶底
特级	扁伏齐整、挺直饱满、色绿微、毫稍显	嫩黄绿明亮	高长	鲜醇爽口	芽头壮实、嫩黄匀亮
一级	扁平匀整、挺直、黄绿、带毫	黄绿明亮	香高持久	醇厚鲜爽	嫩匀成朵、黄绿明亮
二级	扁平、尚挺直、深绿	黄绿较亮	纯正	浓醇	芽叶柔软、绿亮

3. 安吉白茶（龙形） 安吉白茶产于浙江省安吉县，采用珍稀茶树白化品种——白叶1号的鲜叶加工而成，外形扁平光滑，挺直尖削，嫩绿显玉色，汤色嫩绿明亮，香气嫩香持久，滋味鲜醇甘爽，叶底叶白脉翠，匀整成朵。各等级安吉白茶（龙形）的感官品质特征如表3－20所示。

表3－20 各等级安吉白茶（龙形）的感官品质特征

级别	外形（龙形）	香气	汤色	滋味	叶底
精品	扁平光滑、挺直尖削、嫩绿显玉色	嫩香持久	嫩绿明亮	鲜醇甘爽	叶白脉翠、一芽一叶、芽长于叶、成朵

（续）

级别	外形（龙形）	香气	汤色	滋味	叶底
特级	扁平光滑、挺直、嫩绿带玉色	嫩香持久	嫩绿明亮	鲜醇	叶白脉翠、一芽一叶、成朵
一级	扁平尚光滑、尚挺直、嫩绿、尚匀整	清香	尚嫩绿明亮	醇厚	叶白脉绿、一芽二叶、成朵
二级	尚扁平、尚光滑、尚挺直、嫩绿、尚匀整、略有梗片	尚清香	绿明亮	尚醇厚	尚叶白脉绿、一芽二叶或一芽三叶、成朵

4. 茅山青锋茶 茅山青锋茶产于江苏省金坛区，因源于茅山，形如青锋短剑而得名。茅山青锋茶外形扁平光滑，挺秀显锋，色泽绿润；内质香气高爽，汤色绿明，滋味鲜醇，叶底嫩匀。

5. 梵净山翠峰茶 梵净山翠峰茶产于贵州省印江土家族苗族自治县，因主产于该县境内武陵山脉主峰梵净山而得名，是具有“翠绿、香郁、鲜爽、回甘”的扁形绿茶。其外形扁平、直滑、尖削，色泽嫩绿润，香气清香持久，或显栗香，汤色嫩绿，清澈明亮，滋味鲜醇，叶底肥嫩、匀齐，嫩绿明亮。

6. 正安白茶（扁形） 正安白茶产于贵州省正安县，以白叶 1 号茶树品种芽叶为原料，经摊青、杀青、理条、做形、干燥等工艺制作而成。正安白茶由于工艺的不同，产品分为松针形正安白茶、扁形正安白茶。扁形正安白茶的外形扁平，色泽嫩黄绿润，香气嫩香持久，汤色嫩绿明亮，滋味鲜爽甘醇，叶底芽叶成朵、匀齐、玉白色、主脉淡绿。

二、扁形绿茶的感官审评要点

（一）外形审评要点

外形审评主要指形状和色泽。

1. 形状 从扁平度、光滑度、挺直度、尖削度 4 个方面进行审评。以扁平、挺直、尖削 4 项兼具者最佳。

2. 色泽 因产地不同稍有差异。西湖龙井茶的狮峰龙井色泽绿中呈黄，俗称“糙米色”，其他区域龙井茶以嫩绿润者为佳。

（二）内质审评要点

1. 汤色 审评颜色和明亮度。颜色以嫩绿为好，浅黄绿次之，深绿者为差；汤色清澈明亮者为佳，发暗为差。

2. 香气 审评香气纯异、高低、类型、持久度。以鲜嫩、高爽、清香持久为佳；具有恰到好处的火工形成的板栗香次之；带青气、火工过高、油耗味重者为差。

3. 滋味 审评甘醇度和鲜爽度。以鲜醇、甘爽、细腻为佳，醇爽者次之，以浓、涩、熟闷味者差。

4. 叶底 审评侧重形状和色泽。形状以细嫩成朵、明亮、匀齐者为佳，以多青张、单片者为次；颜色以嫩绿为佳，绿、黄绿次之，红梗红叶者为差。

理论测验

（一）单选题

1. 龙井茶产区不包括（　　）。
   A. 越州产区　　B. 钱塘产区　　C. 西湖产区　　D. 湖南产区
2. 以下（　　）品种不适合制作龙井茶。
   A. 龙井群体　　B. 龙井 43　　C. 福鼎大白茶　　D. 龙井长叶
3. （　　）具有色绿、香郁、味甘、形美的品质特点。
   A. 龙井茶　　B. 碧螺春　　C. 黄山毛峰　　D. 竹叶青
4. 香气清香持久是（　　）龙井茶的品质特征。
   A. 特级　　B. 一级　　C. 二级　　D. 三级
5. 优质的龙井茶外形要求（　　）。
   A. 扁平光滑，挺直尖削　　B. 扁平
   C. 扁直　　D. 扁平，有宽扁条

（二）判断题

1. 龙井茶优质鲜叶要求叶匀齐肥壮，芽叶长度不超过 2.5cm。（　　）
2. 普通龙井茶叶底芽叶细嫩成朵、匀齐、嫩绿明亮。（　　）
3. 安徽大方茶外形的品质特征挺秀、扁平光滑。（　　）
4. 安吉白茶属于白茶产品。（　　）
5. 龙形安吉白茶外形扁平光滑、挺直尖削、嫩绿显玉色，汤色嫩绿明亮，香气嫩香持久，滋味鲜醇甘爽，叶底叶白脉翠、匀整成朵。（　　）

理论测验
答案 3-7

技能实训

技能实训 16　扁形绿茶的感官审评

总结扁形绿茶的品质特征和审评要点，根据绿茶感官审评方法完成不同扁形绿茶样品的感官审评，提交感官审评报告，填写茶叶感官审评表（见附录）。

任务八　卷曲形绿茶的感官审评

任务目标

掌握碧螺春等卷曲形绿茶的感官品质特征及感官审评要点。

能够正确审评碧螺春等卷曲形绿茶产品。

知识准备

卷曲形绿茶的初制工艺包括鲜叶摊放、杀青、摊晾、揉捻、搓团、摊晾、干燥等。我国卷曲形绿茶主要有洞庭碧螺春、都匀毛尖、蒙顶甘露、高桥银峰等。

一、卷曲形绿茶的感官品质特征

1. 洞庭（山）碧螺春茶　根据《地理标志产品　洞庭（山）碧螺春茶》（GB/T 18957—2008）规定，洞庭（山）碧螺春茶原产地江苏省苏州市吴中区太湖中的洞庭山，采自传统茶树品种或选用适宜的良种进行繁育、栽培的茶树的幼嫩芽叶，经独特的工艺加工而成。洞庭（山）碧螺春茶主要的品质特征为：纤细多毫，卷曲呈螺，嫩香持久，滋味鲜醇，回味甘甜。洞庭（山）碧螺春茶产品分为特一级、特二级、一级、二级、三级。各等级洞庭（山）碧螺春茶的感官品质特征如表 3－21 所示。

表 3－21　各等级洞庭（山）碧螺春茶的感官品质特征

级别	外形				内质			
	条索	色泽	整碎	净度	香气	汤色	滋味	叶底
特级一等	纤细、卷曲、披毫	银绿隐翠、鲜润	匀整	洁净	嫩香新鲜	嫩绿鲜亮	清鲜甘醇	嫩、多芽、嫩绿
特级二等	较纤细、卷曲、披毫	银绿隐翠、鲜润	匀整	洁净	嫩香新鲜	嫩绿鲜亮	清鲜甘醇	嫩、多芽、嫩绿
一级	尚纤细、卷曲、披毫	银绿隐翠	匀整	尚净	嫩爽清香	绿亮	鲜醇	嫩、绿明亮
二级	紧细、卷曲、显白毫	绿润	匀尚整	尚净	清香	绿尚明亮	鲜醇	嫩、绿明亮、略含单片
三级	尚紧细、尚卷曲、尚显白毫	尚绿润	尚匀整	尚净有单张	纯正	绿尚明亮	醇厚	尚嫩、绿尚亮、含单片

2. 无锡毫茶　无锡毫茶产于江苏省无锡市。外形紧结卷曲，身披茸毫，色泽翠绿；香高持久，滋味鲜醇，汤色绿而明亮，叶底嫩匀。

3. 高桥银峰　高桥银峰产于湖南省长沙高桥。其制法特点是杀青、初揉后在炒干时做条和提毫。外形条索呈波形卷曲，锋苗显，嫩度高，银毫显露，色泽翠绿；香气鲜嫩清高，汤色清亮，滋味醇厚，叶底嫩绿明净。

4. 蒙顶甘露 蒙顶甘露产于四川省雅安市名山区蒙顶山。蒙顶种茶已有2 000年左右的历史，品质极佳。蒙顶甘露的鲜叶采摘以一芽一叶初展为标准，初制工艺为：鲜叶摊放→杀青→摊凉→头揉→炒（烘）二青→摊凉→二揉→干燥（炒或烘）→做形提毫→烘干→整理→拼配→烘焙提香→定量装箱入库。外形条索紧卷多毫，嫩绿油润；香气鲜嫩馥郁芬芳，汤色碧绿带黄、清澈明亮，滋味鲜爽、醇厚回甜，叶底嫩绿、秀丽匀整。蒙顶甘露的感官品质特征如表3-22所示。

表3-22 各等级蒙顶甘露的感官品质特征

级别	外形				内质			
	条索	嫩度	色泽	净度	香气	汤色	滋味	叶底
特级	细秀匀卷	细嫩银毫	嫩绿油润	净	嫩香馥郁	杏绿鲜亮	鲜嫩醇爽	嫩黄明亮
一级	细紧匀卷	细嫩显毫	嫩绿油润	净	嫩香持久	杏绿鲜亮	鲜爽回甘	嫩黄匀亮
二级	细紧匀卷	细嫩多毫	绿油润	净	清香持久	黄绿鲜亮	醇厚回甘	绿黄匀亮

5. 都匀毛尖 都匀毛尖产于贵州省黔南州都匀市。其外形可与碧螺春媲美，内质可与信阳毛尖媲美。鲜叶要求嫩绿匀齐，细小短薄，一芽一叶初展，形似雀舌，长2.0～2.5cm。外形条索紧细卷曲，毫毛显露，色泽绿润；香气清嫩鲜，滋味鲜浓回甜，汤色清澈，叶底嫩绿匀齐。各等级都匀毛尖的感官品质特征求如表3-23所示。

表3-23 各等级都匀毛尖的感官品质特征

级别	外形（龙形）	香气	汤色	滋味	叶底
尊品	紧细卷曲、满披白毫、匀整、嫩绿、净	嫩香、栗香	嫩黄绿明亮	鲜醇	嫩绿鲜活、匀整
珍品	紧细较卷、白毫显露、匀整、绿润、净	嫩香、栗香、清香	嫩黄绿明亮	鲜爽回甘	嫩匀鲜活、黄绿明亮
特级	较紧细、弯曲露毫、匀整、绿润、净	栗香、清香	黄绿较亮	醇厚	黄绿较亮
一级	紧结、较弯曲、匀整、绿润、尚净	纯正	黄绿尚亮	醇和	黄绿较亮
二级	较紧、尚弯曲、尚匀整、墨绿、尚净	纯正	较黄绿尚亮	纯和	黄绿尚亮

二、卷曲形绿茶的感官审评要点

（一）外形审评要点

外形审评形状和色泽。

1. 形状 审评细秀度、茸毫量。以纤细、卷曲成螺、披毫为佳，以尚紧细、尚卷曲、少白毫为次。

2. 色泽 审评颜色、油润度。以银绿隐翠、色鲜活为佳，以尚绿润、黄绿等为次。

（二）内质审评要点

1. 汤色 审评颜色和明亮度。以嫩绿鲜亮、绿亮为佳，以黄绿、绿尚亮为次，以黄、暗、泛红为差。茸毛含量高时，汤色常毫浑，属正常情况。

2. 香气 审评高低、纯异、香型。以嫩香新鲜为佳，以带青气、火工过高、有烟焦味为次。

3. 滋味 审评甘醇度、鲜爽度。以新鲜、甘醇、鲜爽为佳，以浓、涩、有熟闷味为差。

4. 叶底 审评侧重形状和色泽。形状以细嫩成朵、明亮、匀齐为佳，以多青张、单片为次；颜色以嫩绿为佳，以绿暗、黄绿为次，以红梗红叶为差。

理论测验

（一）单选题

1. 卷曲形绿茶不包括（　　）。
   A. 洞庭碧螺春　B. 都匀毛尖　C. 蒙顶甘露　D. 信阳毛尖
2. 卷曲形绿茶的初制工艺不包括（　　）。
   A. 摊放　B. 揉捻　C. 辉锅　D. 搓团
3. 以下（　　）不是洞庭（山）碧螺春茶的品质特点。
   A. 纤细多毫　B. 锅巴香高爽　C. 卷曲呈螺　D. 滋味鲜醇
4. 优质的洞庭（山）碧螺春茶外形、色泽要求（　　）。
   A. 银绿隐翠、鲜润　B. 深绿润
   C. 灰绿润　D. 青绿润
5. 优质的洞庭（山）碧螺春茶香气要求（　　）。
   A. 高爽　B. 鲜嫩　C. 清高　D. 纯正

（二）判断题

1. 卷曲形绿茶的形状以卷曲细紧为佳。（　　）
2. 茸毛含量高时，碧螺春茶汤色常毫浑，属品质问题。（　　）
3. 碧螺春茶的滋味以新鲜、甘醇、鲜爽为佳，以浓、涩、有熟闷味为差。（　　）
4. 碧螺春茶叶底肥嫩成朵、明亮、匀齐。（　　）
5. 蒙顶甘露外形的特征为卷曲、紧细、多毫。（　　）

理论测验
答案 3-8

技能实训

技能实训 17　卷曲形绿茶的感官审评

总结卷曲形绿茶的品质特征和审评要点，根据绿茶感官审评方法完成不同卷曲形绿茶样品的感官审评，提交感官审评报告，填写茶叶感官审评表（见附录）。

任务九 自然花朵形绿茶的感官审评

任务目标

掌握自然花朵形绿茶的感官品质特征及感官审评要点。

能够正确审评自然花朵形绿茶产品。

知识准备

自然花朵形绿茶的鲜叶较嫩，制造过程中不经或稍经揉捻，干燥采用以烘为主的工艺，茶叶受力不大，细胞破损率小，外形多呈自然状态，芽叶相连似花朵，冲泡时水浸出物释放较慢，代表产品有黄山毛峰、安吉白茶、顾渚紫笋茶等。

一、自然花朵形绿茶的感官品质特征

1. 黄山毛峰 《地理标志产品 黄山毛峰茶》(GB/T 19460—2008) 规定，黄山毛峰产于安徽省黄山市，选用黄山种、槠叶种、滴水香、茗树和从中选育的良种茶树的芽叶，经茶鲜叶摊放、杀青、做形（理条或揉捻）、毛火、摊凉、足火等加工工艺制作而成。黄山毛峰具有芽头肥壮、香高持久、滋味鲜爽回甘、耐冲泡的品质特点。其外形芽头肥壮，匀齐，有锋毫，形似雀舌，鱼叶呈金黄色（俗称金黄片），色泽嫩绿，金黄油润，俗称象牙色。各等级黄山毛峰的感官品质特征如表 3-24 所示。

微课：黄山毛峰茶的感官审评

表 3-24 各等级黄山毛峰的感官品质特征

级别	外形	内质			
		香气	汤色	滋味	叶底
特级一等	芽头肥壮，匀齐，形似雀舌，毫显，嫩绿泛象牙色，有金黄片	嫩香、馥郁持久	嫩绿、清澈鲜亮	鲜醇爽、回甘	嫩黄匀亮、鲜活
特级二等	芽头较肥壮，较匀齐，形似雀舌，毫显，嫩绿润	嫩香、高长	嫩绿、清澈明亮	鲜醇爽	嫩绿明亮
特级三等	芽头尚肥壮，较匀齐，毫显，绿润	嫩香	嫩绿明亮	较鲜醇爽	嫩绿明亮
一级	芽叶肥壮，匀齐隐毫，条微卷，绿润	清香	嫩黄绿	鲜醇	较嫩匀、黄绿亮
二级	芽叶较肥壮，较匀整，条微卷，显芽毫，较绿润	清香	黄绿亮	醇厚	尚嫩匀、黄绿亮
三级	芽叶尚肥壮，条微卷，尚匀，尚绿润	清香	黄绿尚亮	尚醇厚	尚匀黄绿

2. 安吉白茶（凤形） 《地理标志产品 安吉白茶》(GB/T 20354—2006) 规定，安吉白茶产于浙江省安吉县，采用珍稀茶树白化品种‘白叶 1 号’的鲜叶加工而成，产品分为

龙形和凤形安吉白茶，龙形安吉白茶为扁形绿茶，凤形安吉白茶属于自然花朵形，加工工艺为：摊青→杀青→理条→搓条初烘→摊凉→烘干→整理。安吉白茶产品分为精品、特级、一级、二级共4个质量等级，各级的感官品质特征如表3-25所示。

表3-25 各等级安吉白茶的感官品质特征

级别	外形	内质			
		汤色	香气	滋味	叶底
精品	条直显芽，芽壮实匀整，嫩绿，鲜活泛金边，无梗、朴、黄片	嫩绿明亮	嫩香持久	鲜醇甘爽	叶白脉翠，一芽一叶，芽长于叶，成朵、匀整
特级	条直有芽，匀整，色嫩绿泛玉色，无梗、朴、黄片	嫩绿明亮	嫩香持久	鲜醇甘爽	叶白脉翠，一芽一叶，成朵、匀整
一级	条直有芽，较匀整，色嫩绿润，略有梗、朴、片	尚嫩绿明亮	清香	醇厚	叶白脉绿，一芽二叶，成朵、匀整
二级	条直尚匀整，色绿润，略有梗、朴、片	绿明亮	尚清香	尚醇厚	叶尚白脉绿，一芽二叶或一芽三叶，成朵、匀整

白叶1号茶树品种所产的茶叶春季新芽玉白，叶质薄，叶脉浅绿色，每年4月当日最高气温在17～23℃时，新梢出现“叶白脉绿”现象，当气温＞23℃时叶渐转花白至绿，鲜叶幼嫩叶绿素含量低，氨基酸含量高（高达6%以上），酚氨含量比较低，做出来的绿茶鲜爽，香气清鲜。

3. 建德苞茶 建德苞茶产于浙江省杭州市建德市，形状为花苞形，黄化系品种金苞系列的外形色泽金色悦目，汤色浅黄明亮，滋味鲜爽；白化系品种钻苞系列的外形色泽亮绿悦目，汤色翠绿明亮，滋味鲜醇；常规品种翠苞系列的外形色泽嫩绿鲜润，汤色嫩绿明亮，滋味鲜爽，叶底嫩匀、成朵、明亮。

4. 长兴紫笋 长兴紫笋产于浙江省长兴县顾渚山，形状呈兰花形，银毫显露，色泽翠绿；清香馥郁，汤色清澈明亮，滋味鲜醇回甘，叶底幼嫩成朵。

5. 岳西翠兰 岳西翠兰产于安徽岳西，外形芽叶相连，形似兰花，色泽翠绿鲜活；汤色嫩绿明亮，香气嫩香高爽，滋味鲜爽回甘，叶底嫩黄绿匀亮。

6. 黄山白茶（徽州白茶） 《地理标志产品 黄山白茶》（DB34/T 1757—2017）规定，黄山白茶外形朵形舒直，芽叶肥壮，色嫩黄透翠泛白、鲜活，匀齐；香气嫩清香持久，滋味鲜爽回甘，汤色浅绿清亮，叶底玉白鲜亮，芽叶成朵、嫩匀。

7. 资溪白茶 《地理标志产品 资溪白茶》（DB36/T 586—2018）规定，资溪白茶采摘自资溪县境内符合要求的白化茶品种茶树的新梢，经摊青、杀青、理条（做形、揉捻）、烘干等工艺制成直条形、扁形、卷曲型的绿茶产品。直条形资溪白茶外形条直显芽，色泽翠绿显毫；香气兰香，滋味鲜爽甘醇，叶底嫩绿明亮、玉白脉翠。

8. 靖安白茶 《地理标志产品 靖安白茶》（DB36/T 712—2018）规定，靖安白茶采摘自地理标志产品保护范围内符合要求的白化茶树品种的新梢，经摊青、杀青、做形和烘干工序加工而成绿茶，产品造型分为针形、扁形、卷曲形。其外形条直显芽，芽壮实匀整，色嫩绿、显毫，匀整；汤色嫩绿明亮，香气嫩香持久，滋味鲜醇甘爽，叶底叶白脉翠、细嫩匀齐。

9. 天目湖白茶 天目湖白茶产于江苏省溧阳市，是2010年上海世博会评选出的十大名茶之一，以溧阳市种植的安吉白叶茶1号茶树芽叶为原料，采用摊放、杀青、摊凉、理条、整形、干燥等工艺制成。其外形挺秀微扁，色泽玉绿显金黄；香气清香栗香浓郁，汤色嫩黄明亮，滋味鲜醇爽口，叶底嫩匀、玉白色、茎脉翠绿。

10. 敬亭绿雪 敬亭绿雪产于安徽省宣城市的敬亭山，是我国最早的著名绿茶之一，因年久失传，于1972年才恢复试制，1978年初步定型生产。其外形芽叶相合，形似雀舌，挺直饱满，色泽翠绿，多白毫；内质香气清鲜持久、有花香，汤色清绿明亮见"雪飘"，滋味醇爽回甜，叶底肥壮、匀齐、成朵、嫩绿明亮。

11. 舒城兰花 舒城兰花产于安徽省舒城、通城、庐江、岳西一带。其外形芽叶相连，色泽翠绿、显毫；香气带兰花香，汤色绿亮，滋味浓醇回甜，叶底肥厚、成朵、嫩黄绿。

12. 江山绿牡丹 江山绿牡丹产于浙江省江山市，曾名仙霞山茶。1980年，恢复试制这一历史名茶取得成功。其外形条直似花瓣，形态自然，白毫显露，犹如牡丹；色泽翠绿，汤色嫩绿明亮，香气清香持久，滋味鲜醇爽口，叶底嫩匀成朵。

二、自然花朵形绿茶的感官审评要点

（一）黄山毛峰的审评要点

1. 外形 以芽头、芽叶肥壮，毫显，色泽嫩绿或绿润为佳；以芽叶瘦小，色泽尚绿或黄绿欠润为次。

2. 内质

（1）汤色。以嫩绿明亮为佳，以黄绿尚亮为次。

（2）香气。以嫩香持久为上品，清香次之，带青气、火工过高为差。

（3）滋味。审评醇和度、清鲜度，以清鲜、醇和为佳，以浓、涩、有熟闷味为次。

（4）叶底。审评侧重形状和色泽，以嫩匀成朵、嫩黄绿为佳。

（二）安吉白茶、黄山白茶、靖安白茶等的审评要点

1. 外形 审评形状和色泽。凤形茶形似凤尾，色泽以嫩绿带鹅黄鲜亮为佳，以绿为次。

2. 内质

（1）汤色。以浅嫩绿为佳。

（2）香气。以清鲜嫩鲜为佳，以带火气、火工过高为次。

（3）滋味。以鲜醇甘爽为佳。

（4）叶底。以嫩匀成朵、叶白脉绿为佳。

理论测验

（一）单选题

1. 黄山毛峰茶的加工工艺不包括（　　）。

A. 摊放　B. 杀青　C. 做形　D. 炒干

2. 黄山毛峰茶的外形品质特点不包括（　　）。

A. 形似雀舌　B. 嫩绿泛象牙色　C. 扁平光滑　D. 鱼叶呈金黄色

3. 以下（　　）不是黄山毛峰茶的品质特点。

A. 干茶色嫩绿泛象牙色　　B. 滋味浓厚

C. 滋味鲜醇爽　　D. 香气嫩香持久

4. 安吉白茶的叶底色泽要求（　　）。

A. 叶白脉翠　　B. 深绿　　C. 黄绿　　D. 青绿

5. 优质的安吉白茶香气要求（　　）。

A. 高爽　　B. 鲜嫩　　C. 清高　　D. 炒栗香

（二）判断题

1. 自然花朵形绿茶的鲜叶较嫩，制造过程中不经或稍经揉捻。（　　）
2. 黄山毛峰茶的香气以炒栗香持久为上品。（　　）
3. 花朵形绿茶叶底以嫩匀成朵、嫩黄绿为佳。（　　）
4. 白叶 1 号鲜叶幼嫩的叶绿素、氨基酸含量均较高。（　　）
5. 黄山毛峰茶滋味审评醇和度、清鲜度，以清鲜、醇和为佳。（　　）

理论测验

答案 3-9

技能实训

技能实训 18　花朵形绿茶的感官审评

总结花朵形绿茶的品质特征和审评要点，根据绿茶感官审评方法完成不同花朵形绿茶样品的感官审评，提交感官审评报告，填写茶叶感官审评表（见附录）。

任务十 松针形绿茶的感官审评

任务目标

掌握松针形绿茶的感官品质特征及感官审评要点。

能够正确审评松针形绿茶产品。

知识准备

松针形绿茶是指以标准为一芽一叶初展及一芽一叶嫩梢为原料，依次经摊凉、杀青、揉捻、整形、干燥、筛拣等工艺过程制成的绿茶产品，因茶条紧圆挺直、两头尖，似针状及形似松针而得名。

一、松针形绿茶的感官品质特征

松针形绿茶有南京雨花茶、安化松针、信阳毛尖、恩施玉露、阳羡雪芽、采花毛尖、古丈毛尖等。

微课：松针形绿茶的感官审评

1. 南京雨花茶 雨花茶的加工工艺包括鲜叶采摘、摊放、杀青、揉捻、毛火、整形、足火、精制、包装等，其外形条索紧细圆直、锋苗挺秀、茸毫隐露，色泽绿润、匀整；汤色嫩绿明亮，香气清香持久，滋味鲜醇，叶底嫩绿明亮。雨花茶产品的等级分为特级一等、特级二等、一级、二级。各等级南京雨花茶的感官品质特征如表 3－26 所示。

表 3－26 各等级南京雨花茶的感官品质特征

级别	外形				内质			
	形状	色泽	整碎	净度	香气	汤色	滋味	叶底
特级一等	似松针、紧细圆直、有锋苗、白毫略显	绿润	匀整	洁净	清香高长	嫩绿明亮	鲜醇爽口	嫩绿明亮
特级二等	似松针、紧细圆直、白毫略显	绿润	匀整	洁净	清香	嫩绿明亮	鲜醇	嫩绿明亮
一级	似松针、紧直、略含扁条	绿尚润	尚匀整	洁净	尚清香	绿明亮	醇尚鲜	绿明亮
二级	似松针、尚紧直、含扁条	绿	尚匀整	洁净	尚清香	绿尚亮	尚鲜醇	绿尚亮

2. 安化松针 安化松针产于湖南省安化县。安化松针的加工工艺流程为：鲜叶摊放→杀青→揉捻→炒坯→摊凉→整形→干燥→筛拣等。其外形细直秀丽，状似松针，白毫显露，色泽翠绿；香气馥郁，汤色清澈明亮，滋味鲜醇，叶底嫩匀。

3. 信阳毛尖 信阳毛尖产于河南省信阳市。手工炒制的加工工艺流程为：鲜叶分级→摊放→生锅→熟锅→初烘→摊凉→复烘→毛茶整理→再复烘。如采用筛分方法，分级可在摊放后、生锅前进行。机械炒制的加工工艺流程为：鲜叶分级→摊放→杀青→揉捻→解块→理条→初烘→摊凉→复烘。如采用筛分方法，分级可在摊放后、杀青前进行。信阳毛尖的外形条索紧细，圆、光、直、有锋苗，色泽银绿隐翠；香气高鲜，有熟板栗香，汤色碧绿明净，滋味鲜醇厚回甘，叶底嫩绿匀整。信阳毛尖产品的等级分为珍品、特级、一级、二级、三级、四级。各等级信阳毛尖的感官品质特征如表 3-27 所示。

表 3-27　各等级信阳毛尖的感官品质特征

项目		级别					
		珍品	特级	一级	二级	三级	四级
外形	条索	紧秀、圆直	细圆紧、尚直	圆尚直、尚紧细	尚直、较紧	尚紧直	尚紧直
	色泽	嫩绿、多白毫	嫩绿、显白毫	绿润、有白毫	尚绿润、稍有白毫	深绿	深绿
	整碎	匀整	匀整	较匀整	较匀整	尚匀整	尚匀整
	净度	净	净	净	尚净	尚净	稍有茎片
内质	汤色	嫩绿明亮	嫩绿明亮	绿明亮	绿尚亮	黄绿尚亮	黄绿
	香气	嫩香持久	清香高长	栗香或清香	纯正	纯正	尚纯正
	滋味	鲜爽	鲜爽	醇厚	较醇厚	较浓	浓略涩
	叶底	嫩绿鲜活、匀亮	嫩绿明亮、匀整	绿尚亮、尚匀整	绿、较匀整	绿、较匀	绿、欠亮

4. 恩施玉露　恩施玉露产于湖北省恩施市。恩施玉露的制作，除杀青方法仍然沿用蒸汽杀青外，做工较前更为精巧。高级玉露采用一芽一叶、大小均匀、节短叶密、芽长叶小、色泽浓绿的鲜叶为原料，加工工艺流程为：蒸青→扇凉→炒头毛火→揉捻→炒二毛火→整形上光→烘焙→拣选等。恩施玉露的外形条索紧细，匀齐挺直，形似松针，光滑油润呈鲜绿豆色；汤色浅绿明亮，香气清高鲜爽，滋味清醇爽口，叶底翠绿匀整。恩施玉露产品的等级分为特级、一级、二级。各等级恩施玉露的感官品质特征如表 3-28 所示。

表 3-28　各等级恩施玉露的感官品质特征

项目		特级	一级	二级
外形	条索	松针形	紧细挺直	挺直
	色泽	翠绿	绿润	墨绿
	整碎	匀整	匀整	尚匀整
	净度	净	净	尚净
内质	汤色	清澈明亮	嫩绿明亮	绿明亮
	香气	清香持久	清香尚持久	清香
	滋味	鲜爽回甘	鲜醇回甜	醇和
	叶底	嫩匀明亮	绿明亮	绿尚亮

5. 阳羡雪芽　阳羡雪芽产于江苏省宜兴市。其外形条索紧直有锋苗，色泽翠绿显毫；香气清雅，滋味鲜醇，汤色清澈明亮，叶底嫩匀完整。

6. 古丈毛尖　古丈毛尖产于湖南古丈县，以古丈群体、碧香早、槠叶齐、福鼎大白等中小叶适制品种的鲜叶为原料，加工工艺包括摊青、杀青、初揉、炒二青、复揉、炒三青、做条（理条、拉条、直条）、提毫收锅等 8 道工序。古丈毛尖的外形条索紧细圆直，白毫显露，色泽翠绿；内质香高持久、有熟板栗香，汤色清明净，滋味浓醇，叶底嫩匀明亮。各等级古丈毛尖茶的感官品质特征如表 3－29 所示。

表 3－29 各等级古丈毛尖茶的感官品质特征

级别	外形				内质			
	形状	色泽	整碎	净度	香气	汤色	滋味	叶底
特级	紧细圆直、白毫显露	隐翠	匀整	洁净	嫩香高锐、持久	浅绿	鲜爽甘醇	嫩匀
一级	紧结显毫	翠绿	匀整	洁净	嫩香高长	浅绿	醇爽	较嫩匀
二级	较紧结、显毫	绿润	较匀整	匀净	栗香、较高长	黄绿	醇较爽	黄绿、较嫩

二、松针形绿茶的感官审评要点

（一）外形审评要点

外形审评形状和色泽。

1. 形状 审评紧直度、茸毫量。以紧细圆直、显白毫为佳，以尚紧、尚直、少白毫为次。

2. 色泽 审评颜色、油润度。以嫩绿、银绿、绿润、翠绿，色鲜活为佳，以尚绿润、黄绿等为次。

（二）内质审评要点

1. 汤色 审评颜色和明亮度。以嫩绿、浅绿、绿亮为佳，以黄绿、绿尚亮为次，以黄、暗、泛红为差。茸毛含量高时，汤色常毫浑，属正常情况。

2. 香气 审评高低、纯异、香型。以嫩香、清香、高长为佳以带青气、火工过高、有烟焦味为次。

3. 滋味 审评甘醇度、鲜爽度。以鲜醇、鲜爽为佳，以浓、涩、有熟闷味为差。

4. 叶底 审评形状和色泽。以细嫩、多芽、明亮、匀齐为佳，以多青张、单片者为次；颜色以嫩绿为佳，以绿暗、黄绿为之，以红梗红叶为差。

理论测验

（一）单选题

1. 以下（　　）术语，常用于描述松针形绿茶外形。

A. 扁平　B. 卷曲　C. 紧直　D. 扁条

2. 以下（　　）不是松针形绿茶。

A. 信阳毛尖　B. 雨花茶　C. 恩施玉露　D. 黄山毛峰

3. 优质的信阳毛尖茶香气（　　）。

A. 栗香尚持久　B. 尚清香　C. 炒栗香　D. 嫩香持久

4. 下列关于松针形绿茶品质，描述正确的是（　　）。

A. 香气甜香浓　B. 滋味醇厚鲜爽回甘、音韵显

C. 外形紧细圆直、显白毫　D. 汤色橙黄

5. 优质的松针形绿茶滋味（　　）。

A. 鲜醇甘爽　B. 醇和回甘、有青味

C. 鲜浓　　　　D. 甜醇

（二）判断题

1. 龙井茶是松针形绿茶。（　　）
2. 松针形绿茶的外形以紧结肥壮、挺直为佳。（　　）
3. 松针形绿茶的干茶色泽以嫩绿鲜活为佳。（　　）
4. 松针形绿茶的汤色以黄绿明亮为好。（　　）
5. 优质的松针形叶底以细嫩、匀齐为好。（　　）

理论测验
答案 3-10

技能实训

技能实训 19　松针形绿茶的感官审评

总结松针形绿茶的品质特征和审评要点，根据绿茶感官审评方法完成不同松针形绿茶样品的感官审评，提交感官审评报告，填写茶叶感官审评表（见附录）。

任务十一　芽形绿茶的感官审评

任务目标

掌握芽形绿茶的感官品质特征及感官审评要点。

能够正确审评芽形绿茶产品。

知识准备

一、芽形绿茶的感官品质特征

1. 湄潭翠芽　湄潭翠芽以贵州省湄潭县境内及与湄潭县环境相似的周边地域的适制绿茶的中小叶茶树品种的鲜叶为原料，按“鲜叶摊放→杀青→理条→压条→脱毫→干燥→提香→分级”的工序加工而成的扁形*绿茶。湄潭翠芽具有“嫩、鲜、香、浓、醇”的品质特征。各等级湄潭翠芽的感官品质特征如表3－30所示。

表3－30　各等级湄潭翠芽的感官品质特征

级别	外形	内质			
		香气	汤色	滋味	叶底
特级	扁平直、黄绿润、匀整	清香、嫩香、栗香持久	嫩绿明亮	鲜爽鲜醇	黄绿明亮、嫩匀
一级	扁平直、黄绿润、匀整	清香、嫩香、栗香尚持久	绿明亮	鲜醇	黄绿亮、嫩尚匀
二级	扁直、黄绿尚润、尚匀整	清香、嫩香、栗香欠持久	黄绿亮	醇尚鲜	黄绿尚匀亮

2. 蒙顶石花　《地理标志产品　蒙山茶》（GB/T 18665—2008）规定，蒙山茶以蒙山群体种选育出的名山白毫131、名山早311、名山特早芽213、蒙山9号、蒙山11号、蒙山16号、蒙山23号等蒙山茶主栽品种为原料。蒙顶石花的加工工艺流程为：鲜芽堆放→杀青→摊凉→炒二青→摊凉→炒三青→摊凉→做形提毫→摊凉→烘干。各等级蒙顶石花的感官品质特征如表3－31所示。

表3－31　各等级蒙顶石花的感官品质特征

级别	外形				内质			
	条索	嫩度	色泽	净度	香气	滋味	汤色	叶底
特级	扁平匀直	嫩芽银毫	嫩绿油润	净	嫩香浓郁	鲜嫩甘爽	清澈绿亮	全芽匀亮
一级	扁平匀整	细嫩银毫	嫩绿油润	净	清香持久	鲜醇甘爽	杏绿明亮	嫩黄明亮
二级	扁平尚直	细嫩有毫	绿油润	净	清香	鲜爽回甘	杏绿明亮	绿黄明亮

* 芽形绿茶，原料嫩度为单芽或一芽一叶初展，制作时一般有压扁，形状扁平似月芽或雀舌。

3. 竹叶青 竹叶青产于四川省峨眉山。其外形全芽如眉、扁平、挺直秀丽，匀整，干茶色泽绿油润；香气嫩栗香、浓郁持久，汤色嫩绿明亮，滋味鲜嫩醇爽，叶底完整、黄绿明亮。

4. 开化龙顶 开化龙顶产于浙江省开化县，以开化县境内的鸠坑系列、翠峰等茶树品种的鲜叶为原料，经杀青、初烘、理条、复烘、提香等工艺加工。开化龙顶具有“嫩绿挺秀、香高味醇”的品质特征。其外形挺直，显白毫，银绿隐翠；香气鲜嫩持久，汤色嫩绿明亮，滋味鲜醇爽口，叶底嫩绿、成朵、明亮。

开化龙顶茶根据鲜叶嫩度分为芽形和条形。芽形开化龙顶茶采用单芽的鲜叶原料加工，产品等级分为特级、一级、二级（表 3 - 32）；条形开化龙顶茶采用一芽一叶初展或一芽二叶的鲜叶原料加工，产品等级分为特级、一级、二级（表 3 - 33）。

表 3 - 32 各等级芽形开化龙顶茶的感官指标

级别	外形	内质			
		香气	汤色	滋味	叶底
特级	芽头匀整、紧直挺秀、嫩绿鲜润	嫩香馥郁	浅绿、清澈明亮	鲜醇甘爽	肥壮匀齐、嫩绿明亮
一级	芽头较匀整、细紧挺秀、嫩绿润	嫩香持久	浅绿明亮	鲜醇爽口	匀齐、嫩绿明亮
二级	芽头尚匀、紧直、绿尚润	嫩香	浅绿、尚明亮	鲜醇浓爽	尚匀、绿亮

表 3 - 33 各等级条形开化龙顶茶的感官指标

级别	外形	内质			
		香气	汤色	滋味	叶底
特级	紧直挺秀、匀齐、翠绿润	鲜嫩、香高持久	嫩绿明亮	鲜醇甘爽	嫩匀成朵、嫩绿明亮
一级	细紧挺秀、较匀齐、翠绿	清香持久	较嫩绿明亮	醇厚爽口	嫩匀、绿明亮
二级	条索紧结、尚匀绿尚润	清香	绿明亮	醇厚	嫩尚匀、绿尚亮

5. 金坛雀舌 金坛雀舌产于江苏省金坛区。根据《地理标志产品 金坛雀舌茶》（DB32/T 2695—2014）规定，金坛雀舌采用茅麓种、槠叶种、龙井长叶等少毫型、芽头肥壮、叶形中等、氨基酸含量高的茶树良种，经“鲜叶摊放→杀青→摊凉→理条、整形→干燥”加工工艺制成。其外形扁平挺直，形似雀舌，色泽绿润；香气清高，汤色清澈明亮，滋味醇爽，叶底嫩匀成朵。各等级金坛雀舌茶的感官品质特征如表 3 - 34 所示。

表 3 - 34 各等级金坛雀舌茶的感官品质特征

级别	外形				内质			
	条索	整碎	色泽	净度	香气	滋味	汤色	叶底
特级	扁平挺秀、状如雀舌	匀整	绿润	匀净	嫩香	鲜爽	嫩绿明亮	嫩匀、嫩绿明亮
一级	状如雀舌	匀整	绿较润	匀净	清香	鲜醇	绿明亮	均匀、绿明亮

6. 太湖翠竹 太湖翠竹产于江苏省无锡市。其外形略弯曲似月牙形，翠绿油润；香气嫩香高长，滋味鲜嫩爽口，汤色嫩绿明亮，叶底肥嫩、匀整、嫩绿明亮。

7. 金山翠芽 金山翠芽产于江苏省镇江市。其外形扁平挺削，色翠披毫；内质香气鲜嫩，汤色绿亮，滋味鲜浓，叶底全芽肥嫩。

8. 雪水云绿 雪水云绿产于浙江省桐庐县。其外形紧直略扁，芽锋显露，色泽嫩绿；香气清高，滋味鲜醇，汤色清澈明亮，叶底嫩匀成朵。

二、芽形绿茶的感官审评要点

（一）外形审评要点

外形审评形状和色泽。

1. 形状 审评芽头、扁平、匀齐度。以芽形完整、不带鱼叶、匀齐为佳。

2. 色泽 审评颜色和鲜润度。以嫩绿、鲜润为佳，以绿黄、暗绿为次。

（二）内质审评要点

1. 汤色 审评颜色和明亮度。以嫩绿、浅绿、明亮为佳，以黄绿、黄、黄暗为次。

2. 香气 审评高低、纯异、香型。以嫩香、鲜嫩、清鲜、清高、持久为佳，以带青气、火工过高者为次。

3. 滋味 审评鲜醇度。以鲜醇、鲜爽、鲜嫩为佳，以浓、涩、青、闷为次。

4. 叶底 审评侧重形状和色泽。形状以全芽、芽头饱满、嫩匀、嫩绿为佳，以带叶片为次；颜色以嫩绿明亮为佳，以绿暗、黄绿、带红梗红叶为次。

理论测验

（一）单选题

1. 以下（　　）不属于芽形绿茶。

A. 湄潭翠芽　　B. 竹叶青　　C. 开化龙顶　　D. 蒙顶甘露

2. 优质的芽形绿茶汤色（　　）。

A. 红明亮　　B. 嫩绿明亮　　C. 黄绿　　D. 黄尚亮

3. 优质的芽形绿茶叶底（　　）。

A. 红匀肥厚　　B. 嫩绿鲜活　　C. 黄绿欠亮　　D. 肥厚欠亮

4. 下列关于芽形绿茶品质，描述正确的是（　　）。

A. 香气甜香浓　　B. 滋味鲜醇甘爽

C. 外形紧结卷曲、色泽翠绿　　D. 香气毫香显露

5. 下列关于特级湄潭翠芽品质，描述错误的是（　　）。

A. 香气嫩香　　B. 滋味鲜醇

C. 外形紧结、色泽青绿　　D. 叶底嫩匀明亮

（二）判断题

1. 芽形绿茶的主要香气类型有嫩香、清香、栗香。（　　）

2. 芽形绿茶的滋味类型有鲜醇型、醇厚型、甜醇型。（　　）

3. 芽形绿茶的叶底以嫩匀明亮为佳。（　　）

4. 芽形绿茶的汤色常用嫩绿明亮来描述。 （ ）

5. 芽形绿茶的滋味以浓厚为佳。 （ ）

理论测验
答案 3-11

技能实训

技能实训 20 芽形绿茶的感官审评

总结芽形绿茶的品质特征和审评要点，根据绿茶感官审评方法完成不同芽形绿茶样品的感官审评，提交感官审评报告，填写茶叶感官审评表（见附录）。

任务十二 其他造型绿茶的感官审评

任务目标

掌握其他造型绿茶（尖形、瓜片形、盘花形、条形等）的感官品质特征。

能够正确审评尖形、瓜片形、盘花形、条形等绿茶产品。

知识准备

在长期的茶叶生产加工过程中，各省份涌现了许多造型独特、品质优良、知名度高的绿茶。

一、太平猴魁和六安瓜片的感官品质特征

1. 太平猴魁 《地理标志产品 太平猴魁》（GB/T 19698—2008）规定，太平猴魁是采用柿大茶或以柿大茶茶树品种选育的茶树品种的新梢为原料，按照“拣尖→摊放→杀青（理条）→烘焙（做形）[分3次，头烘→二烘→三烘（足火）]→成品”的加工工艺流程制成的。太平猴魁的外形平展、整枝、挺直、肥壮，两叶抱一芽，如含苞的白兰花，含毫而不露，色泽苍绿匀润；香气高爽持久、含花香，汤色清绿明净，滋味鲜醇回甜，叶底芽叶肥壮、嫩匀成朵、嫩绿明亮。太平猴魁茶按品质可分为极品、特级、一级、二级、三级。各等级太平猴魁的感官品质特征如表3-35所示。

表3-35 各等级太平猴魁的感官品质特征

级别	外形	内质			
		香气	汤色	滋味	叶底
极品	扁平挺直，魁伟壮实，两叶抱一芽，匀齐，毫多不显，苍绿匀润，部分主脉暗红	鲜灵高爽、兰花香持久	嫩绿、清澈明亮	鲜爽醇厚、回味甘甜、独具“猴韵”	嫩匀肥壮、成朵、嫩黄绿鲜亮
特级	扁平壮实，两叶抱一芽，匀齐，毫多不显，苍绿匀润，部分主脉暗红	鲜嫩清高、有兰花香	嫩绿明亮	鲜爽醇厚、回味甘甜、有“猴韵”	嫩匀肥厚、成朵、嫩黄绿匀亮
一级	扁平重实，两叶抱一芽，匀整，毫隐不显，苍绿较匀润，部分主脉暗红	清高	嫩黄绿明亮	鲜爽回甘	嫩匀成朵、黄绿匀亮
二级	扁平，两叶抱一芽，少量单片，尚匀整，毫不显，绿润	尚清高	黄绿明亮	醇厚甘甜	尚嫩匀、成朵、少量单片、黄绿明亮

（续）

级别	外形	内质			
		香气	汤色	滋味	叶底
三级	两叶抱一芽，少数翘散，少量断碎，有毫，尚匀整，尚绿润	清香	黄绿尚明亮	醇厚	尚嫩欠匀、成朵、少量断碎、黄绿亮

2. 六安瓜片 《地理标志产品 六安瓜片茶》（DB34/T 237—2017）规定，六安瓜片茶是以独山小叶种、齐头山中叶种和选育的无性系茶树良种为原料制成的。其鲜叶采摘方式有采片和扳片。采片是指茶树新梢生长到一芽三叶初展到一芽三叶时，直接从茶树上采取大小和嫩度一致的单片鲜叶；扳片是指茶树新梢生长到一芽三叶时，采摘新梢后扳取叶片并按老嫩程度分级摊放。

六安瓜片茶的工艺流程如下。手工炒制：摊凉→生锅→熟锅→毛火→小火→拣剔→摊放→老火→整理等。机械炒制：摊凉→杀青→揉捻→理条做型→初烘→拣剔→摊放→老火→整理等。主要在杀青、揉捻、理条做型和初烘4道工序上实现机械化加工，拉老火仍以传统方法进行。六安瓜片茶的外形平展，不带芽和茎梗，叶边背卷向上重叠，形似瓜子，所以称为瓜片，色泽翠绿起霜；香气高长，汤色碧绿，滋味鲜醇回甜，叶底黄绿匀亮。六安瓜片茶分为精品、特一、特二、一级、二级、三级6个等级。各等级六安瓜片的感官品质特征如表3-36所示。

表3-36 各等级六安瓜片茶的感官品质特征

级别	外形	内质			
		香气	汤色	滋味	叶底
精品	瓜子形，背卷顺直，扁而平伏，宝绿上霜，匀齐，无漂叶	花香、高长	嫩绿、清澈明亮	鲜爽醇厚、回甘	柔嫩、黄绿、鲜活、匀齐
特一	瓜子形，背卷顺直，扁而平伏，宝绿上霜，匀齐，无漂叶	清香持久	嫩绿明亮	鲜醇爽口、回甘	嫩绿、鲜亮、匀整
特二	瓜子形，顺直，较匀整，宝绿上霜	清香尚持久	黄绿明亮	醇厚回甘	尚嫩绿、明亮、匀整
一级	瓜子形或条形，尚匀整，色绿上霜	栗香持久	黄绿明亮	浓厚	黄绿明亮、匀整
二级	瓜子形或条形，尚匀，色绿有霜，略有漂叶	栗香尚持久	黄绿尚亮	浓醇	黄绿、尚匀整
三级	瓜子形或条形，有霜，粗老，有漂叶	纯正	黄绿	较醇正、尚浓、微涩	绿欠明

二、其他绿茶的感官品质特征

1. 庐山云雾茶 《地理标志产品 庐山云雾茶》（GB/T 21003—2007）规定，庐山云雾茶选用当地群体茶树品种或具有良好适制性的良种，经“杀青→揉捻→二青（理条、提毫）→干燥”的工艺流程制作而成，具有“干茶绿润、汤色绿亮、香高味醇”的品质特征。各等级庐山云雾茶的感官品质特征如表 3－37 所示。

表 3－37　各等级庐山云雾茶的感官品质特征

级别	外形				内质			
	形状	色泽	整碎	净度	香气	汤色	滋味	叶底
特级	紧细、显锋苗	绿润	匀整	洁净	清香持久	嫩绿明亮	鲜醇回甘	细嫩匀整
一级	紧细、有锋苗	尚绿润	匀整	净	清香	绿明亮	醇厚	嫩匀
二级	紧实	绿	尚匀整	尚净	尚清香	绿尚亮	尚醇	尚嫩
三级	尚紧实	深绿	尚匀整	有单张	纯正	黄绿尚亮	尚浓	绿尚匀

2. 绿宝石　《绿宝石　绿茶》（DB52/T 997—2018）规定，绿宝石是以适制绿茶的中小叶茶树品种的一芽二、三叶幼嫩新梢，按照“晾青→杀青→摊晾回潮→揉捻→脱水→摊晾回潮→造形→干燥”的加工工艺流程制作而成，具有“颗粒形、翡翠绿、嫩栗香、浓爽味”品质特征。绿宝石绿茶分为珍品、特级、一级 3 个等级。各等级绿宝石的感官品质如表 3－38 所示。

表 3－38　各等级绿宝石的感官品质特征

级别	外形	内质			
		香气	汤色	滋味	叶底
珍品	盘花状颗粒，匀整，绿润，有毫	浓郁、有栗香	黄绿明亮	浓厚鲜爽	柔软、黄绿明亮、芽叶完整
特级	盘花状颗粒，较匀整，绿较润，带毫	尚浓郁、带栗香	黄绿亮	醇厚	柔软、绿亮、芽叶完整
一级	盘花状颗粒，较匀整，较绿尚润	纯正	黄绿较亮	醇正	较柔软、绿明、较完整

3. 石阡苔茶　《地理标志产品　石阡苔茶》（DB52/T 532—2015）规定，石阡苔茶（绿茶）以石阡县辖区内的石阡苔茶品种和其他适宜茶树品种茶树的鲜叶为原料，按照特定工艺加工而成，成品绿茶质量有扁形、卷曲形、珠形。各等级石阡苔茶的感官品质特征如表 3－39 所示。

表 3－39　各等级石阡苔茶的感官品质特征

类型	级别	外形	内质			
			香气	汤色	滋味	叶底
扁形	特级	扁尚直，光滑，黄绿尚润，匀整	嫩栗香持久	嫩绿明亮	鲜爽味甘	嫩尚匀鲜亮
	一级	扁尚直，尚光滑，黄绿尚润，尚匀整	栗香持久	黄绿明亮	尚鲜爽味甘	嫩尚匀亮
	二级	扁尚直，黄绿，尚匀整	栗香持久	黄绿尚明亮	鲜醇味甘	嫩尚匀亮
卷曲形	特级	紧细，卷曲，毫显绿润，匀整	嫩栗香持久	嫩绿明亮	鲜醇	嫩匀明亮
	一级	较紧细，尚卷曲，绿尚润，露毫，匀整	栗香持久	绿明亮	尚鲜醇	绿尚亮
	二级	尚紧细，卷曲，尚绿润	栗香	绿尚亮	醇厚	黄绿尚亮
珠形	特级	颗粒重实，绿润露毫，匀整	栗香带花果香	黄绿明亮	醇厚	芽叶匀整、黄绿亮
	一级	颗粒重实，墨绿匀整	栗香	黄绿明亮	尚醇厚	芽叶匀整、黄绿

4. 崂山绿茶 《地理标志产品　崂山绿茶》(GB/T 26530—2011) 规定，崂山绿茶采用适宜的茶树号种，用特有的工艺加工制作而成，具有"叶片厚、豌豆香、滋味浓、耐冲泡"品质待征。崂山绿茶的外形有卷曲形和扁形。卷曲形绿茶的加工工艺流程为：摊青→杀青→揉捻→二青→做形、烘干→提香→包装，其感官品质特征如表 3-40 所示。扁形绿茶的加工工艺流程为：摊青→杀青→理条→做形（压扁）→辉干→包装，其感官品质特征如表 3-41所示。

表 3-40　各等级崂山绿茶（卷曲形）的感官品质特征

级别	外形				内质			
	形状	色泽	整碎	净度	香气	汤色	滋味	叶底
特级	肥嫩紧结、显锋苗	绿润	匀整	匀净	豌豆香	嫩绿明亮	鲜醇	嫩绿明亮
一级	紧实、有锋苗	绿润	匀整	洁净	清香	黄绿明亮	醇厚	黄绿明亮
二级	紧实	墨绿	匀、尚整	尚净	栗香	黄绿明亮	醇正	黄绿尚亮
三级	尚紧实	墨绿	尚匀整	尚净	纯正	黄尚亮	尚醇正	暗绿

表 3-41　各等级崂山绿茶（扁形）的感官品质特征

级别	外形				内质			
	形状	色泽	整碎	净度	香气	汤色	滋味	叶底
特级	扁平、光滑、挺直	绿润	匀整	净	豌豆香	嫩绿明亮	鲜醇	嫩绿明亮
一级	扁平、挺直	绿润	匀整	净	栗香	黄绿明亮	醇厚	黄绿明亮
二级	扁平	墨绿	匀尚整	尚净	栗香	黄绿明亮	醇正	黄绿尚亮
三级	扁平	墨绿	尚匀整	尚净	纯正	黄尚亮	尚醇正	暗绿

5. 武阳春雨茶 《武阳春雨茶》(GH/T 1234—2018) 规定，武阳春雨茶以浙江省武义县境内适制武阳阳春雨茶的中小叶茶树品种的鲜叶为原料，经摊青、杀青、做形、干燥等工艺加工而成。武阳春雨茶的产品造型包括针形、卷曲形和扁形，其感官品质特征如表 3-42 所示。

表 3-42　各等级武阳春雨茶的感官品质特征

类型	级别	外形				内质			
		形状	色泽	整碎	净度	香气	汤色	滋味	叶底
针形	特级	壮结、较挺直、显芽锋	绿翠润	匀整	匀净	花香馥郁	嫩绿明亮	浓醇甘鲜	嫩厚、绿明亮
	一级	挺直、较显芽锋	深绿较润	较匀整	尚净	清高、有花香	绿明亮	浓爽	较嫩厚、稍带叶张、绿明亮
	二级	尚紧直、有芽锋	深绿尚润	尚匀整	尚净	尚高	较绿亮	较浓爽	尚嫩厚、有叶张、尚绿明亮

（续）

类型	级别	外形				内质			
		形状	色泽	整碎	净度	香气	汤色	滋味	叶底
卷曲形	特级	细紧、卷曲	嫩绿润	匀整	净	嫩香	嫩绿明亮	甘醇	细嫩、绿明亮
	一级	较紧结、卷曲	绿润	较匀整	尚净	清香	绿明亮	醇爽	较嫩、匀绿明亮
	二级	尚紧、卷曲	较绿润	尚匀整	尚净	尚清高	较绿明亮	尚醇爽	尚嫩绿亮、稍带青张
扁形	特级	扁平、挺直	嫩绿润	匀整	匀净	高爽	较嫩、绿明亮	醇厚甘爽	嫩厚、绿明亮
	一级	扁平、较挺直	较绿润	较匀整	尚匀净	较高爽	尚嫩、绿明亮	醇厚	较嫩匀、绿明亮
	二级	扁平、较直	尚绿润	尚匀整	尚净	较高	尚绿亮	尚醇厚	尚嫩绿亮、稍带青张

6. 金奖惠明茶 金奖惠明茶产于浙江省景宁县，曾于1915年获巴拿马万国博览会一等证书和金质奖章而得名。其外形条索细紧匀齐、有锋苗、色泽绿润；香高持久，有花果香，汤色嫩绿明亮，滋味甘醇爽口，叶底嫩绿明亮。

7. 径山茶 径山茶产于浙江省余杭区径山。其外形条索细嫩紧秀，显毫，色泽翠绿；香气高鲜持久，有板栗香，汤色嫩绿明亮，滋味甘醇爽口，叶底嫩绿、成朵、明亮。各等级径山茶的感官品质特征如表3-43所示。

表3-43 各等级径山茶的感官品质特征

级别	外形				内质			
	形状	色泽	整碎	净度	汤色	香气	滋味	叶底
特级	细紧、卷曲	绿润	匀整	净	嫩绿明亮	嫩香	鲜爽甘醇	细嫩、绿明亮
一级	紧细、卷曲	绿润	匀整	较净	绿明亮	尚嫩香	鲜醇	嫩匀、绿明亮
二级	紧结、卷曲	绿	尚匀整	尚净	绿明亮	清香	醇厚	尚嫩匀、绿明亮
三级	尚紧结、卷曲	绿	欠匀整	尚净	尚绿明亮	尚清香	尚醇厚	尚嫩绿亮、带青张

8. 临海蟠毫 临海蟠毫产于浙江省临海市。其外形壮结盘花成颗粒形，显白毫，绿润；香气鲜嫩带甜香，汤色嫩绿明亮，滋味醇厚鲜爽，叶底肥嫩、成朵、明亮。

9. 三杯香茶 三杯香茶产于浙江省泰顺县。其外形细紧苗直，绿润；香气清高持久，汤色黄绿明亮，滋味浓醇，叶底黄绿、嫩匀。

10. 望海茶 望海茶产于浙江省宁波市。其外形细嫩挺秀，翠绿显亮；香气清香持久，汤色清澈明亮，滋味鲜爽回甘，叶底嫩绿、成朵、明亮。

11. 顾渚紫笋茶 顾渚紫笋茶产于浙江省长兴县。其外形芽形似笋、绿润；香气清高持久，汤色碧绿明亮，滋味鲜爽，叶底嫩绿、成朵、明亮。

12. 日照绿茶 日照绿茶产于山东省日照市东港区。其品质特点为干茶色泽深绿，条索紧细，白毫显露；清香持久，滋味鲜爽，汤色清澈明亮，叶底嫩绿明亮。

13. 羊岩勾青 羊岩勾青产于浙江省临海的羊岩山。其外形条索勾曲，色泽绿润；香气高而持久，滋味醇厚甘爽，汤色清澈明亮，叶底嫩绿明亮。

14. 仙人掌茶 仙人掌茶产于湖北省当阳市玉泉山。其外形扁平似掌，色泽翠绿，白毫披露；汤色嫩绿、清澈明亮，清香雅淡，滋味鲜醇爽口，叶底嫩匀。

15. 邓村绿茶 邓村绿茶产于湖北省夷陵区邓村乡。其外形条索细紧显锋苗，绿润，匀齐；汤色绿明亮，香气栗香清高，滋味清醇爽口，叶底翠绿匀齐。

16. 峡州碧峰 峡州碧峰产于湖北省宜昌市高山区。其条索紧秀显毫，色泽翠绿油润；香气清高持久，汤色黄绿明亮，滋味鲜爽回甘，叶底嫩绿匀齐。

17. 碣滩茶 碣滩茶产于湖南省沅陵县。其外形条索细紧，圆曲，色泽绿润，匀净；香气嫩香持久，汤色绿亮明净，滋味醇爽回甘，叶底嫩绿、整齐、明亮。

18. 玲珑茶 玲珑茶产于湖南省桂东县。其外形紧细弯曲，状若环勾，色泽苍翠，银毫显露；汤色清亮，香气持久，滋味醇厚，叶底嫩匀。

19. 青城雪芽 青城雪芽产于四川省都江堰市灌县。其外形秀丽微曲，白毫显露；香气鲜浓，滋味鲜爽，汤色绿清澈，叶底嫩绿匀齐。

20. 峨眉毛峰 峨眉毛峰产于四川雅安县。其外形条索细紧匀卷秀丽多毫，色泽嫩绿油润；香气高鲜，汤色微黄而碧，滋味醇甘鲜爽，叶底匀整，嫩绿明亮。

21. 贵定云雾 贵定云雾产于贵州省贵定县。其条索紧卷弯曲，嫩绿显毫，形若鱼钩；香气清香持久，汤色亮绿清澈，滋味醇厚爽口，叶底嫩匀。

22. 龙泉剑茗 龙泉剑茗产于贵州省湄潭县龙泉山。其外形肥壮显芽，茸毫披露，嫩绿形似剑；汤色嫩绿明亮，香气嫩香，滋味鲜爽柔和，叶底肥嫩、全芽、嫩绿。

23. 南安石亭绿 南安石亭绿产于福建南安县石志亭，以侨销为主，具有“三绿”“三香”的品质特点。“三绿”指干茶色泽灰绿，汤色黄绿，叶底嫩绿；“三香”指香气馥芬芳，带杏仁香、绿豆香和兰花香。南安石亭绿外形条索紧结，香气高而持久，滋味浓厚鲜甜。

24. 天山绿茶 天山绿茶产于福建省宁德、古田、屏南等市。历史上，其外形有针、圆、扁、曲，形状各异；香似珠兰、清雅持久，滋味浓厚回甘，汤色清澈明亮，叶底嫩匀。

25. 桂平西山茶 桂平西山茶产于广西壮族自治区桂平市海拔 700m 高的西山，已有 300 余年历史。其外形条索紧细微曲，有锋苗，色泽青翠；香气清鲜，汤色清澈明亮，滋味醇甘爽口，叶底柔嫩成朵、嫩绿明亮。

26. 南糯白毫 南糯白毫产于云南省西双版纳勐海县南糯山海拔 1 200m 以上的地方。其外形条索紧结壮实，白毫显露；香气持久，汤色清澈，滋味鲜浓，叶底嫩匀明亮。

27. 午子仙毫 午子仙毫产于陕西省汉中市。其干茶外形扁平光滑，色泽翠绿显毫；汤色嫩绿明亮，香气清香幽雅高长，滋味醇厚鲜爽回甘，叶底嫩匀。

28. 紫阳毛尖 紫阳毛尖产于陕西省紫阳县。其干茶外形条索紧细圆直，色泽翠绿，显白毫；汤色嫩绿明亮，香气嫩香持久，滋味鲜爽回甘，叶底嫩匀。

29. 洞庭春 洞庭春产于湖南省岳阳县。其干茶外形条索紧结微曲，白毫显露，色泽翠绿；汤色明亮，香气清香持久，滋味醇厚鲜爽，叶底嫩绿明亮。

30. 雁荡毛峰 雁荡毛峰产于浙江省乐清市。其干茶外形条索稍卷曲，白毫显露，色泽翠绿；汤色明亮，香气清高持久，滋味鲜醇爽口、回味甘甜，叶底肥嫩、嫩绿明亮。

31. 凌云白毫 凌云白毫产于广西壮族自治区凌云县、乐业县，以大叶种为原料。其干茶外形条索壮实，白毫显露，色泽翠绿；汤色明亮，香气清高、有熟板栗香，滋味浓厚鲜爽、耐冲泡，叶底芽叶肥嫩。

32. 休宁松萝 休宁松萝产于安徽省休宁县琅源山。其外形条索紧结卷曲，色泽银绿光滑；香气高爽持久，滋味浓厚带苦，汤色绿亮，叶底绿亮。

33. 狗牯脑茶 狗牯脑茶采自当地茶树品种或选用适宜的良种进行繁育、栽培的茶树幼嫩芽叶，经独特的传统工艺加工而成。其外形条索紧细微卷秀丽，色泽嫩绿油润，显白毫；香气清鲜幽雅，汤色杏绿清亮，滋味鲜爽浓醇，回味甘爽悠长，叶底鲜活明亮。

理论测验

（一）单选题

1.（　　）外形扁平挺直，魁伟壮实，两叶抱一芽，匀齐，苍绿匀润。

A. 竹叶青　　B. 太平猴魁　　C. 龙井茶　　D. 碧螺春

2.（　　）滋味鲜爽醇厚、回味甘甜，独具"猴韵"。

A. 庐山云雾　　B. 古丈毛尖　　C. 信阳毛尖　　D. 太平猴魁

3. 太平猴魁的香气特征为（　　）。

A. 鲜灵高爽、兰花香持久　　B. 甜香持久

C. 炒栗香高爽　　D. 嫩香持久

4.（　　）茶边背卷向上重叠，形似瓜子，所以称瓜片，色泽翠绿起霜。

A. 蒙顶甘露　　B. 六安瓜片　　C. 绿宝石　　D. 崂山绿茶

5.（　　）外形条索细嫩紧秀，显毫，色泽翠绿；香气高鲜持久、有板栗香，汤色嫩绿明亮，滋味甘醇爽口，叶底嫩绿成朵明亮。

A. 径山茶　　B. 临海蟠毫　　C. 仙人掌茶　　D. 青城雪芽

（二）判断题

1. 崂山绿茶具有"叶片厚、豌豆香、滋味浓、耐冲泡"品质待征。（　　）

2. 六安瓜片外形扁平壮实，两叶抱一芽，苍绿匀润，部分主脉暗。（　　）

3. 庐山云雾茶以独山小叶种、齐头山中叶种等为原料。（　　）

4. 武阳春雨茶的外形有针形、卷曲形和扁形。（　　）

5. 南安石亭绿具有"三绿""三香"的品质特点。（　　）

理论测验
答案 3－12

技能实训

技能实训 21　其他造型绿茶的感官审评

总结尖形、瓜片形、条形等造型绿茶的品质特征，根据绿茶感官审评方法完成其他造型绿茶样品的感官审评，提交感官审评报告，填写茶叶感官审评表（见附录）。

项目四　红茶的感官审评

项目提要

红茶是世界上产销量最大茶类，也是生产国家最多的茶类。红茶属发酵类茶，具有“红汤红叶”的品质特点。其初制工艺为：萎凋→揉捻（揉切）→发酵→干燥。发酵工艺是形成红茶品质的关键工序。根据加工工艺和品质特征的差异，我国红茶分为小种红茶、工夫红茶和红碎茶。本项目主要介绍红茶的感官审评方法、评茶术语、评分原则、品质形成及常见品质问题，小种红茶、工夫红茶、红碎茶的感官品质特征及感官审评要点等内容。

任务一　红茶感官审评准备

任务目标

掌握红茶的感官审评方法、评茶术语与评分原则；理解红茶的品质形成原因及常见品质问题等知识。

能够独立、规范、熟练地完成红茶审评操作；能够准确识别常见的红茶产品。

知识准备

红茶产品分为红碎茶、工夫红茶和小种红茶，其品质各具特点。红碎茶发酵程度稍轻，品质要求滋味“浓、强、鲜”；工夫红茶发酵较充分，品质要求滋味醇厚带甜；小种红茶独具似桂圆干香味及松烟香。

部分红茶图谱

一、红茶的感官审评方法

红茶审评项目详见项目二中的任务一（茶叶感官审评项目），审评方法详见项目二中的任务二（茶叶感官审评方法）。

红茶审评采用柱形杯审评法。茶汤制备方法：取有代表性茶样 3.0g 或 5.0g，茶水比（质量体积比）1∶50，置于相应的审评杯中，注满沸水，加盖，计时，冲泡 5min，依次等速沥出茶汤，留叶底于杯中，按汤色、香气、滋味、叶底的顺序逐项审评。

二、红茶的感官审评术语

根据《茶叶感官审评术语》(GB/T 14487—2017),茶类通用审评术语适用于红茶,详见项目二中的任务三(感官审评术语与运用)。此外,红茶常用的审评术语如下。

(一)干茶形状

1. 金毫 嫩芽带金黄色茸毫。

2. 紧卷 碎茶颗粒卷得很紧。

3. 折皱片 颗粒卷得不紧,边缘折皱,为红碎茶中片茶的形状。

4. 毛衣 呈细丝状的茎梗皮、叶脉等,红碎茶中含量较多。

5. 茎皮 嫩茎和梗揉碎的皮。

6. 毛糙 形状、大小、粗细不匀,有毛衣,筋皮。

(二)干茶色泽

1. 灰枯 色灰而枯燥。

2. 乌润 乌黑而油润。

3. 油润 鲜活,光泽好。

(三)汤色

1. 红艳 茶汤红浓,金圈厚而金黄,鲜艳明亮。

2. 红亮 红而透明光亮。

3. 红明 红而透明,亮度次于"红亮"。

4. 浅红 红而淡,浓度不足。

5. 冷后浑 茶汤冷却后出现浅褐色或橙色乳状的混浊现象,为优质红茶象征之一。

6. 姜黄 红碎茶茶汤加牛奶后,呈姜黄色。

7. 粉红 红碎茶茶汤加牛奶后,呈明亮玫瑰红色。

8. 灰白 红碎茶茶汤加牛奶后呈灰暗混浊的乳白色。

9. 混浊 茶汤中悬浮较多破碎叶组织微粒及胶体物质,常由萎凋不足、揉捻、发酵过度形成。

(四)香气

1. 鲜甜 鲜爽带甜感。

2. 高锐 香气高而集中,持久。

3. 甜纯 香气纯而不高,但有甜感。

4. 麦芽香 干燥得当,带有麦芽糖香。

5. 桂圆干香 似干桂圆的香味。

6. 祁门香 鲜嫩甜香,似蜜糖香,为祁门红茶的香气特征。

7. 浓顺 松烟香浓而和顺,不呛喉鼻,为武夷山小种红茶香味特征。

(五)滋味

1. 浓强 茶味浓厚,刺激性强。

2. 浓甜 味浓而带甜,富有刺激性。

3. 浓涩 富有刺激性,但带涩味,鲜爽度较差。

4. 桂圆汤味　茶汤似桂圆汤味，为武夷山小种红茶滋味特征。

（六）叶底

1. 红匀　红色深浅一致。
2. 紫铜色　色泽明亮，黄铜色中带紫。
3. 红暗　叶底红而深，反光差。
4. 花青　红茶发酵不足，带有青条、青张的叶底色泽。
5. 乌暗　成熟的栗子壳色，不明亮。
6. 古铜色　色泽红较深，稍带青褐色，为武夷山小种红茶的叶底色泽特征。

三、红茶的品质评分原则

工夫红茶的品质评语与各品质因子的评分原则如表 4－1 所示。

表 4－1　工夫红茶的品质评语与各品质因子的评分原则

因子	级别	品质特征	给分	评分系数
外形（a）	甲	细紧或紧结或壮结，露毫有锋苗，色乌黑油润或棕褐油润显金毫，匀整，净度好	90～99	25%
	乙	较细紧或较紧结，较乌润，匀整，净度较好	80～89	
	丙	紧实或壮实，尚乌润，尚匀整，净度尚好	70～79	
汤色（b）	甲	橙红明亮或红明亮	90～99	10%
	乙	尚红亮	80～89	
	丙	尚红欠亮	70～79	
香气（c）	甲	嫩香，嫩甜香，花果香	90～99	25%
	乙	高，有甜香	80～89	
	丙	纯正	70～79	
滋味（d）	甲	鲜醇或甘醇或醇厚鲜爽	90～99	30%
	乙	醇厚	80～89	
	丙	尚醇	70～79	
叶底（e）	甲	细嫩（或肥嫩）多芽或有芽，红明亮	90～99	10%
	乙	嫩软，略有芽，红尚亮	80～89	
	丙	尚嫩多筋，尚红亮	70～79	

红碎茶的品质评语与各品质因子的评分原则如表 4－2 所示。

表 4－2　红碎茶的品质评语与各品质因子的评分原则

因子	级别	品质特征	给分	评分系数
外形（a）	甲	嫩度好，锋苗显露，颗粒匀整，净度好，色鲜活润	90～99	20%
	乙	嫩度较好，有锋苗，颗粒较匀整，净度较好，色尚鲜活油润	80～89	
	丙	嫩度稍低，带细茎，尚匀整，净度尚好，色欠鲜活油润	70～79	

（续）

因子	级别	品质特征	给分	评分系数
汤色（b）	甲	清澈明亮	90～99	10%
	乙	较明亮	80～89	
	丙	欠明亮或有混浊	70～79	
香气（c）	甲	高爽或高鲜、纯正，有嫩茶香	90～99	30%
	乙	较高爽、较高鲜	80～89	
	丙	尚纯，熟、老火或青气	70～79	
滋味（d）	甲	醇厚鲜爽，浓醇鲜爽	90～99	30%
	乙	浓厚或浓烈，尚醇厚，尚鲜爽	80～89	
	丙	尚醇，浓涩，青涩	70～79	
叶底（e）	甲	嫩匀多芽尖，明亮，匀齐	90～99	10%
	乙	嫩尚匀，尚明亮，尚匀齐	80～89	
	丙	尚嫩，尚亮，欠匀齐	70～79	

四、红茶的品质形成

萎凋与发酵是形成红茶红汤红叶、香味甜醇品质特点的核心工艺，又因为揉捻或揉切技术，使之具有了条形、颗粒形两种不同的外形。

1. 红茶形状的形成 揉捻工艺是茶叶加工的造型阶段。茶叶形状的形成都是以揉捻技术为基础，再通过干燥技术最后定型。红茶的造型方法有揉捻或揉切两种，干燥工序一般使用烘干方法。采用揉捻技术的茶叶外形主要是条形茶，即工夫红茶、小种红茶的外形；采用揉切技术的茶叶外形主要是颗粒形茶、片形茶等，即红碎茶的外形。现在，也有的厂家把一些特别的造型机械用于工夫红茶的造型，如用曲毫机炒制成螺形。

2. 红茶色泽的形成 红茶品质要求“红汤红叶”。红茶的色泽是在发酵工艺中形成的，它包括干茶、茶汤、叶底的色泽。红茶制作过程中，多酚类物质氧化形成茶黄素、茶红素和茶褐色等有色物质。

茶黄素的水溶液呈橙黄色，具有收敛性，是红茶汤色“亮”和“金圈”的主要成分，也是红茶滋味强度和鲜爽度的重要成分；茶红素的水溶液呈深红色，刺激性较弱，是红茶汤色“红”的主体成分；茶褐素呈深褐色，是红茶、滋味无收敛性的重要因素，其含量与红茶品质呈负相关。茶黄素、茶红素与咖啡因等形成络合物，温度较低时呈现“乳凝”现象，即“冷后浑”。

3. 红茶香气的形成 红茶的香气由大量复杂的芳香物质形成，主要包括醇类、醛类、酮类、酯类和烯类等，如芳樟醇、壬醛、橙花醇、水杨酸甲酯、氧化芳樟醇等呈香物质使红茶的香气表现为花香、甜香、果香。方维亚与陈萍（2014 年）对我国 4 个不同原产地工夫红茶和 3 个印度、斯里兰卡红茶的挥发性香气成分进行实验，结果显示云南滇红和广东英德红茶表现出以芳樟醇为主的花果香、甜香；同为小叶种的安徽祁红和福建金骏眉香型相近，因较高的香叶醇、苯己醇含量而呈现典型的玫瑰香型；而斯里兰卡、印度阿萨姆和大吉岭红茶以冬青香、柠檬香等刺激性香气为主。

4. 红茶滋味的形成 工夫红茶的滋味要求甜醇，红碎茶的滋味要求浓厚、强烈和鲜爽。在红茶中除茶多酚（浓、苦涩）、氨基酸（鲜、甜味）、可溶性糖类（甜、厚）、咖啡因（苦）等滋味物质外，主要是茶黄素、茶红素和茶褐素等物质。茶黄素对红茶的色、香、味及品质起着决定性作用，是滋味强度和鲜爽度的重要成分；茶红素是红茶多酚氧化产物中最多的一类物质，具有较强的刺激性和收敛性；茶褐素的刺激性和收敛性弱，滋味平淡稍甜。

5. 红茶叶底的形成 萎凋和发酵适度，则干茶色泽乌润，汤色红艳明亮，叶底红匀；如果发酵不足，叶底会含有青色，通常称为花青；如果发酵过度，干燥又不及时，多酚类物质氧化过度，茶黄素和茶红素会大量变为茶褐素，往往使红茶干茶色泽发黑、灰枯，汤色暗红，叶底暗红。

五、红茶常见品质问题

（一）外形常见品质问题

红茶外形常见品质弊病及形成原因如表 4－3 所示。

表 4－3 红茶外形常见品质弊病及形成原因

问题	形成原因
条索粗松	鲜叶老嫩不匀或粗长，萎凋过度或揉捻不足
短碎	鲜叶粗老，萎凋不足或过度，揉捻加压过重或过度
卷曲、团块	揉捻加压过重或没有掌握好加压原则，解块不够
色泽枯燥	鲜叶粗老，萎凋过度，揉捻不足，发酵过度，干燥温度过高
花杂	鲜叶老嫩不匀，萎凋、揉捻、发酵不匀
枯红	鲜叶老或变质，发酵过度

（二）内质常见品质问题

红茶内质常见品质弊病及形成原因如表 4－4 所示。

表 4－4 红茶内质常见品质弊病及形成原因

项目	问题	形成原因
香气	青气	萎凋或发酵不足
	熟闷	发酵过度，发酵时间过长
	焦气	干燥温度太高或高温长时间干燥等
滋味	青涩味	萎凋或发酵不足
	焦味	干燥温度太高等
	霉味	毛茶干度不足，贮运不当
	酸馊味	鲜叶变质，发酵叶堆放过厚、过久，干燥不及时
	欠鲜爽	原料不新鲜，发酵过度，茶叶烘后未及时摊凉就堆积或贮藏中吸潮等
	味淡薄	鲜叶粗老，揉捻不足，发酵过度

（续）

项目	问题	形成原因
汤色	汤色暗	鲜叶受潮，萎凋温度高、速度快，发酵重或发酵时间长
	汤色浊	发酵过度，在制品混入杂质
	汤色浅	与鲜叶品种有关或发酵过度
叶底	叶底花青	萎凋、揉捻或发酵不足
	叶底发暗	有的与品种、施肥管理有关，萎凋时间过长，发酵过度

理论测验

（一）单选题

1. 红茶的品质特点是（　　）。
   A. 红汤红叶　B. 清汤绿叶　C. 黄汤黄叶　D. 橙黄色
2. 工夫红茶的香气为（　　）。
   A. 清香　B. 甜香　C. 陈香　D. 熟香
3. 对红茶滋味不利的成分是（　　）。
   A. 糖类　B. 氨基酸　C. 茶多酚　D. 茶褐素
4. 制造红茶的第一道工序是（　　）。
   A. 干燥　B. 发酵　C. 杀青　D. 萎凋
5. 决定红茶汤色的主要成分是（　　）。
   A. 氨基酸　B. 蛋白质
   C. 茶红素、茶黄素、茶褐素　D. 糖类

（二）判断题

1. 红茶萎凋较重，则外形容易成条。（　　）
2. 红茶的加工工艺流程为：杀青→揉捻→发酵→干燥。（　　）
3. 红茶品质特征为“三红”，即干茶红色、茶汤红色、叶底红色。（　　）
4. 工夫红茶的外形特征为颗粒紧实圆结。（　　）
5. 红碎茶的显著特征为滋味“浓、强、鲜”。（　　）

理论测验
答案 4 - 1

技能实训

技能实训 22　红茶产品辨识

根据提供的茶样，通过外形辨别茶样，写出茶样名称，并使用审评术语描述茶样外形，填写红茶产品辨识记录表（表 4-5）。

表 4-5　红茶产品辨识记录

样号	茶名	外形描述

任务二　小种红茶的感官审评

任务目标

掌握小种红茶、烟小种的感官品质特征及感官审评要点。

能够正确审评小种红茶、烟小种等红茶产品。

知识准备

小种红茶是世界红茶的始祖，起源于福建省武夷山市星村镇桐木村。

国家标准《红茶　第3部分：小种红茶》（GB/T 13738.3—2012）规定，根据产地、加工和品质的不同，小种红茶产品分为正山小种和烟小种。正山小种是指产于武夷山市星村镇桐木村及武夷山自然保护区域内的茶树鲜叶，用当地传统工艺制作，独具似桂圆干香味及松烟香的红茶产品；烟小种是指产于武夷山自然保护区域外的茶树鲜叶，以工夫红茶的加工工艺制作，最后经松烟熏制而成，具松烟香味的红茶产品。

《地理标志产品　武夷红茶》（DB35/T 1228—2015）规定，武夷红茶是指在独特的武夷山自然生态环境下，选用适宜的茶树品种进行繁育和栽培，用独特的加工工艺制作而成，具有独特韵味、花果香味或桂圆干香味品质特征的红茶。武夷红茶产品分为正山小种、小种、烟小种、奇红（金骏眉等）。

一、小种红茶的感官品质特征

（一）正山小种的感官品质特征

微课：小种红茶的感官审评

正山小种之“正山”是指“高山地区所产”。武夷山市星村镇桐木村一带地处武夷山脉之北段，地势高峻，平均海拔在700～1 200m；年降水量在2 000mm左右，而且降水主要集中在3—10月茶树生长最旺盛的季节；春夏之间，终日云雾缭绕，年平均相对湿度在80%左右。该地区一年四季温度变幅小，全年平均气温在16℃；昼夜温差大，白昼温度较高，有利于茶树光合作用的进行，可以合成较多的有机物质，夜晚温度较低，茶树呼吸作用较弱，可减少茶树营养物质的消耗，有利于茶叶品质的营养物质的积累。大部分茶区的土壤为火山砾石、红砂岩及页岩，土壤发育良好，土壤肥沃、有机质含量高，植被繁茂。优越的生态环境与独特的茶树栽培技术孕育了正山小种红茶的优质鲜叶原料。小种红茶的初制工艺流程为：采摘→萎凋→揉捻→发酵→过红锅→复揉→熏焙→复火→毛茶。

小种红茶外形条索粗壮长直，身骨重实，色泽乌黑油润有光；内质香高，具桂圆干香及松烟香；汤色呈糖浆状的深金黄色；滋味醇厚，似桂圆汤味；叶底厚实光滑，呈古铜色。小种红茶产品分为特级、一级、二级、三级共4个级别（表4－6）。

表 4-6　各等级正山小种的感官品质特征

级别	外形				内质			
	条索	色泽	整碎	净度	汤色	香气	滋味	叶底
特级	壮实紧结	乌黑油润	匀齐	净	橙红明亮	纯正高长、似桂圆干香、或松烟香明显	醇厚回甘、显高山韵、似桂圆汤味明显	尚嫩较软有皱褶、古铜色、匀齐
一级	尚壮实	乌尚润	较匀齐	稍有茎梗	橙红尚亮	纯正、有似桂圆干香	厚尚醇回甘、尚显高山韵、似桂圆汤味尚明	有皱褶、古铜色稍暗、尚匀亮
二级	稍粗实	欠乌润	尚匀整	有茎梗	橙红欠亮	松烟香稍淡	尚厚、略有似桂圆汤味	稍粗硬、古铜色稍暗
三级	粗松	乌、显花杂	欠匀	带粗梗	暗红	平正、略有松烟香	略粗、平和、似桂圆汤味欠明	稍花杂

《地理标志产品　武夷红茶》（DB35/T 1228—2015）规定，武夷正山小种是指采用有性繁殖的武夷菜茶的芽叶经传统加工工艺制作而成的红茶，产品分为特级、一级、二级（表 4-7）。

表 4-7　各等级武夷正山小种的感官品质特征

项目		级别		
		特级	一级	二级
外形	条索	紧实	较紧实	尚紧实
	色泽	乌润	较乌润	尚乌润
	整碎	匀整	较匀整	尚匀整
	净度	净	较净	尚净
内质	汤色	橙红、明亮清澈	橙红、较明亮	橙红、欠亮
	香气	浓纯、桂圆干香明显	甜纯、桂圆干香较显	纯正、桂圆干香尚显
	滋味	醇厚、甜爽、高山韵显、桂圆汤味明显	较醇厚、高山韵较显、桂圆汤味较显	纯正、桂圆汤味尚显
	叶底	柔软、匀齐、呈古铜色	较匀齐、呈古铜色稍暗	暗杂

武夷小种是指采用无性繁殖的武夷小叶种的芽叶经传统加工工艺制作而成的红茶，产品分为特级、一级、二级（表 4-8）。

表 4-8　各等级武夷小种的感官品质特征

项目		级别		
		特级	一级	二级
外形	条索	紧实	较紧实	尚紧
	色泽	乌润	乌尚润	尚乌润
	整碎	匀整	较匀整	尚匀整
	净度	净	较净	尚净

（续）

项目		级别		
		特级	一级	二级
内质	汤色	橙红明亮	橙红尚亮	红欠亮
	香气	甜香、松烟香显	尚甜香、松烟香尚显	松烟香略显
	滋味	甜醇	较甜醇	尚甜醇
	叶底	红亮、匀齐	尚红亮、较匀齐	红暗、稍花杂

（二）烟小种的感官品质特征

烟小种又称人工小种，茶树鲜叶来自武夷山自然保护区域外，以工夫红茶的加工工艺制作，最后经松柴烟熏制而成。烟小种的外形条索近似正山小种，身骨稍轻而短钝，汤色红明亮，香气带松烟香，滋味醇和，叶底嫩匀、较红亮。根据产品质量，烟小种分为特级、一级、二级、三级、四级共5个级别（表4-9）。

表4-9　各等级烟小种的感官品质特征

级别	外形				内质			
	条索	色泽	整碎	净度	汤色	香气	滋味	叶底
特级	紧细	乌黑润	匀整	净	红明亮	松烟香浓长	醇和尚爽	嫩匀、红尚亮
一级	紧结	乌黑稍润	较匀整	净、稍含嫩茎	红尚亮	松烟香浓	醇和	尚嫩匀、尚红亮
二级	尚紧结	乌黑欠润	尚匀整	稍有嫩茎	红欠亮	松烟香尚浓	尚醇和	摊张、红欠亮
三级	稍粗松	黑褐稍花	尚匀	有茎梗	红稍暗	松烟香稍淡	平和	摊张稍粗、红暗
四级	粗松弯曲	黑褐花杂	欠匀	多茎梗	暗红	松烟香淡、稍带粗青气	粗淡	粗老、暗红

《地理标志产品　武夷红茶》（DB35/T 1228—2015）规定，烟小种是指小叶种红茶的初制产品经用松柴熏焙后制作而成的红茶，其加工工艺流程为：小叶种红茶初制产品→筛分→风选→拣剔→松柴熏焙→匀堆→装箱→成品。根据产品质量，烟小种分为一级、二级和三级（表4-10）。

表4-10　各等级武夷烟小种的感官品质特征

项目		级别		
		一级	二级	三级
外形	条索	紧结	较紧结	尚紧结
	色泽	乌黑油润	乌黑较油润	黑稍带花杂
	整碎	匀整	较匀整	尚匀整
	净度	净	较净	尚净、带梗
内质	汤色	浓红、较明亮	红、欠亮	暗红
	香气	松烟香浓	松烟香尚浓	平和、略有松烟香
	滋味	浓醇	较醇和	尚醇和
	叶底	匀齐、较红亮	较红亮、稍有摊张	较粗老、花杂

二、小种红茶的感官审评要点

（一）正山小种的审评要点

1. 外形 以条索紧结、壮实，色泽乌黑油润，匀整、净为佳；以条索粗松，色泽乌、花杂，欠匀、多茎梗为次。

2. 内质

（1）汤色。以橙红明亮为佳，以橙红欠亮或暗红为次。

（2）香气。以似桂圆干香明显或松烟香明显、纯正高长为佳，以平正、松烟香淡或带粗气、青气、闷气、酵气等为次。

（3）滋味。以醇厚回甘、显高山韵、似桂圆汤味明显为佳，以味粗、平和、似桂圆汤味欠明或味带粗味、青味、涩味、闷味、酵味等为次。

（4）叶底。以较软、有皱褶、古铜色、匀齐为佳，以稍粗硬、古铜色稍暗、花杂等为次。

（二）烟小种的审评要点

1. 外形 以条索紧细、紧结，色泽乌黑油润，匀整、净为佳；以条索欠紧结、粗松，色泽黑褐、花杂、欠润，欠匀、多茎梗为次。

2. 内质

（1）汤色。以红明亮为佳，以红欠亮或暗红为次。

（2）香气。以松烟香浓长为佳，以松烟香淡或带粗气、青气、闷气、酵气等为次。

（3）滋味。以醇和为佳，以平和、粗淡、涩味等为次。

（4）叶底。以嫩匀、红尚亮为佳，以粗老、暗红、花杂等为次。

理论测验

（一）单选题

1. 具似桂圆干香味及松烟香的红茶产品是（　　）。

A. 正山小种　　B. 烟小种　　C. 工夫红茶　　D. 红碎茶

2. 外形“壮实紧结、乌黑油润、匀齐、净”，描述的是（　　）正山小种。

A. 特级　　B. 一级　　C. 二级　　D. 三级

3. 滋味“醇厚回甘、显高山韵、似桂圆汤味明显”描述的是（　　）正山小种。

A. 特级　　B. 一级　　C. 二级　　D. 三级

4. 以下（　　）不是正山小种的品质特点。

A. 叶底古铜色　　B. 高山韵明显　　C. 焦糖香浓　　D. 干桂圆香

5.（　　）又称人工小种，茶树鲜叶来自武夷山自然保护区域外，以工夫红茶的加工工艺制作，最后经松烟熏制而成。

A. 红碎茶　　B. 烟小种　　C. 工夫红茶　　D. 小种红茶

（二）判断题

1. 正山小种之“正山”是指“高山地区所产”。（　　）

2. 正山小种滋味醇厚回甘、显高山韵、似桂圆汤味明显。（　　）

3. 烟小种滋味醇厚、似桂圆汤味。 (　　)
4. “古铜色”是正山小种叶底常见色泽特征。 (　　)
5. 优质正山小种的汤色橙红明亮。 (　　)

理论测验
答案 4-2

技能实训

技能实训 23　小种红茶的感官审评

总结小种红茶的品质特征和审评要点，根据红茶感官审评方法完成不同等级小种红茶样品的感官审评，提交感官审评报告，填写茶叶感官审评表（见附录）。

任务三　工夫红茶的感官审评

任务目标

掌握工夫红茶的品质特征及感官审评要点。

能够正确审评工夫红茶产品。

知识准备

工夫红茶是我国特有的传统红茶产品。按照国家标准《红茶　第2部分：工夫红茶》(GB/T 13738.2—2017)，我国工夫红茶分为大叶种工夫红茶、中小叶种工夫红茶两大类。工夫红茶以茶树的芽、叶、嫩茎为原料，经萎凋、揉捻、发酵、干燥和精制加工工艺制成。工夫红茶通常根据产区命名，如祁门红茶、滇红、川红、闽红等。

微课：大叶种工夫红茶的感官审评

一、工夫红茶的感官品质特征

(一) 大叶种工夫红茶的感官品质特征

大叶种工夫红茶选用的原料为大叶种，主要有凤庆大叶种、勐海大叶种、勐库大叶种、海南大叶种、英德9号等。大叶种工夫红茶的感官品质特征如表4-11所示。

表4-11　大叶种工夫红茶的感官品质特征

项目	大叶种工夫红茶的感官品质特征
外形	紧结、肥壮、多锋苗，乌褐油润、金毫显露，匀整，净
香气	甜香浓郁
汤色	红明亮
滋味	鲜浓醇厚
叶底	肥嫩多芽，红匀明亮

《红茶　第2部分：工夫红茶》(GB/T 13738.2—2017) 中规定了不同等级大叶种工夫红茶的品质特征（表4-12）。

表4-12　各等级大叶种工夫红茶的品质特征

级别	外形				内质			
	条索	色泽	整碎	净度	汤色	香气	滋味	叶底
特级	肥壮、紧结、多锋苗	乌褐油润、金毫显露	匀齐	净	红艳	甜香浓郁	鲜浓醇厚	肥嫩多芽、红匀明亮
一级	肥壮、紧结、有锋苗	乌褐润、多金毫	较匀齐	净	红尚艳	甜香浓	鲜醇较浓	肥嫩有芽、红匀亮
二级	肥壮、紧实	乌褐尚润、有金毫	匀整	尚净、稍有嫩茎	红亮	香浓	醇浓	柔嫩、红尚亮

（续）

级别	外形				内质			
	条索	色泽	整碎	净度	汤色	香气	滋味	叶底
三级	紧实	乌褐、稍有金毫	较匀整	尚净、有筋梗	较红亮	纯正尚浓	醇尚浓	柔嫩、尚红亮
四级	尚紧实	褐欠润、略有毫	尚匀整	有梗朴	红尚亮	纯正	尚浓	尚软、尚红
五级	稍松	棕褐稍花	尚匀	多梗朴	红欠亮	尚纯	尚浓略涩	稍粗、尚红、稍暗
六级	粗松	棕稍枯	欠匀	多梗朴片	红稍暗	稍粗	稍粗涩	粗、花杂

微课：中小叶种工夫红茶的感官品质特征

（二）中小叶种工夫红茶的感官品质特征

中小叶工夫红茶产品季节间有差异：春茶条索紧细，身骨重实，芽长毫密，色泽乌润调匀，净度高；夏茶条索细瘦欠紧，身骨稍轻，芽毫不及春茶丰满，色泽褐红欠润，夹杂稍多；秋茶条索细巧较夏茶整齐，但身骨最轻，芽毫短小，色泽微红稍枯。中小叶种工夫红茶的品质特征如表 4－13 所示。

表 4－13　中小叶种工夫红茶的感官品质特征

项目	中小叶种工夫红茶的感官品质特征
外形	紧细、多锋苗，乌黑油润、金毫显露，匀整，净
香气	嫩甜香浓郁
汤色	红明亮
滋味	醇厚甘爽
叶底	细嫩多芽、红匀明亮

《红茶　第 2 部分：工夫红茶》中规定了不同等级中小叶种工夫红茶的感官品质特征（表 4－14）。

表 4－14　各等级中小叶种工夫红茶的感官品质特征

级别	外形				内质			
	条索	色泽	整碎	净度	汤色	香气	滋味	叶底
特级	细紧、多锋苗	乌黑油润	匀齐	净	红明亮	鲜嫩甜香	醇厚甘爽	细嫩显芽、红匀亮
一级	紧细、有锋苗	乌润	较匀齐	净、稍含嫩茎	红亮	嫩甜香	醇厚爽口	匀嫩有芽、红亮
二级	紧细	乌尚润	匀整	尚净、稍有嫩茎	红明	甜香	醇和尚爽	嫩匀、红尚亮
三级	尚紧细	尚乌润	较匀整	尚净、稍有筋梗	红尚明	纯正	醇和	尚嫩匀、尚红亮
四级	尚紧	尚乌、稍灰	尚匀整	有梗朴	尚红	平正	纯和	尚匀、尚红
五级	稍粗	棕黑、稍花	尚匀	多梗朴	稍红暗	稍粗	稍粗	稍粗硬、尚红、稍花
六级	较粗松	棕稍枯	欠匀	多梗朴片	暗红	粗	较粗淡	粗硬、红暗、花杂

二、工夫红茶的花色与感官品质特征

（一）祁红

祁红以安徽省祁门县为核心产区，以祁门槠叶种及以此为资源选育的无性系良种为主的茶树品种鲜叶为原料，按传统工艺及特有工艺加工而成，具有“祁门香”品质特征。祁红外形细紧，苗锋良好，色泽乌黑油润，汤色红亮，香气浓郁带糖香，滋味鲜醇嫩甜，叶底红匀细嫩。“祁门香”是祁门红茶的特有香型，香气成分以香叶醇、苯甲醇和2-苯乙醇为特征香气成分，具有花香、果香和蜜糖香等独有风味的香型。祁门工夫红茶各等级感官指标如表4-15所示。

表4-15　各等级祁门工夫红茶的感官特征

级别	外形				内质			
	形状	整碎	净度	色泽	香气	滋味	汤色	叶底
特茗	细嫩、挺秀、金毫显露	匀整	净	乌黑油润	高鲜、嫩甜香	鲜醇、嫩甜	红艳、明亮	红艳匀亮、细嫩多芽
特级	细嫩、金毫显露	匀整	净	乌黑油润	鲜嫩、甜香	鲜醇甜	红艳	红亮、柔嫩显芽
一级	细紧、露毫、显锋苗	匀齐	净、稍含嫩茎	乌润	鲜甜香	鲜醇	红亮	红亮、匀嫩有芽
二级	紧细、有锋苗	尚匀齐	净、稍含嫩茎	乌较润	尚鲜、甜香	甜醇	红较亮	红亮、匀嫩
三级	紧细	匀	尚净、稍有筋	乌尚润	甜纯香	尚甜醇	红尚亮	红亮尚匀
四级	尚紧细	尚匀	尚净、稍有筋梗	乌	尚甜纯香	醇	红明	红匀
五级	稍粗、尚紧	尚匀	稍有筋梗	乌泛灰	尚纯	尚醇	红尚明	尚红匀

祁门红茶产品还有祁红香螺、祁红毛峰。祁红香螺是按照萎凋、揉捻、发酵、控温做形、干燥、整形、归类加工而成的卷曲形祁门红茶，其感官品质特征如表4-16所示。

表4-16　各等级祁红香螺的感官品质特征

级别	外形				内质			
	形状	整碎	净度	色泽	香气	滋味	汤色	叶底
特级	细嫩卷曲、金毫显露	匀整	净	乌黑油润	高鲜嫩甜香	鲜醇甜	红艳	红亮匀齐、细嫩显芽
一级	紧结卷曲、显毫	较匀整	较净	乌黑较油润	鲜甜香	鲜甜	红亮	红亮、嫩匀
二级	紧结卷曲、尚显毫	尚匀整	尚净	乌润	甜香	醇甜	红较亮	红亮、较嫩匀

祁红毛峰是按照萎凋、揉捻、发酵、做形、干燥、整形、归类加工而成的弯曲形祁门红茶，其感官品质特征如表4-17所示。

表4-17　各等级祁红毛峰的感官品质特征

级别	外形				内质			
	形状	整碎	净度	色泽	香气	滋味	汤色	叶底
特级	紧结弯曲、露毫、显锋苗	匀整	净	乌润	高鲜甜香	鲜醇甜	红艳	红亮匀齐、柔嫩
一级	紧结弯曲、显锋苗	较匀整	较净	乌较润	鲜甜香	鲜醇	红亮	红亮、嫩匀
二级	紧结弯曲、有锋苗	尚匀整	尚净	乌尚润	甜香	醇甜	红较亮	红亮、较嫩匀

（二）闽红

闽红工夫包括白琳工夫、坦洋工夫和政和工夫等。2006年以后，以金骏眉为代表的红茶新一轮兴起，为尤溪红茶、寿宁红茶等福建工夫红茶的开发生产创造了条件。由于各品种产区和茶树品种不同，品质有较大差异。

1. 白琳工夫　白琳工夫产于福建省福鼎市白琳镇。其外形条索细长弯曲，多白毫，带颗粒状，色泽黑；香气纯而带甘草香，汤色浅而明亮，滋味清鲜稍淡，叶底鲜红带黄。

2. 坦洋工夫　坦洋工夫产于福建省福安市坦洋村，采自坦洋菜茶和适制红茶的优良茶树品种的幼嫩芽叶，采用工夫红茶初制和精制的传统加工工艺而制成。其外形条索紧结、带毫，色泽乌黑有光；香气鲜甜，汤色深金黄色，滋味清鲜甜醇，叶底嫩匀。不同等级坦洋工夫的感官品质特征如表4-18所示。

表4-18　各等级坦洋工夫的感官品质特征

级别	外形				内质			
	形状	整碎	净度	色泽	香气	滋味	汤色	叶底
特级	紧细、显毫、多锋苗	匀整	净	乌黑油润	甜香浓郁	鲜浓醇	红艳	细嫩柔软、红亮
一级	紧细、有锋苗	匀整	较净	乌润	甜香	鲜醇较浓	较红艳	柔软、红亮
二级	紧实	较匀整	较净	较乌润	香较高	较醇厚	红尚亮	红尚亮
三级	尚紧实	尚匀整	尚净、有筋梗	乌尚润	纯正	醇和	红	红欠匀

3. 政和工夫　政和工夫分大茶和小茶两种。大茶用大白茶品种制成，外形近似滇红，毫多，色泽灰黑；香气高而带鲜甜，汤色深，滋味醇厚，叶底肥壮尚红。小茶用小叶种制成，外形条索细紧，色泽灰暗；香气似祁红，汤色红亮，滋味甜醇，叶底尚鲜红。

4. 尤溪红茶　尤溪红茶产于福建省三明市尤溪县，为闽红的后起之秀。尤溪红茶采摘茶树单芽、芽叶，按工夫红茶工艺制作而成。其外形紧细或紧结、显金毫、色泽油润；香气甜香持久、显花果香，汤色橙红或红明亮，滋味醇厚鲜甜，叶底嫩匀、红亮。

5. 寿宁红茶　寿宁红茶产于福建省宁德市寿宁县，以茗科1号（金观音）、金牡丹、白芽奇兰、紫玫瑰、黄玫瑰等茶树品种及本地菜茶群体种茶树的芽、叶、嫩茎为原料，经萎凋（翻、摇青）、揉捻、发酵、干燥、精制（拼配）、复焙等特定工艺制成。其外形紧细或紧结、有金毫、色泽乌褐油润；香气花果香浓郁，汤色橙红或红明亮，滋味浓醇鲜爽，叶底嫩匀、红亮。各等级寿宁红茶的感官品质特征如表4-19所示。

表4-19　各等级寿宁红茶的感官品质特征

级别	外形				内质			
	条索	整碎	净度	色泽	香气	滋味	汤色	叶底
特级	肥嫩、显金毫	匀整	净	乌褐油润	花果香悠长	浓醇鲜爽	红艳	嫩匀红亮
一级	紧细重实	匀整	净	乌较润	花果香显	浓厚鲜爽	红亮	红亮
二级	紧结	较匀整	较净	乌黑	有花果香	较浓厚	较红亮	红尚亮
三级	较紧结	尚匀整	尚净	乌黑	甜香	尚浓	尚红	红尚亮、稍杂

（三）滇红

滇红产于云南凤庆、临沧、双江等地，用大叶种茶树鲜叶制成，品质特征明显。其外形条索肥壮紧结重实、匀整，色泽乌润带红褐，金毫特多；香气高，汤色红艳、带金圈，滋味浓厚、刺激性强，叶底肥厚、红嫩、鲜明。

1. 凤庆工夫红茶 凤庆工夫红茶产于云南省临沧市凤庆县，以凤庆县大叶种茶树鲜叶为原料，经萎凋、揉捻、发酵、干燥、精制等工艺制成。其外形肥硕紧结，色泽乌褐油润，金毫显，汤色橙红明亮，香气甜香浓郁，滋味鲜浓醇厚，叶底肥嫩、红匀明亮。各等级凤庆工夫红茶的感官品质特征如表 4－20 所示。

表 4－20 各等级凤庆工夫红茶的感官品质特征

级别	外形				内质			
	条索	整碎	净度	色泽	香气	滋味	汤色	叶底
特级	肥硕、紧结	匀齐	净	油润、特显金毫	甜香浓郁	鲜浓醇厚	橙红明亮	肥嫩多芽、红匀亮
一级	肥硕、紧结	匀齐	净	乌褐润、显金毫	甜香浓郁	鲜浓醇厚	橙红明亮	肥嫩有芽、红匀亮
二级	肥硕、紧实	较匀齐	较净、稍带嫩茎	乌褐较润、较显金毫	甜香浓	浓醇	橙亮	柔嫩、红亮
三级	肥硕、较紧实	较匀齐	较净、稍带嫩茎	乌褐较润、尚显金毫	香浓	浓醇	橙亮	柔软、较红亮
四级	肥硕、较紧实	较匀齐	较净、稍带嫩茎	乌褐尚润、有金毫	香浓	浓醇	橙红较亮	柔软、较红亮
五级	肥硕、尚紧实	尚匀	尚净、稍带梗朴	乌褐尚润、稍带金毫	纯正尚浓	醇尚浓	橙红尚亮	柔软、尚红亮

2. 昌宁红茶 昌宁红茶产于云南省保山市昌宁县。其外形条索肥硕紧结、多锋苗、显金毫，色泽乌褐油润，香气甜香浓郁，滋味鲜浓醇厚，汤色红艳明亮带有金圈，叶底肥嫩多芽、红匀明亮。

（四）川红

川红产于四川宜宾市。其外形条索紧结壮实美观，有锋苗，多毫，色泽乌润；香气鲜而带橘子果香，汤色红亮，滋味鲜醇爽口，叶底红明匀整。

（五）宜红

宜红主产于湖北宜昌市、恩施市，选用宜昌大叶种、宜红早（鄂茶 4 号）、金观音、五峰 212、鄂茶 7 号及本地群体种等茶树优良品种加工而成。其外形细紧带金毫，色泽乌润；香气甜香高长，滋味浓醇，汤色红亮，叶底红亮。各等级宜红工夫的感官品质特征如表 4－21 所示。

表 4－21 各等级宜红工夫的感官品质特征

级别	外形				内质			
	形状	整碎	净度	色泽	香气	滋味	汤色	叶底
特级	细秀显毫	匀整	净	乌黑油润	鲜嫩甜香、浓郁持久	醇甜鲜爽	红艳	红匀明亮、细嫩多芽
一级	紧细显毫	匀整	净	乌润	嫩甜香、浓郁持久	醇厚鲜爽	红亮	红匀亮、显芽
二级	紧细	匀齐	较净、稍含嫩茎	乌较润	甜香、持久	醇厚鲜爽	红尚亮	红亮、较匀嫩
三级	紧结	较匀齐	尚净、稍有筋	乌尚润	甜香、尚持久	醇和	红尚亮	红亮、尚匀
四级	较紧结	较匀	尚净、稍有筋梗	尚乌稍灰	纯正	尚醇	尚红	尚红、尚匀
五级	尚紧、稍粗	尚匀	有红筋梗	乌泛灰	尚纯正	尚醇，稍粗	红稍暗	尚红、稍粗硬

利川红产于湖北省恩施土家族苗族自治州利川市，是宜红工夫的重要组成部分，2012

年以前称为“利川工夫红茶”。其外形条索紧细、有金毫，色泽乌黑油润；香气嫩甜香，滋味醇厚鲜甜，汤色红明亮，叶底嫩匀、红亮。

（六）宁红

宁红产于江西省修水县、武宁县、铜鼓县等地。宁红工夫的品质与祁红工夫很接近，高档茶外形紧结，苗锋修长，色泽乌润；香气甜香高长，滋味甜醇，汤色红亮，叶底红亮。

浮梁红茶是地理标志保护产品，产自江西省景德镇市浮梁县，采用萎凋、揉捻、发酵、干燥等工艺制作而成，按照鲜叶原料和加工工艺的差异，浮梁红茶分为五品红和浮梁工夫。五品红的外形条形或弯曲形细紧，色泽乌较润、金毫显露，汤色橙黄或橙红明亮，香气嫩甜香持久，滋味鲜醇甘爽，叶底嫩匀显芽、红亮。各等级浮梁红茶（五品红）的感官品质特征如表 4 - 22 所示。浮梁工夫的外形细紧显锋苗，金毫显露，色泽乌油润；香气鲜嫩甜香，滋味鲜醇甘爽，汤色红明亮，叶底细嫩多芽，红亮匀齐，其感官品质特征如表 4 - 23 所示。

表 4 - 22　各等级浮梁红茶（五品红）的感官品质特征

级别	外形				内质			
	形状	整碎	净度	色泽	香气	滋味	汤色	叶底
特一级	条形或微弯、细紧	匀齐	净	乌较润、金毫显露	高鲜、嫩香或甜香	鲜醇、甘爽	橙黄或橙红明亮	嫩匀显芽、红亮、柔软
特二级	条形或微弯、细紧	匀	尚净、稍有嫩茎	乌尚润、显金毫	甜香、持久	鲜醇、有回甘	橙红明亮	嫩匀有芽、红亮、柔软
特三级	条形或微弯、紧结	尚匀	尚净、有嫩茎	乌、有金毫	甜香	尚鲜醇、有回甘	橙红尚亮	嫩匀、红亮

表 4 - 23　各等级浮梁红茶（浮梁工夫）的感官品质特征

级别	外形	香气	汤色	滋味	叶底
一级	细紧显锋苗，金毫显露，乌油润，匀齐，净	鲜嫩甜香	红明亮	鲜醇甘爽	细嫩显芽、红亮匀齐、柔软
二级	细紧，金毫显露，乌润，较匀齐，净	嫩甜香	红亮	鲜醇有回甘	嫩有芽、红亮
三级	紧结，有金毫，乌尚润，匀整，尚净、稍有嫩茎	嫩甜香	红亮	鲜醇有回甘	嫩有芽、红亮
四级	紧结，乌尚润，尚匀整，尚净、有嫩茎	纯正	红尚亮	醇和	尚嫩匀、有筋梗、红尚亮
五级	尚紧，乌褐稍带灰，尚匀整，尚净、有筋梗	平正	尚红	纯和	尚匀、有筋梗、红
六级	稍粗，棕黑稍花，尚匀，尚净、有筋梗片	稍粗	稍红暗	稍粗	稍有粗梗片、红、显花杂
七级	稍松，棕稍枯，欠匀，多筋梗片	粗	暗红	较粗淡	粗梗片多、红暗、花杂

（七）湘红

湘红产于湖南省，以适制湖南工夫红茶的茶树品种鲜叶为原料，经萎凋、揉捻、发酵、干燥、整形、拼配等工艺加工而成。湖南工夫红茶外形条索紧结重实，色尚乌润；香气尚高长，汤色红亮，滋味醇和，叶底红亮。各等级湖南工夫红茶的感官品质特征如表 4 - 24 所示。

表 4-24 各等级湖南工夫红茶的感官品质特征

级别	外形	内质			
		香气	汤色	滋味	叶底
特级	条索紧细、显锋苗、金毫显，匀净，色泽乌润	鲜嫩甜香或带花香，高长	红亮	甜醇甘鲜	细嫩显芽、红匀亮
一级	条索较紧细、有锋苗、带嫩茎、有金毫，较匀齐，色泽乌润	甜香或带花香，尚高长	红亮	醇厚甘爽	嫩匀有芽、红亮
二级	条索紧结、有金毫，较匀齐，色泽较乌润	甜香或带花香，尚持久	红明	甜醇尚浓	较嫩匀、较亮

古丈红茶产于湖南省古丈县，以适宜制作红茶的中小叶茶树品种的幼嫩芽叶为原料，经过萎凋、揉捻、发酵、初干（过红锅）、复干、提香等工艺加工而成。其外形条索紧结、显金毫，色泽乌黑油润，汤色红明亮，香气甜香持久，滋味鲜甜醇厚，叶底红亮、多芽。各等级古丈红茶的感官品质特征如表 4-25 所示。

表 4-25 各等级古丈红茶的感官品质特征

级别	外形				内质			
	条索	整碎	净度	色泽	汤色	香气	滋味	叶底
特级	紧结、显金毫	匀整	净	乌黑油润	红艳或金黄	高、鲜嫩、蜜糖香、花果香	鲜醇浓甜	红亮、细嫩多芽
一级	紧结、显金毫	匀整	净	乌黑油润	红艳或金黄	高、鲜嫩、甜香、花果香	鲜醇甜	红亮、柔嫩多芽
二级	较紧结、有金毫	较匀整	净	乌润	红亮或金黄	鲜甜	醇甜	红亮、嫩匀有芽

（八）英德红茶

英德红茶产于广东省英德市，以英红 9 号、传统大叶种（凤凰水仙、连南大叶、罗坑大叶、云南大叶等地方群体品种）以及广东省育成的其他无性系中小叶茶树品种的鲜叶为原料，按照特定工艺加工而成的条形红茶。“蔗甜兰韵”是英德红茶茶汤滋味中表现出来的清甜带兰香的复合香味特征。根据茶树品种不同，德红茶分为英德红茶（英红 9 号）、英德红茶（传统大叶种）、英德红茶（中小叶种）3 类。各等级英德红茶的感官品质特征如表 4-26、表 4-27、表 4-28 所示。

表 4-26 各等级英德红茶（英红 9 号）的感官品质特征

级别	外形	香气	汤色	滋味	叶底
特级一等（金毫）	芽头肥壮，满披金毫，色泽金黄鲜润，匀整，净	嫩甜兰香带毫香、幽长	橙红明亮	鲜醇爽口、蔗甜兰韵明显	全芽、肥嫩、铜红匀亮或红明亮
特级一等（金毛毫）	条索肥壮，显金毫，色泽金黄间乌褐，鲜润，匀整，净	嫩甜香带毫香、清新细长	红艳明亮	浓厚鲜爽、蔗甜兰韵显	肥嫩、铜红匀亮或红明亮

（续）

级别	外形	香气	汤色	滋味	叶底
一级	较肥壮，多金毫，色泽金黄间乌褐，鲜润，匀整，净	清甜香带毫香、持久	红明亮、显金圈	浓醇鲜爽、蔗甜兰韵尚显	肥嫩、红匀较亮
二级	紧结壮实，有金毫，色泽乌褐润，较匀整，较净	甜香、较持久	橙红明亮	较浓醇、较甜爽	较肥软、较红匀
三级	紧结弯曲、较肥壮，色泽乌褐尚润，较匀整，较净	甜香尚显	橙红较亮	尚醇和、尚甜爽	尚软、尚红匀

表 4－27　各等级英德红茶（传统大叶种）的感官品质特征

级别	外形	香气	汤色	滋味	叶底
特级	芽头肥壮，满披金毫，色泽金黄润，匀整，净	嫩甜、带毫香、幽长	橙红明亮	鲜醇甘爽	全芽、嫩匀、红亮
一级	较肥壮，多金毫，色泽乌褐润，匀整，净	嫩甜、带毫香、持久	红明亮	浓醇甜爽	有芽、嫩匀、红亮
二级	壮结，尚显金毫，色泽乌褐润，匀整，净	甜香带花香、持久	红较亮	较浓醇甜爽	柔软、较匀齐、红较亮
三级	较壮结，有金毫，色泽乌褐较润，较匀整，较净	甜香略带花香、尚持久	红较亮	甜醇尚浓爽	尚柔软、尚匀齐、红尚亮
四级	条索壮实，色泽褐尚润，尚匀整，尚净，有梗	有甜香	红明	醇和尚爽	尚软、尚匀齐、褐红尚明

表 4－28　各等级英德红茶（中小叶种）的感官品质特征

级别	外形	香气	汤色	滋味	叶底
特级	紧细，色泽乌润，匀整，净	甜香、花香显、持久	橙红明亮	甜醇鲜爽	嫩匀有芽、红亮
一级	紧结，色泽乌较润，匀整，净	甜香带花香、持久	橙红明亮	浓醇甜爽	嫩匀、红亮
二级	较紧结，色泽乌褐较润，较匀整，较净	甜香带花香、较持久	橙红较亮	浓较醇、较甜爽	较嫩匀、红尚亮
三级	尚紧结，色泽褐较润，尚匀整，尚净	甜香略带花香、尚持久	橙红尚亮	浓尚醇	尚嫩匀、尚红
四级	紧实，色泽褐尚润，尚匀	有甜香	深红	尚醇	尚软、尚红

（九）越红

越红产于浙江省绍兴市、诸暨市等地，属小叶种工夫红茶。近年来，杭州西湖龙井茶产区利用夏暑茶原料，也有生产。其外形较细紧，内质香气纯正，汤色浅红亮，滋味甜醇，叶底尚红。

（十）信阳红茶

信阳红茶是以信阳市行政区域内的茶树鲜叶为原料，经萎凋、揉捻、发酵、干燥和精制加工工艺制成的具有特定品质的条形红茶。其条索紧细多锋苗，色泽棕润金毫显露；香气新鲜嫩甜香，汤色橙红明亮，滋味鲜醇甘爽，叶底细嫩匀整红亮。各等级信阳红茶的感官品质特征如表 4－29 所示。

表 4－29 各等级信阳红茶各等级的感官品质特征

级别	外形				内质			
	条索	整碎	净度	色泽	香气	汤色	滋味	叶底
金芽	细嫩、金毫显露	匀齐	净	棕润、金毫显露	鲜嫩甜香	橙红明亮	鲜醇甘爽	细嫩匀整、红亮
特级	紧细、多锋苗	匀齐	净	棕尚润、多金毫	嫩甜香	红亮	醇厚爽口	嫩匀、红亮
一级	紧细、有锋苗	较匀齐	尚净	乌润、有金毫	甜香	红明	较醇厚尚爽	嫩尚匀、红尚亮
二级	尚紧细	匀整	尚净、有嫩筋	乌尚润、略有毫	有甜香	红尚明	尚醇厚	尚嫩匀、尚红亮
三级	尚紧	较匀整	有嫩筋	尚乌润	纯正	尚红	尚醇	尚匀、尚红

（十一）贵州红茶

贵州红茶产品分条形（表 4－30）和珠形（表 4－31）。

表 4－30 各等级贵州红茶（条形）的感官品质特征

等级	外形	内质			
		汤色	香气	滋味	叶底
特级	条索紧细，褐润，匀整	红亮	甜香高、持久	醇爽	红匀
一级	条索紧结，褐较润，较匀整	较红亮	甜香高、尚持久	较醇爽	较红匀
二级	条索紧实，黄褐尚润，尚匀整	尚红亮	香高	尚醇	尚红匀

表 4－31 各等级贵州红茶（珠形）的感官品质要求

等级	外形	内质			
		汤色	香气	滋味	叶底
特级	颗粒紧结重实，润，匀	红亮	甜香高、持久	醇爽	红匀
一级	颗粒较紧结重实，较润，较匀	较红亮	甜香高、尚持久	较醇爽	较红匀
二级	颗粒尚紧结重实，尚润，尚匀	尚红亮	香高	尚醇	尚红匀

（十二）奇红（金骏眉等）

金骏眉是以高海拔地带生长的武夷菜茶的单芽为原料，对传统小种红茶的制作工艺进行创新改革，经萎凋、揉捻、发酵、无烟烘焙而成，形成细腻悠长的花果型香气和醇厚甘爽的滋味，属桐木红茶的创新产品。2007 年，茶叶专家对金骏眉品质进行鉴定，认为其条索紧细、重实、绒毛密布、色泽黑黄相间且色润，汤色金黄清澈、有金圈，香气具复合型花果香（桂圆干香、蜜枣香、玫瑰香），高山韵明显，滋味醇厚、甘甜爽滑、高山韵味持久、桂圆味浓，叶底呈金针状、匀整、叶色呈古铜色。

《地理标志产品 武夷红茶》（DB35/T 1228—2015）规定，奇红是指在独特的武夷山自然生态环境下，采用适宜的茶树品种的芽叶，经独特加工工艺制作而成的金骏眉等系列红茶。武夷红茶的加工工艺流程是：采摘→萎凋→揉捻→发酵→烘焙→归堆→过筛→复火→装箱→成品。

武夷奇红分为特级、一级和二级（表4-32），其中奇红特级为金骏眉。

表4-32 各等级武夷奇红的感官品质特征

项目		级别		
		特级（金骏眉）	一级	二级
外形	条索	单芽细嫩	较紧细、有锋苗	较紧实、稍有锋苗
	色泽	乌褐润	乌润	乌较润
	整碎	匀齐	匀齐	较匀整
	净度	净	净	较净
内质	汤色	橙黄、清澈明亮	橙黄、较明亮	橙红、较明亮
	香气	花果香、蜜香显	花果香	稍有花果香
	滋味	甜醇、甘滑、鲜爽	浓醇、甜爽	较浓醇
	叶底	嫩匀、红亮	较嫩匀、红较亮	较匀齐、尚红亮

（十三）天目湖红茶

天目湖红茶是以苏南地区种植的白化变异品种茶树鲜叶制成的红茶。其外形条索细紧，色乌润；香气甜香，滋味鲜爽，汤色橙红明亮，叶底橙红、尚嫩、匀亮。各等级天目湖红茶的感官品质特征如表4-33所示。

表4-33 各等级天目湖红茶的感官品质特征

级别	外形				内质			
	条索	整碎	净度	色泽	汤色	香气	滋味	叶底
特级	细紧	匀齐	净	乌润	橙红明亮	甜香	鲜爽	橙红、尚嫩、匀亮
一级	尚细紧	较匀齐	净	乌尚润	橙红亮	甜香	尚鲜爽	橙红、尚匀亮

（十四）西藏红茶

西藏红茶产自西藏。其外形条索细紧，色泽乌较润；香气甜香持久，滋味鲜醇浓爽，汤色橙红明亮，叶底红亮、匀齐。各等级西藏红茶的感官品质特征如表4-34所示。

表4-34 各等级西藏红茶的感官品质特征

级别	外形				内质			
	条索	整碎	净度	色泽	汤色	香气	滋味	叶底
精品	金毫显露	匀齐	净	乌润	橙红明亮	甜香持久	鲜醇浓爽	嫩匀、红亮
特级	细紧	匀齐	净	乌较润	橙红明亮	甜香持久	鲜醇浓	匀齐、红亮
一级	紧结	匀齐	净	乌尚润	红明亮	有甜香	浓醇	红明亮

（十五）日照红茶

日照红茶产于山东省日照市。按照外形不同，其产品分为条形和球形红茶。条形日照红茶采用萎凋、揉捻、发酵、做形、干燥等工艺制成；球形日照红茶采用萎凋、揉捻、发酵、团揉、做形、干燥等工艺制成。各等级日照红茶的感官品质特征如表 4－35 所示。

表 4－35　各等级日照红茶的感官品质特征

级别	外形				内质			
	条索	整碎	净度	色泽	汤色	香气	滋味	叶底
特级	细紧、露毫	匀整	净	棕或乌润	红艳明亮	嫩甜香	鲜甜	软亮、匀整
一级	细紧、稍有毫	匀整	净	尚棕或乌润	红亮	甜香	甘醇	软亮、尚匀整
二级	紧结	尚匀整	尚净、稍有嫩茎	尚棕或乌润	尚红亮	尚甜香	甘醇	尚软亮、尚匀整
三级	尚紧结	尚匀整	尚净、稍有嫩梗	棕或乌褐	尚红欠亮	纯正	尚甘醇	欠亮、欠匀整

（十六）陕西红茶

陕西红茶以陕西茶叶产区适制品种茶树的芽、叶和嫩茎为原料，经萎凋、揉捻、发酵、烘干、提香、精制等工艺制成。其外形条索细嫩显毫，色泽乌润；香气嫩甜香持久，滋味醇厚甘爽，汤色红明亮，叶底嫩匀有芽、红亮。

三、工夫红茶的感官审评要点

（一）外形审评要点

外形的条索审评松紧、轻重、扁圆、弯直、长秀、短钝，大叶种红茶以条索肥嫩或紧结肥壮为佳，中小叶红茶以细嫩或紧细为佳；嫩度审评粗细、含毫量和锋苗，以金毫显露、多锋苗为佳；色泽审评润枯、匀杂，大叶种红茶以乌褐油润为佳，中小叶种红茶以乌黑油润为佳；整碎度审评匀齐、平伏和下盘茶含量；净度审评梗筋、片朴末及非茶类夹杂物含量。

微课：中小叶种工夫红茶的审评方法

（二）内质审评要点

1. 香气　审评类型、鲜纯、粗老、高低和持久性。以甜香浓郁、高鲜持久为佳，以甜香纯正次之；以带青气、闷气、酵气或粗老气为佳。

2. 汤色　审评深浅、明暗、清浊。以汤色红艳、红亮，碗沿有明亮金圈，有“冷后浑”的为佳，红明或尚红亮次之，深红或红暗混浊者最差。

3. 滋味　审评浓度、鲜爽度、厚度、甜感等。大叶种红茶以鲜浓、醇厚为佳，以尚浓醇次之，以带粗、涩、青味等为差；中小叶种红茶以鲜爽、甜醇为佳，以醇和次之，以带粗、涩、青味等为差。

4. 叶底　审评嫩度和色泽。嫩度审评叶质软硬、厚薄、芽尖多少，叶片卷摊；色泽审评红艳、亮暗、匀杂及发酵程度。以肥嫩（大叶种红茶）或细嫩（中小叶种红茶）、多芽、红匀、明亮为佳，以有芽、尚红亮次之，以粗老、暗红、花青、乌条为差。

理论测验

（一）单选题

1. 闽红工夫不包括（　　）。

A. 白琳工夫　　B. 坦洋工夫　　C. 政和工夫　　D. 宁红工夫

2. 祁红香螺的外形（　　）。

A. 紧细似针形　　B. 肥壮紧结　　C. 紧结卷曲　　D. 紧结似珠形

3. （　　）的外形肥嫩，显金毫；香气高，汤色红艳带金圈，滋味浓厚刺激性强。

A. 祁红　　B. 滇红　　C. 宜红　　D. 宁红

4. 信阳红茶不具备以下（　　）品质特征。

A. 紧细　　B. 香气新鲜嫩甜香

C. 滋味浓强　　D. 多锋苗

5. 优质的小叶种红茶，不具备以下（　　）品质特征。

A. 条索肥嫩　　B. 香气嫩甜　　C. 滋味鲜甜　　D. 叶底红亮

（二）判断题

1. 工夫红茶通常根据产区命名，如祁红、滇红、川红、闽红等。（　　）

2. 大叶种工夫红茶选用的原料为大叶种，主要有凤庆大叶种、勐海大叶种、勐库大叶种、海南大叶种等。（　　）

3. 小叶种工夫红茶香气以鲜嫩甜香为佳。（　　）

4. “祁门香”是祁门红茶的特有香型，带有松烟香。（　　）

5. 大叶种红茶滋味以鲜浓醇厚为佳。（　　）

理论测验
答案 4-3

技能实训

技能实训 24　工夫红茶的感官审评

总结工夫红茶的品质特征和审评要点，根据红茶感官审评方法完成不同产区和等级工夫红茶样品的感官审评，提交感官审评报告，填写茶叶感官审评表（见附录）。

任务四　红碎茶的感官审评

任务目标

掌握红碎茶的花色规格、感官品质特征及感官审评要点。

能够正确审评红碎茶产品。

知识准备

世界上各产茶国所产的红茶大多是红碎茶。红碎茶是将鲜叶经过揉切、发酵、烘干后得到的红茶产品。红碎茶在初制时经过充分揉切，细胞破坏率高，有利于多酚类酶性氧化，形成香气高锐持久，滋味浓强鲜爽，加牛奶白糖后仍有较强茶味的品质特征。

一、红碎茶的感官品质特征

（一）不同品种红碎茶的品质特征

微课：红碎茶的感官审评

国家标准《红茶　第1部分：红碎茶》（GB/T 13738.1—2017）规定，红碎茶分大叶种红碎茶和中小叶种红碎茶两类。

1. 大叶种红碎茶　外形颗粒紧结、重实，有金毫，色泽乌润或红棕；香气高锐，汤色红艳，滋味浓强鲜爽，叶底红匀。各规格大叶种红碎茶的感官品质特征如表4-36所示。

表4-36　各规格大叶种红碎茶各规格的感官品质特征

规格	外形	汤色	香气	滋味	叶底
碎茶1号	颗粒紧实，金毫显露，匀净，色润	红艳明亮	嫩香强烈持久	浓强鲜爽	嫩匀红亮
碎茶2号	颗粒紧结、重实，匀净，色润	红艳明亮	香高持久	浓强尚鲜爽	红匀明亮
碎茶3号	颗粒紧结、尚重实，较匀净，色润	红亮	香高	鲜爽尚浓强	红匀明亮
碎茶4号	颗粒尚紧结，尚匀净，色尚润	红亮	香浓	浓尚鲜	红匀亮
碎茶5号	颗粒尚紧，尚匀净，色尚润	红亮	香浓	浓厚尚鲜	红匀亮
片茶	片状皱褶，尚匀净，色尚润	红明	尚高	尚浓厚	红匀尚明亮
末茶	细沙粒状、较重实，较匀净，色尚润	深红尚明	纯正	浓强	红匀

2. 中小叶种红碎茶　外形颗粒紧卷，色泽乌润或棕褐；内质香气高鲜，汤色尚红亮，滋味欠浓强，叶底尚红匀。各规格中小叶种红碎茶的感官品质特征如表4-37所示。

表4-37　各规格中小叶种红碎茶的感官品质特征

规格	外形	汤色	香气	滋味	叶底
碎茶1号	颗粒紧实、重实，匀净，色润	红亮	香高持久	鲜爽浓厚	嫩匀红亮
碎茶2号	颗粒紧结、重实，匀净，色润	红亮	香高	鲜浓	尚嫩匀红亮

（续）

规格	外形	汤色	香气	滋味	叶底
碎茶 3 号	颗粒较紧结、尚重实，尚匀净，色尚润	红明	香浓	尚浓	红尚亮
片茶	片状皱褶，匀齐，色尚润	尚红明	纯正	平和	尚红
末茶	细沙粒状，匀齐，色尚润	深红尚明	尚高	尚浓	红稍暗

3. 红碎茶的花色 红碎茶根据叶型分为叶茶、碎茶、片茶和末茶，其花色代号如表 4－38 所示。红碎茶审评以内质的滋味、香气为主，外形要求规格分清。

表 4－38 红碎茶花色名称代号

类型	花色名称	简称代号	类型	花色名称	简称代号
叶茶	花橙黄白毫	F. O. P	片茶	花碎橙黄白毫屑片	F. B. O. P. F
	橙黄白毫	O. P		碎橙黄白毫屑片	B. O. P. F
	白毫	P		白毫屑片	P. F
碎茶	花碎橙黄白毫	F. B. O. P		橙黄屑片	O. P
	碎橙黄白毫	B. O. P		屑片	F
	碎白毫	B. P	末茶	茶末	D

（二）不同产地红碎茶的品质特征

1. 印度红碎茶 印度红碎主要茶区在印度东北部，以阿萨姆产量最多，其次为大吉岭和杜尔司等。

阿萨姆红碎茶用阿萨姆大叶种制成，其品质特征是外形金黄色毫尖多，身骨重，汤色深味浓，有强烈的刺激性。

大吉领红碎茶用中印杂交种制成。其外形大小相差很大，具有高山茶的品质特征，有独特的馥郁芳香，称为“核桃香”。

杜尔司红碎茶用阿萨姆大叶种制成，因产区降水量多，萎凋困难，茶汤刺激性稍弱，浓厚欠透明。不萎凋红茶刺激性强，但带涩味，汤色、叶底红亮。

2. 斯里兰卡红碎茶 斯里兰卡红碎茶按产区海拔不同，分为高山茶、半山茶和平地茶 3 种。茶树大多是无性系的大叶种，外形没有明显差异，芽尖多，做工好，色泽乌黑匀润，内质高山茶最好，香气高，滋味浓。半山茶外形美观，滋味醇厚。平地茶外形美观，滋味浓而香气低。

3. 孟加拉红碎茶 孟加拉红碎茶的主要产区为雪尔赫脱和吉大港。雪尔赫脱红碎茶做工好，汤色深，香味醇和。吉大港红碎茶形状较小，色黑，茶汤色深而味较淡。

4. 印尼红碎茶 印尼红碎茶的主要产区为爪哇和苏门答腊。爪哇红碎茶制工精细，外形美观，色泽乌黑。高山茶有斯里兰卡红碎茶的香味。平地茶香气低，茶汤浓厚而不涩。苏门答腊红碎茶品质稳定，外形整齐，滋味醇和。

5. 格鲁吉亚红碎茶 格鲁吉亚气候较冷，茶树品种是小叶种，50 年代初期曾从我国大量引进祁门槠叶种、淳安鸠坑种。其外形匀称平伏，揉捻较好，内质香气纯和，汤色明亮，滋味醇而带刺激性，叶底红匀尚明亮。

6. 东非红碎茶 东非红碎茶的主要产区有肯尼亚、乌干达、坦桑尼亚、马拉维等。东非红碎茶用大叶种制成，品质中等。近年来肯尼亚红碎茶的品质有较明显的提高。

二、红碎茶的感官审评要点

（一）外形审评要点

红碎茶的外形主要比匀齐度、色泽、净度。

1. 匀齐度 审评颗粒大小、匀称、碎片末茶规格分明情况。以重实为佳，以轻飘为次，碎茶加评含毫量。

2. 色泽 审评乌褐、枯灰、鲜活、匀杂。一般早期茶色乌，后期色红褐或棕红、棕褐，好茶色泽润活，次茶灰枯。

3. 净度 审评筋皮、毛衣、茶灰和杂质。红碎茶对茎梗含量一般要求不严，特别是季节性好茶，虽含有嫩茎梗，但并不影响质量。

（二）内质审评要点

红碎茶审评重点在内质，以内质的滋味、香气为主，突出滋味。内质主要评比滋味的浓度、强度、鲜度和香气以及叶底的嫩度、匀亮度。

1. 汤色 红碎茶汤色以红艳明亮、金圈大而亮为好，以灰浅暗浊为差。茶汤“冷后浑”现象是汤质优良的表现。如果茶汤中茶黄素与茶红素的含量较高，汤色则红艳明亮、金圈大而亮，茶汤“冷后浑”现象就出现得比较快，程度也强一些。如果茶汤中茶褐素的含量过高，汤色则会深暗一些。

2. 香气 香气以香高、香浓、香持久为佳，以香低、香平淡、欠纯等为次。

3. 滋味 滋味要求鲜爽、强烈、浓厚（简称鲜、强、浓）的独特风格，三者既有区别又要相互协调。通常红碎茶以浓度为主，鲜强浓三者俱全又协调来决定品质高低，滋味要浓、强、鲜，忌陈、钝、淡，要有中和性。

（1）浓度。审评茶汤浓厚程度，入口即感浓稠者品质为佳，以淡薄为次。

（2）强度。强度是红碎茶的品质风格，比刺激性强弱，以强烈刺激感有时带微涩、无苦味为佳，以醇和为次。

（3）鲜度。审评鲜爽程度，以清新、鲜爽为佳，以迟钝、陈气为次。

4. 叶底 审评嫩度、匀度和亮度。嫩度以柔软、肥厚为佳，以粗硬、瘦薄为次；匀度审评老嫩均匀和发酵均匀程度，以色均匀红艳为佳，以驳杂发暗为次；亮度反映鲜叶嫩度和加工技术水平，红碎茶叶底着重红亮度，而嫩度相当即可。

（三）红碎茶加奶审评要点

采用加乳审评时，每杯茶中加入为茶汤 1/10 的鲜牛奶。加奶后汤色以粉红明亮或棕红明亮为好，淡黄微红或淡红较好，以暗褐、淡灰、灰白为次。加乳后的汤味能尝出明显的茶味，说明茶汤浓。茶汤入口两腮立即有明显的刺激感是茶汤强烈的反应，如果是奶味明显，茶味淡薄，汤质就差。

理论测验

(一) 单选题

1. 红碎茶产品根据叶型划分，不包括（　　）。
   A. 扁茶　　B. 碎茶　　C. 片茶　　D. 末茶
2. 以下（　　）香气高锐，汤色红艳，滋味浓强鲜爽，叶底红匀。
   A. 中小叶种红碎茶　　B. 大叶种红碎茶
   C. 工夫红茶　　D. 小种红茶
3. （　　）外形细沙粒状，较重实，较匀净，色尚润。
   A. 叶茶　　B. 碎茶　　C. 片茶　　D. 末茶
4. （　　）外形颗粒紧实、重实，匀净，色润。
   A. 叶茶　　B. 碎茶　　C. 片茶　　D. 末茶
5. 红碎茶加乳后汤色以（　　）明亮为好。
   A. 红亮　　B. 粉红　　C. 橙红　　D. 棕褐

(二) 判断题

1. 红碎茶审评以内质的滋味、香气为主。（　　）
2. 红碎茶的外形主要审评匀齐度、色泽、净度。（　　）
3. 红碎茶滋味审评浓度、强度、甜度。（　　）
4. 红碎茶汤色以红艳明亮、金圈大而亮为好。（　　）
5. 红碎茶茶汤“冷后浑”现象是汤质一般的表现。（　　）

理论测验
答案 4-4

技能实训

技能实训 25　红碎茶的感官审评

总结红碎茶的品质特征和审评要点，根据红茶感官审评方法完成不同规格红碎茶样品的感官审评，提交感官审评报告，填写茶叶感官审评表（见附录）。

项目五　乌龙茶的感官审评

项目提要

乌龙茶又名青茶，主产于福建、广东和台湾，我国其他产茶省份也有少量生产。乌龙茶属部分发酵类茶，具有“绿叶红镶边”的品质特点。其初制工艺为：萎凋（晒青）→做青→炒青→揉捻（造型）→干燥。做青工艺是形成乌龙茶品质的关键工序。由于自然地理条件、茶树品种资源、加工工艺等因素的差异，形成了众多的乌龙茶品种花色。本项目主要介绍了乌龙茶的感官审评方法、评茶术语、评分原则、品质形成及常见品质问题，闽南乌龙茶、闽北乌龙茶、广东乌龙茶、台湾乌龙茶等感官品质特征及感官审评要点等内容。

任务一　乌龙茶感官审评准备

任务目标

掌握乌龙茶的感官审评方法、评茶术语与评分原则；了解乌龙茶的品质形成原因及常见品质问题。

能够独立、规范、熟练地完成乌龙茶审评操作；能够识别常见的乌龙茶产品。

知识准备

乌龙茶品质特征的形成与其特殊的茶树品种（如铁观音、黄金桂、水仙、肉桂、大红袍等）、特殊的采摘标准及加工工艺等密切相关。乌龙茶品质类别多，重视品种特征，且注重冲泡次数，审评比较复杂。

部分乌龙茶图谱

一、乌龙茶的感官审评方法

乌龙茶的审评内容详见项目二中的任务一（茶叶感官审评项目）。乌龙茶的审评方法有柱形杯法和盖碗法详见项目二中的任务二（茶叶感官审评方法）。

（一）乌龙茶柱形杯审评法

称取评茶盘中混匀的茶样 3g，置于 150mL 审评杯中，注满沸水，立即加盖，计时，浸泡 5min（条型、卷曲型）或 6min（圆结型、拳曲型、颗粒型），到规定时间后按冲泡顺序依次等速将茶汤滤入审评碗中，留叶底于杯中，按照香气、汤色、滋味、叶底的顺序逐项审评。

（二）乌龙茶盖碗审评法

乌龙茶用钟形盖杯冲泡的特点是：用茶多，用水少，泡时短，泡次多。

外形审评同柱形杯审评法。用沸水烫热审评杯碗，称取有代表性茶样 5.0g，置于 110mL 倒钟形审评杯中，冲泡 3 次，冲泡时间依次为 2min→3min→5min。第一次注满沸水，用杯盖刮去液面的泡沫，并加盖，1min 后揭盖闻其盖香，评香气的纯异；2min 后将茶汤沥入评茶碗中，初评汤色、滋味。接着第二次注满沸水，1～2min 后揭盖闻盖香，评香气的类型、高低；3min 后将茶汤沥入评茶碗中，再评汤色、滋味。接着第三次注满沸水，加盖，2～3min 后揭盖闻其盖香，评香气持久性；5min 后将茶汤沥入审评碗中，再评汤色、滋味，比较其耐泡程度，然后评叶底香气。最后将杯中的叶底倒入白色搪瓷叶底盘中，加适量的清水漂看审评叶底。结果判断以第二泡为主要依据，兼顾前后。

带汤闻盖香是乌龙茶盖碗审评法的特点，即还没出汤前，揭杯盖闻香气，具体方法如表 5－1 所示。

表 5－1　乌龙茶盖碗审评的闻香气方法

冲泡次数	浸泡时间	香气审评
第一泡	2min	浸泡 1min 后闻盖香，评香气的纯异
第二泡	3min	浸泡 1～2min 后闻盖香，评香气的类型、高低
第三泡	5min	浸泡 2～3min 后闻盖香，评香气持久性

二、乌龙茶的感官审评术语

根据《茶叶感官审评术语》（GB/T 14487—2017），茶类通用审评术语适用于乌龙茶，详见项目二中的任务三（感官审评术语与运用）。此外，乌龙茶常用的审评术语如下。

（一）干茶形状

1. 蜻蜓头　茶条叶端卷曲，紧结沉重，状如蜻蜓头。

2. 壮结　茶条肥壮结实。

3. 壮直　茶条肥壮挺直。

4. 细结　颗粒细小紧结或条索卷紧细小结实。

5. 扭曲　茶条扭曲，叶端折皱重叠。扭曲是闽北乌龙茶特有的外形特征。

6. 尖梭　茶条长而细瘦，叶柄窄小，头尾细尖如菱形。

7. 粽叶蒂　干茶叶柄宽、肥厚，如包粽子的箬叶的叶柄，包揉后茶叶平伏，铁观音、水仙、大叶乌龙等品种有此特征。

8. 白心尾　驻芽有白色茸毛包裹。

9. 叶背转　叶片水平着生的鲜叶，经揉捻后叶面顺主脉向叶背卷曲。

（二）干茶色泽

1. 砂绿　似蛙皮绿，即绿中似带砂粒点。

2. 青绿　色绿而带青，多为雨水青、露水青或做青工艺走水不匀引起“滞青”而形成。

3. 乌褐　色褐而泛乌，常为重做青乌龙茶或陈年乌龙茶之外形色泽。

4. 褐润 色褐而富光泽，为发酵充足、品质较好之乌龙茶色泽。

5. 鳝鱼皮色 干茶色泽砂绿蜜黄，富有光泽，似鳝鱼皮色。鳝鱼皮色水仙等品种特有的色泽。

6. 象牙色 黄中呈赤白。象牙色是黄金桂、赤叶奇兰、白叶奇兰等特有的品种色。

7. 三节色 茶条叶柄呈青绿色或红褐色，中部呈乌绿或黄绿色、带鲜红点，叶端呈朱砂红色或红黄相间。

8. 香蕉色 叶色呈翠黄绿色，像刚成熟香蕉皮的颜色。

9. 明胶色 干茶色泽油润有光泽。

10. 芙蓉色 在乌润色泽上泛白色光泽，犹如覆盖一层白粉。

11. 红点 做青时叶中部细胞破损的地方，叶子的红边经卷曲后，都会呈现红点，以鲜红点品质为佳，褐红点品质稍次。

（三）汤色

1. 蜜绿 浅绿略带黄，似蜂蜜，多为轻做青乌龙茶之汤色。

2. 蜜黄 浅黄似蜂蜜色。

3. 绿金黄 金黄泛绿，为做青不足之表现。

4. 金黄 以黄为主，微带橙黄，有浅金黄、深金黄之分。

5. 清黄 黄而清澈，比金黄色的汤色略淡。

6. 茶油色 茶汤金黄明亮有浓度。

7. 青浊 茶汤中带绿色的胶状悬浮物，为做青不足、揉捻重压而造成。

（四）香气

1. 粟香 经中等火温长时间烘焙而产生的如粟米的香气。

2. 奶香 香气清高细长，似奶香，多为成熟度稍嫩的鲜叶加工而形成。

3. 酵香 似食品发酵时散发的香气，多由做青程度稍过度或包揉过程未及时解块散热而产生。

4. 辛香 香气高而有刺激性，微带青辛气味，俗称线香，为梅占等品种香。

5. 黄闷气 闷浊气，包揉时由于叶温过高或定型时间过长闷积而产生的不良气味。也有因烘焙过程火温偏低或摊焙茶叶太厚而引起。

6. 闷火 乌龙茶烘焙后未适当摊凉而形成的一种令人不快的火气。

7. 硬火、热火 烘焙火温偏高，时间偏短，摊凉时间不足即装箱而产生的火气。

（五）滋味

1. 岩韵 武夷岩茶特有的地域风味。

2. 音韵 铁观音所特有的品种香和滋味的综合体现。

3. 粗浓 味粗而浓。

4. 酵味 做青过度而产生的不良气味，汤色常泛红，叶底夹有暗红张。

（六）叶底

1. 红镶边 做青适度，叶边缘呈鲜红或朱红色，叶中央黄亮或绿亮。

2. 绸缎面 叶肥厚，有绸缎花纹，手摸柔滑有韧性。

3. 滑面 叶肥厚，叶面平滑无波状。

4. 白龙筋 叶背叶脉泛白，浮起明显，叶张软。

5. 红筋 叶柄、叶脉受损伤，发酵泛红。

6. 糟红 发酵不正常和过度，叶底褐红，红筋红叶多。

7. 暗红张 叶张发红而无光泽，多为晒青不当造成灼伤或发酵过度而产生。

8. 死红张 叶张发红，夹杂伤红叶片，为采摘、运送茶青时人为损伤和闷积茶青或晒青、做青不当而产生。

三、乌龙茶的品质评分原则

乌龙茶的品质评语与各品质因子的评分原则如表 5-2 所示。

表 5-2 乌龙茶的品质评语与各品质因子的评分原则

因子	级别	品质特征	给分	评分系数
外形（a）	甲	重实、紧结，品种特征或地域特征明显，色泽油润，匀整，净度好	90～99	20%
	乙	较重实，较壮结，有品种特征或地城特征，色润，较匀整，净度尚好	80～89	
	丙	尚紧实或尚壮实，带有黄片或黄头，色欠润，欠匀整，净度稍差	70～79	
汤色（b）	甲	色度因加工工艺而定，可从蜜黄加深到橙红，但要求清澈明亮	90～99	5%
	乙	色度因加工工艺而定，较明亮	80～89	
	丙	色度因加工工艺而定，多沉淀，欠亮	70～79	
香气（c）	甲	品种特征或地域特征明显，花香或花果香浓郁，香气优雅纯正	90～99	30%
	乙	品种特征或地域特征尚明显，有花香或花果香，但浓郁与纯正性稍差	80～89	
	丙	花香或花果香不明显，略带粗气或老火香	70～79	
滋味（d）	甲	浓厚甘醇或醇厚滑爽	90～99	35%
	乙	浓醇较爽，尚醇厚滑爽	80～89	
	丙	浓尚醇，略有粗糙感	70～79	
叶底（e）	甲	叶质肥厚、软亮，做青好	90～99	10%
	乙	叶质较软亮，做青较好	80～89	
	丙	叶质稍硬、青暗，做青一般	70～79	

四、乌龙茶的品质形成

乌龙茶品质特征的形成与其特殊茶树品种（如铁观音、水仙、肉桂、大红袍、乌龙、凤凰单丛等）、特殊的采摘标准和特殊的初制工艺密切相关。

（一）品种是乌龙茶品质特征形成的基础

1. 鲜叶叶片的组织结构特点 适制乌龙茶的品种，其鲜叶表皮都有较厚的角质层。角质层外被有蜡质层，蜡质层呈花纹，不同品种的花纹各不相同。据严学成研究，水仙品种上表皮蜡质层呈花纹状，铁观音为花痕状。蜡质层的主要成分是高碳脂肪酸和高碳一元脂肪醇。在鲜叶加工过程中，蜡质层分解与转化，产生香气成分，这是乌龙茶香气的来源之一。角质层由角质、纤维素与果胶共同组成。保卫细胞角质层的厚薄影响气孔的开闭，对乌龙茶做青过程的水分散失速度有着重要的影响。

适制乌龙茶的茶树品种，其叶的下表皮大多具有腺鳞（除大叶乌龙外），腺鳞有分泌芳香物质的功能，是乌龙茶香气的又一来源。

2. 鲜叶的生化成分特点 乌龙茶各品种间的内含化学成分有明显的差异。品种间内含物的差异为乌龙茶品质的区别形成奠定了生化基础。

（二）加工工艺是乌龙茶品质特征形成的关键

乌龙茶属于半发酵茶，其初制工艺为：鲜叶→晒青→做青→炒青→揉捻→干燥。采摘茶树新梢生长至一芽四至五叶顶芽形成驻芽时，采其二至三叶，俗称“开面采”。

做青是摇青与静置交替的过程，兼有继续萎凋的作用，叶细胞在机械力的作用下不断摩擦损伤，形成以多酚类化合物酶促氧化为主导的化学变化，加之其他物质的转化与累积过程，逐步形成了乌龙茶馥郁的花香、醇厚的滋味和绿叶红镶边叶底的品质特点。在做青过程中，叶梢水分由叶片向环境、由叶内向叶缘、由梗脉向叶片发生转移，叶片会呈现紧张与萎软的交替过程，俗称“走水”。摇青时，叶片受到振动摩擦，叶缘细胞损伤，促进水分与内含成分由梗向叶片转移。静置前期，水分运输继续进行，梗脉水分向叶肉细胞渗透补充，叶呈挺硬紧张状态，叶面光泽恢复，青气显，俗称“还阳”。在静置后期，水分运输减弱，蒸发量大于补充量，叶片呈萎软状态，叶面光泽消失，青气退，花香现，俗称“退青”。退青与还阳的交替过程即是走水。在走水过程中，叶片中内含成分的化学反应产物不断累积，至做青后期，做青环境湿度加大，叶片水分蒸发受到限制，水分得以补充，叶片挺硬背卷呈汤匙状，叶缘红边显现。做青是乌龙茶品质形成的关键工序。

乌龙茶的外形塑造主要在做青、炒青后进行，主要有5类即条形、卷曲形、拳曲形、半球形和球形。闽北乌龙茶和广东单丛等产品保持单独的揉捻工序；闽南乌龙茶和台湾乌龙茶在揉捻后继续造型，转入包揉或热团揉，外形向卷曲形方向发展。紧卷、重实、圆结的外形在包揉或团揉工序中完成。

各种乌龙茶所产生的特有的香气除受茶树品种、产地因素影响外，发酵程度对其影响很大。一般而言，发酵程度轻的，其香气就形成清鲜花香的风格；发酵程度重的，就形成接近甜花果香的风格；另外，存放时间久的，就形成黑茶风格。

通过干燥或烘焙散失水分、发展香气，并将各种水溶性物质稳定下来，可以形成乌龙茶特有的香气和滋味，且易于贮藏。例如，武夷岩茶精制采用文火慢焙，以利于增进汤色、提高滋味醇度和发展香气。

（三）生态条件是乌龙茶品质超群的重要因素

1. 武夷岩茶的产地自然条件 武夷山西北地势高，且群峰耸立，能阻挡西北部寒流的侵袭，气候温暖，具有亚热带气候特征；4条溪流和峰峦、丘陵相互交错，形成独特的微域气候，空气湿润、多雾。该地区年日照时数4 425h左右，年平均日照时数2 000h左右，年平均气温18.5℃左右，无霜期长，年降水量2 000mm左右，年平均相对湿度80%左右。土壤属亚热带常绿阔叶林山地土壤，大部分茶区的土壤为火山砾石、红砂岩及页岩，土壤表层腐植层较厚，有机质含量高，pH 4～6。

2. 安溪铁观音的产地自然条件 安溪地处戴云山山脉向东南延伸的部分，地势西高东低，海拔 32～1 600m。地貌有低丘、高丘、低山、中山类型，河谷盆地呈串珠状分布其间。境内 1 000m 以上山峰有 2 461 座，太华尖、紫云山和大坪山构成境内主山脉。安溪属南、中亚热带海洋性季风气候，年平均气温 16～21℃，年日照 1 850～2 000h，年无霜期 260～350d，夏无酷暑，冬无严寒。由于地理特征的原因，来自泉州湾的东南风与来自漳州平原的偏西风在境内形成混流，使 5 月初夏和 10 月秋末之时昼夜温差大。年降水量 1 600～1 800mm，年平均相对湿度 80%左右。

3. 凤凰单丛的产地自然条件 潮州市凤凰镇凤凰山具有山高日照短、云雾雨量多、冬季春不严寒、盛夏无酷暑的天气特点，极适合茶树生长。该地区属亚热带海洋性季风气候，年平均温度为 16～22℃，无霜期约 350d，年日照时数平均 1 400～2 100h，年降水量 1 475～2 200mm，年平均相对湿度 80%左右。土壤母质为花岗岩、砂页岩、片麻岩、砂岩等，土壤质地为中壤土至重壤土，土层深厚，土壤有机质含量高，耕作层土壤 pH 4.0～6.5。

4. 台湾高山乌龙茶的产地自然条件 台湾的地形特殊，从海平面起拔升到 3 000m 以上的高山，境内有三大山系（中央山脉、玉山山脉及阿里山山脉）贯穿，山多平原少；地势高峻多变，气候差异大，微型气候与自然生态的变异性也十分丰富。茶区内山脉连绵，所以在同一产区的茶海拔会有所不同。比如大禹岭、翠峰、东眼山、梨山、杉林溪及玉山等茶区，海拔均超过 1 500m，加上山林茂密，形成台湾高山乌龙茶独特的“高山韵”。

总之，乌龙茶具有天然的花果香和特殊的香韵，与生态环境条件、茶树品种及加工工艺等因素密切相关。

五、乌龙茶常见品质问题

（一）外形常见品质问题

乌龙茶外形常见品质弊病及形成原因如表 5-3 所示。

表 5-3 乌龙茶外形品质弊病及形成原因

问题	形成原因
松冇	索欠紧结，为空松的条形或球形，缺乏重实感。与原料粗老、揉捻不足、揉捻投叶过多等有关
粗松	形状粗大而松散。由原料粗老引起
断碎	长短、大小参差不齐，碎茶多。由工艺不当或包装运输不当所致
枯燥	枯无光泽。由原料粗老等引起
乌燥	色乌不润。多由火工不当引起
青绿	色泽青绿。多因无晒青或晒青不足、做青不足、杀青不足等引起
青枯红	色泽枯红与青绿夹杂。与做青不足有关，往往味青或青涩

（二）内质常见品质问题

乌龙茶内质常见品质弊病及形成原因如表 5-4 所示。

表 5-4 乌龙茶内质品质弊病及形成原因

项目	问题	形成原因
香气	青气	做青或杀青不足
	青闷气	轻做青，杀青不熟，包揉时间过久；初烘温度太低，复焙后茶坯摊凉不足
	焦气	杀青或焙茶时烧焦，烘干机残存宿叶混入等
滋味	青涩味	做青或杀青不足
	苦涩味	茶青较嫩，晒青不足，做青不足等
	酵味	做青过度或青叶静置时堆放过厚
	酸馊味	杀青不熟，包揉时间太久，烘焙不及时，细菌污染变质
	焦味	炒青温度太高，炒青程度不匀，部分生叶炒焦，干燥温度偏高，连续长时间高温等
	味淡薄	晾青过度、原料偏粗老等
汤色	红汤	浅红色或暗红色，常见于陈茶或烘焙过头的茶
	混浊	杀青不足，揉捻偏重，包揉压力偏重等
	青浊	做青不足，杀青不透，揉捻或包揉后引起茶汤混浊
	焦浊	茶汤焦末多，大多因为炒青局部温度过高，焦边焦叶
叶底	青张	无红边的青色叶片，摇青偏轻或青间温度过低引起
	暗张	为暗红叶片，摇青前期偏重，往往香味浊或低淡
	焦黑	烘培温度过高，叶底局部焦条，冲泡时欠展
	粗硬	多由茶青粗老引起

理论测验

（一）单选题

1. 盖碗审评乌龙茶，采用（　　）用茶量。

A. 3g　　B. 4g　　C. 5g　　D. 7g

2. 乌龙茶盖碗审评杯规格为（　　）。

A. 110mL　　B. 120mL　　C. 150mL　　D. 250mL

3. “扭曲”可以用于描述（　　）。

A. 铁观音　　B. 单丛　　C. 闽北乌龙　　D. 高山乌龙

4. （　　）是武夷岩茶特有的地域风味。

A. 岩韵　　B. 高山韵　　C. 清韵　　D. 蜜韵

5. （　　）是乌龙茶滋味甲档的要求。

A. 浓厚甘醇或醇厚滑爽　　B. 浓醇较爽，尚醇厚滑爽

C. 浓尚醇，略有粗糙感　　D. 浓醇爽口，尚醇厚

（二）判断题

1. 鳝鱼皮色是指干茶色泽砂绿蜜黄，富有光泽，似鳝鱼皮色，为铁观音等品种特有色泽。（　　）

2. 音韵是乌龙茶所特有的品种香和滋味的综合体现。（　　）

3. 腺鳞有分泌芳香物质的功能，是乌龙茶香气来源之一。 (　　)
4. 绸缎面是指叶肥厚有绸缎花纹，手摸柔滑有韧性。 (　　)
5. 乌龙茶晒青和做青不足会导致青气。 (　　)

理论测验
答案 5-1

技能实训

技能实训 26　乌龙茶产品辨识

根据提供的茶样，通过外形辨别茶样，写出茶样名称，并运用审评术语描述茶样外形，填写乌龙茶产品辨识记录表（表 5-5）。

表 5-5　乌龙茶产品辨识记录

样号	茶名	外形描述

任务二 铁观音的感官审评

任务目标

掌握清香型、浓香型、陈香型铁观音的感官品质特征及感官审评要点。

能够正确审评清香型、浓香型、陈香型铁观音产品。

知识准备

铁观音既是茶名，又是茶树品种名，因干茶身骨重实如铁，形美似观音而得名。根据《乌龙茶 第2部分：铁观音》(GB/T 30357.2—2013)，铁观音是指以铁观音茶树品种的叶、驻芽、嫩梢为原料，依次经萎凋、做青、杀青、揉捻（包揉）、烘干等独特工艺过程制成的铁观音茶叶产品。目前铁观音的产区主要是福建省泉州市安溪县，漳州市华安县、永春县、南靖县及周边的市（县），其中安溪铁观音受原产地地域产品保护。

一、铁观音的感官品质特征

经过多年的生产实践和市场多样化需求，铁观音加工工艺不断调整，展现出多样的风味品质特点，铁观音成品茶主要分为清香型、浓香型和陈香型。市场上，铁观音产品还细分为鲜香型、韵香型、炭焙型等。

（一）清香型铁观音

清香型铁观音采用轻发酵、轻火候等工艺，精制工艺烘焙时温度较低（60～70℃），保色保香，“清汤绿水”“音韵”是其最具特点的品质代表。

微课：清香型铁观音的感官审评

1. 清香型安溪铁观音 随着安溪铁观音国内外销市场不断扩大，消费群体逐渐大众化，安溪茶农在原有传统工艺的基础上，对初加工工艺进行了改革和创新，形成了“轻晒青、轻做青（轻摇青、薄摊青、长凉青、轻发酵）、重炒青、冷包揉、低温干燥”的工艺，加工成了具有“干茶翠绿、花香显、味鲜醇”品质特色的清香型铁观音。

安溪清香型铁观音的感官品质特征如表5-6所示。

表5-6 清香型安溪铁观音的感官品质特征

项目	清香型安溪铁观音的感官品质特征
外形	紧结、肥壮、重实，翠绿润，青腹绿蒂（香蕉色），匀整，洁净
香气	馥郁清高、似兰花香
汤色	金黄、清澈明亮
滋味	醇厚甘鲜、音韵显
叶底	肥厚软亮、显余香

清香型安溪铁观音产品分为特级、一级、二级、三级，其感官品质特征应符合表5-7的要求。

表 5-7　各等级清香型安溪铁观音的感官品质特征

项目		级别			
		特级	一级	二级	三级
外形	条索	肥壮、圆结、重实	壮实、紧结	卷曲、结实	卷曲、尚结实
	色泽	翠绿润、砂绿明显	绿油润、砂绿明	绿油润、有砂绿	乌绿、稍带黄
	整碎	匀整	匀整	尚匀整	尚匀整
	净度	洁净	净	尚净、稍有细嫩梗	尚净、稍有细嫩梗
内质	汤色	金黄明亮	金黄明亮	金黄	金黄
	香气	高香、浓郁、持久	清香、持久	清香	清纯
	滋味	鲜醇高爽、音韵显	清醇甘鲜、音韵明显	尚鲜醇、爽口、音韵尚明	醇和回甘、有音韵
	叶底	肥厚软亮、匀整、余香高长	软亮、尚匀整、有余香	尚软亮、尚匀整、稍有余香	尚软亮、尚匀整、稍有余香

2. 清香型铁观音　20 世纪 90 年代以后，随着铁观音产品在国内市场的推广，铁观音的种植面积在安溪周边县市不断扩大。《乌龙茶　第 2 部分：铁观音》（GB/T 30357.2—2013）规定，清香型铁观音产品分为特级、一级、二级、三级，其感官指标应符合表 5-8 的要求。

表 5-8　各等级清香型铁观音的感官指标

项目		级别			
		特级	一级	二级	三级
外形	条索	紧结、重实	紧结	较紧结	尚结实
	色泽	翠绿润	绿油润	乌绿	乌绿
	整碎	匀整	匀整	尚匀整	尚匀整
	净度	洁净	净	尚净、稍有细嫩梗	尚净、稍有细嫩梗
内质	汤色	金黄带绿、清澈	金黄带绿、明亮	清黄	尚清黄
	香气	清高、持久	较清高、持久	稍清高	平正
	滋味	清醇鲜爽、音韵显	清醇较爽、音韵较显	醇和、音韵尚明	平和
	叶底	肥厚软亮、匀整	较软亮、尚匀整	稍软亮、尚匀整	尚匀整

微课：浓香型铁观音的感官审评

（二）浓香型铁观音

浓香型铁观音属传统半发酵的铁观音，精制工艺烘焙时温度较高（80～110℃）。浓香型铁观音成品茶的加工工艺为：毛茶→验收→归堆→精制（投放→筛分→风选→拣剔）→号茶拼配→烘焙→匀堆→拣杂→包装→成品茶。

1. 浓香型安溪铁观音　浓香型安溪铁观音的感官品质特征如表 5-9 所示。

表 5-9　浓香型安溪铁观音的感官品质特征

项目	浓香型安溪铁观音的感官品质特征
外形	紧结、肥壮、重实，色泽乌润、砂绿明，匀整，洁净
香气	浓郁持久、兰花香显

（续）

项目	浓香型安溪铁观音的感官品质特征
汤色	金黄明亮
滋味	醇厚鲜爽回甘、音韵明显
叶底	肥厚、软亮、红边明

《地理标志产品　安溪铁观音》（GB/T 19598—2006）规定，浓香型安溪铁观音产品分为特级、一级、二级、三级、四级，其感官品质特征应符合表 5 - 10 的要求。

表 5 - 10　各等级安溪浓香型铁观音的感官品质特征

项目		级别				
		特级	一级	二级	三级	四级
外形	条索	肥壮、圆结、重实	较肥壮、结实	稍肥壮、略结实	卷曲、尚结实	稍卷曲、略粗松
	色泽	乌润、砂绿明	乌润、砂绿较明	乌绿、有砂绿	乌绿、稍带褐红点	暗绿、带褐红色
	整碎	匀整	匀整	尚匀整	稍整齐	欠匀整
	净度	洁净	净	尚净、稍有幼嫩梗	稍净、有幼嫩梗	欠净、有梗片
内质	汤色	金黄、清澈	深金黄、清澈	橙黄、深黄	深橙黄、清黄	橙红、清红
	香气	浓郁、持久	清高、持久	尚清高	清纯平正	平淡、稍粗飘
	滋味	醇厚、鲜爽回甘、音韵明显	醇厚、尚鲜爽、音韵明	醇和鲜爽、音韵稍明	醇和、音韵轻微	稍粗味
	叶底	肥厚、软亮、匀整、红边明、有余香	尚软亮、匀整、有红边、稍有余香	稍软亮、略匀整	稍匀整、带褐红	欠匀整、有粗叶及褐红叶

2. 浓香型铁观音　《乌龙茶　第 2 部分：铁观音》（GB/T 30357.2—2013）规定，浓香型铁观音产品分为特级、一级、二级、三级、四级，其感官品质特征应符合表 5 - 11 的要求。

表 5 - 11　各等级浓香型铁观音的感官品质特征

项目		级别				
		特级	一级	二级	三级	四级
外形	条索	紧结、重实	紧结	尚紧结	稍紧结	略粗松
	色泽	乌油润、砂绿显	乌油润、砂绿较明	黑褐	黑褐、稍带褐红点	带褐红色
	整碎	匀整	匀整	尚匀整	稍匀整	欠匀整
	净度	洁净	净	较净、稍有嫩梗	稍净、有嫩梗	欠净、有梗片
内质	汤色	金黄、清澈	深金黄、明亮	橙黄	深橙黄	橙红
	香气	浓郁	较浓郁	尚清高	平正	稍粗飘
	滋味	醇厚回甘、音韵明显	较醇厚、音韵明	醇和	平和	稍粗
	叶底	肥厚、软亮、匀整、红边明	较软亮、匀整、有红边	稍软亮、略匀整	稍匀整、带褐红	欠匀整、有粗叶及褐红叶

微课：陈香型铁观音的感官审评

（三）陈香型铁观音

陈香型铁观音茶是以铁观音毛茶为原料，经过拣梗、筛分、拼配、烘焙、贮存5年以上等独特工艺制成的具有陈香品质特征的铁观音产品。陈香型铁观音成品茶的工艺流程为：毛茶→验收→归堆→精制（拣梗→筛分→风选→拣剔）→号茶拼配→烘焙→贮存（5年以上）→包装→成品茶。其感官品质特征如表5-12所示。

表5-12　陈香型铁观音的感官品质特征

项目	陈香型铁观音的感官品质特征
外形	紧结，色泽乌润，匀整，洁净
汤色	深红清澈
香气	陈香浓
滋味	醇和回甘、有音韵
叶底	乌褐柔软、匀整

陈香型铁观音产品分为特级、一级、二级，其感官品质特征应符合表5-13的要求。

表5-13　各等级陈香型铁观音的感官品质特征

项目		级别		
		特级	一级	二级
外形	条索	紧结	较紧结	稍紧结
	色泽	乌褐	较乌褐	稍乌褐
	整碎	匀整	较匀整	稍匀整
	净度	洁净	洁净	较洁净
内质	汤色	深红清澈	橙红清澈	橙红
	香气	陈香浓	陈香明显	陈香较明显
	滋味	醇和回甘、有音韵	醇和	尚醇和
	叶底	乌褐柔软、匀整	较乌褐柔软、较匀整	稍乌褐、稍匀整

（四）其他类型铁观音产品

1. 鲜香型铁观音　鲜香型铁观音属于轻发酵铁观音，摇青时间较短，摊凉静置时间长，这种工艺做得好的有清爽的清花香、酸香或青酸香，需要冷冻真空保鲜。根据做青工艺处理的差异，鲜香型铁观音还细分为正炒型、消青型、拖酸型等几种风味特点。

（1）正炒型。一般是采摘后第二天上午完成炒制，即24h内进行炒制。茶叶品质比较靠近清香型铁观音。其干茶色泽翠绿带砂绿，汤色浅绿，香气以花香型为主，滋味鲜醇、音韵较明，叶底黄绿色。

（2）消青型。一般是采摘后第二天中午到晚上炒制，中午时分炒制的为消正，下午制作的为消酸。其干茶色泽翠绿，香气高扬、带酸香，滋味带鲜青酸、消青酸、熟酸，叶底青绿色。

（3）拖酸型。一般采摘后第三天凌晨炒制，36h后再炒青。这类茶有明显的“三绿”特点，即干茶绿、汤色绿、叶底绿，香味呈鲜爽的青香、酸香或青酸味。

2. 韵香型铁观音 韵香型铁观音介于清香和浓香之间，有清香型的翠绿，又具备浓香型的醇厚悠远，被称为半熟茶。在传统正味做法的基础上，茶叶发酵充分，再轻火短时间烘焙，提高滋味醇度、发展香气。其汤色黄中有绿、清澈明亮，香气带麦香和乳香，滋味醇厚甘爽、韵味足。

3. 炭焙型铁观音 在浓香型铁观音茶基础上，再次用木炭进行5～12h的炭焙制成的茶为炭焙型铁观音。炭焙型铁观音属于传统正味的好茶，品质风格与浓香型铁观音相近，口感顺滑，常温存放即可。

二、铁观音的感官审评要点

铁观音条索因包揉（揉捻）程度有所不同，干茶色泽、汤色、香气、滋味、叶底等因做青和焙火而异，与制茶技术和茶叶发酵程度相关。

（一）外形审评要点

铁观音外形审评包括紧结度、沉重度、色泽、匀整度和净度。因揉捻或包揉不同，铁观音条索大致可分为卷曲型、拳曲型、颗粒型、圆结型等。条索以紧结、肥壮、重实为佳，以尚紧结次之，以粗松为差。

干茶色泽要符合产品类型特点，与制茶技术和茶叶发酵程度相关。审评色泽首先判别茶叶整体颜色，其常见颜色有翠绿、黄绿、青绿、乌绿、暗绿、乌褐、乌润、泛红等；其次应判明茶叶的红点与砂绿。润度以油润为佳，尚润为次，枯暗为差。清香型铁观音以翠绿带砂绿为佳，浓香型铁观音以乌润带砂绿为佳，陈香型铁观音以乌褐润为佳。

（二）内质审评要点

1. 汤色 汤色审评，首先看色泽。铁观音的汤色类型丰富，有金黄绿、金黄、清黄、深金黄、浅黄、橙黄、清红、橙红等。其次审评亮度、清澈度。茶汤的颜色体现不同发酵程度，以清澈、明亮为佳，尚明亮次之，暗为差。清香型铁观音以浅绿或金黄带绿为佳，浓香型铁观音以金黄明亮为佳，陈香型铁观音以橙黄或橙红为佳。

2. 香气 香气主要审评香气的纯异、高低、类型、持久度及优雅度。铁观音品种香主要表现为兰花香、桂花香等。注意辨别“音韵”：音韵显、音韵明、有音韵。可以采用等级评语馥郁、浓郁、清高、清香、纯正来描述香气优次。

清香型铁观音以兰花香或桂花香浓郁为佳，浓香型铁观音以清高持久或浓郁为佳，陈香型铁观音以陈香浓且纯正、带果酸甜香为佳。

3. 滋味 滋味审评应综合评定三道茶汤的鲜爽度、甘醇度、厚度、音韵等。清香型铁观音以清醇甘鲜、显音韵为佳，尚鲜醇、音韵尚明次之，平和、音韵不显、带青味、涩味、闷味为差。浓香型铁观音以醇厚鲜爽回甘、显音韵为佳，尚醇厚、音韵尚明次之，平淡、带粗味、涩味、异味为差。陈香型铁观音以醇和回甘、有音韵为佳，尚醇和次之，陈香不显平淡、带粗味、涩味、杂味等为差。

4. 叶底 叶底审评侧重厚薄、软硬度、匀齐度、余香、红边、做青程度等。清香型铁观音叶底以肥厚软亮（绸缎面）、匀齐、显余香、绿带黄为佳；以尚软亮、尚匀齐、有余香为次之；以单薄、粗硬、青张、青绿、暗绿等差。浓香型铁观音叶底以肥厚软亮（绸缎面）、匀齐、有余香红边明为佳；以尚软亮、尚匀齐为次；以欠匀、粗硬、红张、暗张等为差。陈香型铁观音叶底以乌褐柔软、匀齐为佳；以尚柔软、尚匀齐为次；以欠匀、粗硬、暗张等为差。

理论测验

（一）单选题

1. 以下（　　）术语，常用于描述铁观音品质。

A. 蜜韵　　B. 音韵　　C. 陈韵　　D. 岩骨花香

2. 以下关于不同等级清香型铁观音外形品质特征描述，错误的是（　　）。

A. 特级外形紧结、重实，色泽翠绿　　B. 一级外形紧结，色泽绿润

C. 二级外形较紧结，色泽乌绿　　D. 三级外形紧结，色泽翠绿

3. 陈香型铁观音建议（　　）保存。

A. 低温　　B. 常温　　C. 高温　　D. 冷冻（—15℃）

4. 下列关于浓香型铁观音的品质特征，描述正确的是（　　）。

A. 香气陈香浓　　B. 滋味醇厚鲜爽回甘、音韵显

C. 外形紧结、匀整、洁净、色泽翠绿　　D. 汤色深红清澈，叶底乌褐柔软

5. 下列关于特级陈香型铁观音的品质特征，描述错误的是（　　）。

A. 香气陈香浓　　B. 滋味醇和回甘、有音韵

C. 外形紧结、匀整、洁净、色泽青褐　　D. 汤色深红清澈，叶底乌褐柔软，匀整

（二）判断题

1. 清香型铁观音色泽翠绿，香气浓郁，滋味清醇鲜爽、显音韵。（　　）
2. 陈香型铁观音必须存放5年以上。（　　）
3. 清香型铁观音香气浓郁带兰花香。（　　）
4. 铁观音既是茶树品种的名称，也是茶叶产品的名称。（　　）
5. 特级浓香型铁观音外形紧结，色泽翠绿。（　　）

理论测验
答案5-2

技能实训

技能实训27　铁观音的感官审评

总结铁观音的品质特征和审评要点，根据乌龙茶感官审评方法完成不同类型和等级铁观音的感官审评，提交感官审评报告，填写茶叶感官审评表（见附录）。

任务三　其他闽南乌龙茶的感官审评

任务目标

掌握闽南永春佛手、漳平水仙、诏安八仙茶、平和白芽奇兰、黄金桂、本山、毛蟹、色种等的感官品质特征及感官审评要点。

能够正确审评闽南乌龙茶产品。

知识准备

闽南乌龙茶主产于福建南部的泉州市、漳州市一带，龙岩市和三明市也多采用闽南乌龙茶工艺，产品以闽南乌龙茶类型居多，除铁观音外，各主产县域多有自己的当家品种，冠以县名，如永春佛手、诏安八仙茶、平和白芽奇兰等，产品各具风格。

一、其他闽南乌龙茶的感官品质特征

微课：永春佛手茶的感官审评

1. 永春佛手　佛手别名香橼、雪梨，原产地为安溪金榜骑虎岩。永春佛手种植面积大，主产区在永春县。

《地理标志产品　永春佛手》（GB/T 21824—2008）规定，永春佛手是在地理标志产品保护范围内的自然生态条件下，采用佛手茶树品种进行扦插繁育、栽培和采摘的鲜叶，按照独特的传统加工工艺制作而成的、具有佛手茶品质特征的乌龙茶。其初制工艺为：鲜叶→晒青→凉青→摇青→凉青→杀青→揉捻→初烘→包揉→复烘→复包揉→定型→烘干→拣梗→筛分→成品茶。永春佛手的感官品质特征如表 5 - 14 所示。

表 5 - 14　永春佛手的感官品质特征

项目	永春佛手的感官品质特征
外形	肥壮，紧卷似牡蛎干，沉重，色泽青褐乌油润，匀整，洁净
香气	浓长，品种特征明显，似香橼香，显幽长
汤色	橙黄明亮
滋味	醇、甘厚
叶底	柔软，黄亮红边明，叶张圆而大

《地理标志产品　永春佛手》（GB/T 21824—2008）中把永春佛手精茶产品分为特级、一级、二级、三级、四级，其感官品质特征如表 5 - 15 所示。

表 5 - 15　各等级永春佛手精茶的感官品质特征

项目		级别				
		特级	一级	二级	三级	四级
外形	条索	壮结、重实	较壮结	尚壮结	稍粗松	粗松
	色泽	青褐、油润	青褐、尚油润	尚润、稍带乌褐	乌褐、稍润	乌褐
	整碎	匀整	匀整	尚匀整	欠匀整	欠匀整
	净度	匀净	匀净	尚匀净	带细梗轻片	带细梗轻片

（续）

项目		级别				
		特级	一级	二级	三级	四级
内质	汤色	金黄、清澈明亮	金黄、清澈	尚金黄、清澈	橙黄	橙黄泛红
	香气	浓郁、品种香极显	清高、品种香明显	清纯、有品种香	纯正	平淡略粗
	滋味	醇厚甘爽、品种特征极显	醇厚、品种特征明显	尚醇厚、品种特征尚显	醇和	平淡略粗
	叶底	肥厚、软亮、匀整、红边明显	肥厚、软亮、匀整、红边明显	尚软亮	稍花杂粗硬	粗硬、暗褐

佛手产品分为清香型、浓香型和陈香型。

（1）清香型佛手。以佛手毛茶为原料，经过拣梗、筛分、风选、匀堆、干燥等特定工艺过程制成。清香型佛手产品分为特级、一级、二级，其感官品质特征应符合表 5 - 16 的要求。

表 5 - 16　各等级清香型佛手的感官品质特征

项目		级别		
		特级	一级	二级
外形	条索	圆结、重实	尚圆结	卷曲、尚结实
	色泽	乌绿润	乌尚润	乌绿、稍带褐红
	整碎	匀整	匀整	尚匀整
	净度	洁净	洁净	尚洁净、稍有细梗轻片
内质	汤色	浅金黄、清澈明亮	橙黄、清澈	橙黄、尚清澈
	香气	清高持久、品种香明显	尚清高、品种香尚明	清纯、稍有品种香
	滋味	醇厚甘爽	清醇、尚甘爽	尚清醇
	叶底	肥厚、软亮、匀整、叶片不规则、红点明	尚肥厚、稍软亮、匀整、叶片不规则、红点尚明	黄绿、红边明、尚匀整

（2）浓香型佛手。以佛手毛茶为原料，经过、风选、拼配、烘焙等程制成。浓香型佛手产品分为特级、一级、二级、三级、四级，其感官品质特征应符合表 5 - 17 的要求。

表 5 - 17　各等级浓香型佛手的感官品质特征

项目		级别				
		特级	一级	二级	三级	四级
外形	条索	圆结、重实	卷曲、似海蛎干	尚卷曲	稍卷曲、略粗松	粗松
	色泽	青褐润	青褐尚润	乌褐	乌褐略暗	乌褐略暗
	整碎	匀整	匀整	尚匀整	欠匀整	欠匀整
	净度	洁净	洁净	尚洁净、稍有细嫩梗	带细梗轻片	带细梗轻片

（续）

项目		级别				
		特级	一级	二级	三级	四级
内质	汤色	金黄、清澈明亮	深金黄、清澈尚亮	橙红、尚清澈	红褐	泛红略暗
	香气	熟果香显、火功香轻	熟果香尚显、火功香稍足	略有熟果香、火功香足	纯正、高火功香	高火功香、粗飘
	滋味	醇厚回甘	醇厚尚甘	尚醇厚	平和、略粗	平淡、稍粗
	叶底	肥厚、软亮、匀整、叶片不规则、红点明	尚肥厚软亮、匀整、叶片不规则、红点尚明	尚软亮、红边明	稍粗硬	粗硬、暗褐

（3）陈香型佛手。是以佛手毛茶为原料，经过拣梗、筛分、风选、拼配、干燥（烘焙）、贮存5年以上等独特工艺制成的具有陈香品质特征的佛手产品。其产品分为特级、一级、二级、三级，其感官品质特征应符合表5-18的要求。

表5-18 各等级陈香型佛手的感官品质特征

项目		级别			
		特级	一级	二级	三级
外形	条索	紧结	卷曲、似海蛎干	尚卷曲	稍卷曲、略粗松
	色泽	乌褐润	乌褐	稍乌褐	乌黑
	整碎	匀整	匀整	尚匀整	欠匀整
	净度	洁净	洁净	尚洁净、稍有细嫩梗	尚净、带细梗轻片
内质	汤色	深金黄、清澈	橙红、清澈	红褐	褐红
	香气	陈香浓郁	陈香明显	陈香较明显	略有陈香
	滋味	醇厚、回甘、透陈香	醇和、尚甘	尚醇和	平和、略粗
	叶底	乌褐、软亮、匀整	乌褐、柔软、尚匀整	稍乌褐、略匀整	乌黑、稍粗硬、欠匀整

2. 漳平水仙茶 漳平水仙茶是以漳平市行政区域内的福建水仙品种的鲜叶为原料，经过萎凋（晒青）、晾青、做青、杀青、揉捻（造型）、烘干等独特工序加工而成的具有特定品质特征的乌龙茶产品。按照外形可将其产品分为漳平水仙茶（紧压四方形）和漳平水仙茶（散茶）；按照工艺分类分为清香型漳平水仙茶（初制工艺中采用文火烘干等特定工艺）和浓香型漳平水仙茶（初制工艺后采用烘焙等特定工艺）。

微课：漳平水仙茶的感官审评

（1）清香型漳平水仙茶（紧压四方形）。具备干茶色泽砂绿间蜜黄，内质香气花香显，具兰花香（清高细长）或桂花香（馥郁），品种特征明显，滋味浓醇甘爽等品质特征。清香型漳平水仙（紧压四方茶）产品分为特级、一级、二级、三级和四级，其感官品质特征应符合表5-19的要求。

表 5-19 各等级清香型漳平水仙茶（紧压四方形）的感官品质特征

级别	外形			内质			
	形状	色泽	净度	汤色	香气	滋味	叶底
特级	四方形	砂绿间蜜黄或乌褐油润	洁净	金黄、明亮	花香显、清高细长、馥郁、品种特征明显	浓醇甘爽、品种特征显	肥厚、软亮、红边鲜明、匀齐
一级	四方形	乌褐（砂绿）、油润	洁净	橙黄、明亮	花香显、清高、品种特征尚显	浓醇、品种特征明	肥厚、黄亮、红边鲜明、匀齐
二级	四方形	乌褐、较润	洁净	橙黄亮	清纯、带花香	醇厚	软、黄亮、红边较匀齐
三级	四方形	乌褐、尚润	洁净	橙黄	纯正	醇和	尚软、较亮、有红边
四级	四方形	乌褐	洁净	深橙黄	尚纯正	尚醇	尚软亮、有红边

（2）浓香型漳平水仙茶（紧压四方形）。产品分为特级、一级、二级、三级和四级，其感官品质特征应符合表 5-20 的要求。

表 5-20 各等级浓香型漳平水仙茶（紧压四方形）的感官品质特征

级别	外形			内质			
	形状	色泽	净度	汤色	香气	滋味	叶底
特级	四方形	乌褐、油润	洁净	金黄、明亮	浓郁	醇厚回甘、品种特征显	肥厚、软亮、有红边
一级	四方形	乌褐、油润	洁净	深金黄、明亮	较浓郁	较醇厚、品种特征较显	软亮、有红边
二级	四方形	乌褐、较润	洁净	橙黄	较浓	醇、尚浓	较软亮、有红边
三级	四方形	乌褐、尚润	洁净	深橙黄	尚浓	尚浓	尚软亮、有红边
四级	四方形	乌褐、尚润	洁净	橙红	平正	平和	尚软、有红边

（3）清香型漳平水仙茶（散茶）。产品分为特级、一级、二级、三级，其感官品质特征应符合表 5-21 的要求。

表 5-21 各等级清香型漳平水仙茶（散茶）的感官品质特征

级别	外形				内质			
	形状	色泽	整碎	净度	汤色	香气	滋味	叶底
特级	壮结	砂绿、油润	匀整	洁净	金黄、清澈、明亮	浓郁鲜锐、品种特征明显	浓醇鲜爽、品种特征显	肥嫩软亮、红边鲜艳
一级	壮结	砂绿、尚油润	匀整	洁净	金黄、明亮	尚浓郁、品种特征明显	浓醇、品种特征尚显	肥厚软亮、红边明显
二级	壮实	黄褐、尚润	较匀整	洁净	橙黄、较明亮	较清纯、品种特征尚显	较浓醇	软亮、红边尚显
三级	尚壮实	黄褐	尚匀整	洁净	深橙黄、尚明	纯正	尚浓	尚软、有红边

（4）浓香型漳平水仙茶（散茶）。产品分为特级、一级、二级、三级，其感官品质特征应符合表 5-22 的要求。

表 5-22 各等级浓香型漳平水仙茶（散茶）的感官品质特征

级别	外形				内质			
	形状	色泽	整碎	净度	汤色	香气	滋味	叶底
特级	壮结	乌褐、润	匀整	洁净	橙黄、明亮	浓郁高长	醇厚、甘爽	肥厚、软亮
一级	较壮结	乌褐、较润	匀整	洁净	橙黄、较明亮	较浓郁	较醇厚、尚甘	尚肥厚、尚软亮
二级	壮实	乌褐、尚润	较匀整	较洁净	橙红、尚亮	尚浓	尚浓醇	较软亮
三级	尚壮实	乌褐	尚匀整	尚洁净	橙红	平正	尚浓	尚软亮

3. 诏安八仙茶 八仙茶又称大叶黄�，既是茶树品种名，又是茶叶商品名。福建省诏安县科学技术委员会于1965—1986年从诏安县秀篆镇寨坪村群体中采用单株育种法育成。八仙茶茶树属小乔木型、大叶类、特早生种，在福建、广东乌龙茶茶区有较大面积栽培，1994年通过全国农作物品种审定委员会审定。诏安八仙茶是以漳州市诏安县所辖区域内的茶树品种八仙茶的鲜叶为原料，经萎凋、做青、杀青、揉捻、干燥等工序加工而成的乌龙茶产品。诏安八仙茶的产品等级划分为特级、一级、二级，三级，其感官品质特征如表5-23所示。

微课：诏安八仙茶的感官审评

表 5-23 各等级诏安八仙茶的感官品质特征

级别	外形				内质			
	形状	色泽	整碎	净度	汤色	香气	滋味	叶底
特级	紧结、壮实	青褐带蜜黄、油润	匀整	匀净	橙黄、明亮	馥郁持久、品种香突出	浓厚甘爽	柔软、明亮、红边鲜明
一级	紧结、较壮实	青褐、较油润	较匀整	较匀净	橙黄、较亮	清高持久、品种香明显	醇厚爽口	柔软、红边明显
二级	较紧结	乌褐、略带黄褐	尚匀整	尚匀净	橙黄	清香、尚持久	醇厚	较柔软
三级	尚紧结	乌褐、带黄褐	尚匀整	略带黄片	深黄	纯正	浓略涩	尚柔软

4. 黄金桂 黄金桂是以茶树品种黄金桂（又名黄旦）的叶、驻芽和嫩茎为原料，依次经萎凋、做青、杀青、揉捻（包揉）、烘干等独特工艺加工而成的、具有特定品质特征的茶叶产品。黄金桂原产于福建省安溪县，其品质具有“一早二奇”的特点，“一早”即萌芽、采制、上市早，“二奇”即外形“黄、匀、细”，内质“香、奇、鲜”。其感官品质特征如表5-24所示。

表 5-24 黄金桂的感官品质特征

项目	黄金桂的感官品质特征
外形	紧结、卷曲，黄绿油润，匀整，洁净
香气	高强清长，香型优雅，有“露在其外”之感，俗称“透天香”
汤色	金黄明亮
滋味	清醇鲜爽
叶底	柔软黄绿明亮、红边鲜亮

国家标准《乌龙茶 第3部分：黄金桂》(GB/T 30357.3—2015）规定，黄金桂产品分

为特级、一级，各等级黄金桂的感官品质特征如表 5－25 所示。

表 5－25　各等级黄金桂的感官品质特征

级别	外形				内质			
	形状	色泽	整碎	净度	汤色	香气	滋味	叶底
特级	紧结	黄绿、有光泽	匀整	洁净	金黄、明亮	花香、清高持久	清醇鲜爽、品种特征显	软亮、有余香
一级	紧实	尚黄绿	尚匀整	尚洁净	清黄	花香、尚清高持久	醇、品种特征显	尚软亮、匀整

微课：平和白芽奇兰的感官审评

5. 白芽奇兰　白芽奇兰以白芽奇兰茶树品种的鲜叶为原料，经萎凋、做青、杀青、揉捻（包揉）、烘干等独特工艺加工而成，主产于福建省漳州市平和、南靖一带，茶园大都分布在平和县海拔 600～800m 地区，以大芹山、彭溪等地岩壑所生产的茶叶最具山谷风韵和“奇香兰韵”，其感官品质特征如表 5－26、表 5－27所示。

表 5－26　各等级颗粒形白芽奇兰的感官品质特征（清香型）

级别	外形				内质			
	形状	色泽	整碎	净度	汤色	香气	滋味	叶底
特级	圆结、重实	砂绿、油润	匀整	洁净	金黄、清澈明亮	清雅幽长、品种香显	鲜醇甘爽	柔软、明亮、匀整
一级	圆结、较重实	砂绿、较油润	匀整	洁净	金黄明亮	清高持久、品种香较显	醇厚清爽	柔软、较亮、较匀整
二级	圆紧、尚壮实	乌绿尚润	较匀整	较洁净	橙黄尚亮	清香	醇和尚爽	尚软亮、较匀整
三级	较圆紧	乌绿带褐	尚匀整	尚洁净	深橙黄	纯正	醇和	稍匀整

表 5－27　各等级颗粒形白芽奇兰的感官品质特征（浓香型）

级别	外形				内质			
	形状	色泽	整碎	净度	汤色	香气	滋味	叶底
特级	圆结、重实	乌褐、油润	匀整	洁净	金黄、清澈明亮	浓郁持久、品种香显	醇厚甘爽	柔软明亮、匀整
一级	圆结、较重实	乌褐、较油润	匀整	洁净	金黄明亮	浓纯较持久、品种香较显	醇厚	柔软、较亮、较匀整
二级	圆紧、尚壮实	乌褐、尚润	较匀整	较洁净	橙黄尚亮	较浓纯、有品种香	醇和	尚软亮、较匀整
三级	较圆紧	乌褐	尚匀整	尚洁净	深橙黄	纯正	平和	稍匀整

“奇香兰韵”是白芽奇兰茶树在漳州平和县等特定的生长环境下，采用优良的栽培方法和传统的制作工艺形成的优异品质，表现为香气浓郁锐长，滋味浓醇带兰花香，回甘明显，齿颊留香。

6. 本山 本山由本山茶树品种加工而成。计划经济时期，本山作为色种的拼配茶之一，在色种中品质最好，现在也有单独销售。其感官品质特征如表5-28所示。

表5-28 本山的感官品质特征

项目	本山的感官品质特征
外形	壮实、沉重，梗鲜亮、较细瘦，如“竹子节”，色泽鲜润如“香蕉色”
香气	似观音，较清淡
汤色	金黄或橙黄、明亮
滋味	醇厚鲜爽
叶底	黄绿，主脉明显、呈白色

在闽南乌龙茶中，本山的品质特征与铁观音最为相似，仔细辨别，二者有明显区别：①外形上铁观音比本山壮实；②香气上二者均显花香，本山只显浓；③滋味上铁观音有明显的“音韵”；④叶底上铁观音较肥厚、有“绸缎面”，本山叶张较观音薄、主脉较细呈白色。

7. 毛蟹 毛蟹品种特征明显，其叶形较圆，叶质较硬，叶色深绿色，叶缘的锯齿锐利呈鹰钩状，叶背有较多白色的茸毛。毛蟹原是色种拼配茶的原料之一，现在也有单独销售，但是产量较少。其感官品质特征如表5-29所示。

表5-29 毛蟹的感官品质特征

项目	毛蟹的感官品质特征
外形	紧结，色泽乌绿或乌润
香气	较高
汤色	黄明
滋味	浓醇
叶底	软亮、匀整

8. 大叶乌龙 大叶乌龙于1985年被认定为国家级茶树品种，原产于安溪，属无性系品种，叶椭圆形或近倒卵形，叶色暗绿，叶厚质脆，锯齿较细明，其感官品质如表5-30所示。

表5-30 大叶乌龙的感官品质特征

项目	大叶乌龙的感官品质特征
外形	肥壮、紧结、重实，梗壮，色泽乌绿或砂绿稍润，枝梗长壮，叶蒂稍粗大
香气	清纯高长，花香显
汤色	浅黄或金黄、明亮
滋味	浓厚或带甘鲜
叶底	肥厚，软亮、红边

9. 闽南色种 色种是闽南主要的出口茶之一。闽南色种由本山、黄金桂、毛蟹、梅占、奇兰、桃仁等多个乌龙茶品种拼配而成，色种茶产品分为特级、一级、二级、三级，其感官品质特征如表5-31所示。

表 5-31 各等级闽南色种的感官品质特征

项目		特级	一级	二级	三级
外形	形状	紧结、卷曲	壮结	较壮结	尚壮结
	色泽	砂绿、油润	砂绿、油润	稍砂绿、尚乌润	尚乌润
	整碎	匀整	匀整	尚匀整	稍整齐
	净度	洁净	匀净	尚匀净、夹细梗	尚匀净、夹细梗
内质	香气	清香	清纯	尚浓欠长	稍淡
	滋味	鲜醇甘爽	尚醇厚	尚醇	尚浓、稍粗
	汤色	橙黄、清澈明亮	橙黄、清澈	橙黄	深橙黄
	叶底	肥厚、软亮、匀整	软亮、尚匀整	尚软亮、尚匀整	欠匀亮

二、其他闽南乌龙茶的感官审评要点

闽南乌龙茶条索因包揉（揉捻）程度不同而异；干茶色泽、汤色、香气、滋味、叶底等与品种、做青、焙火、季节等密切相关。

（一）外形审评要点

闽南乌龙茶造型丰富，有卷曲形、条形、拳曲形、颗粒形、方块形等。除方块形外，其他一般从紧结度、重实度等方面区别优次，要求形状特征明显、壮结或紧结、重实；粗松的为次。

色泽审评深浅、润枯、匀杂、品种呈色特征。闽南乌龙茶以油润为佳，以枯燥为次。

整碎审评匀整、碎末茶含量。以大小、壮细、长短等一致为佳，以大小、壮细、长短不一或含碎茶为次。

净度审评梗、片等夹杂物含量。精制茶要求洁净无梗杂，级次较低的一般含有梗、片。

（二）内质审评要点

1. 汤色 汤色审评主要鉴别颜色和清浊程度。一般情况下，同一个品种花色，高档茶为金黄、深金黄色，且清澈明亮；中级茶呈深金黄、橙黄；低档茶一般色较深，呈深黄泛红至暗红色。但应注意，不同花色之间，色泽特征要求不一；同一花色中，汤色与等级有一定的关系；不同的花色需要按不同要求评定。

2. 香气 香气主要审评香气纯异、高低、类型、持久度、优雅度及品种香。水仙的品种香主要表现为兰花香、桂花香等，佛手品种香表现为似香橼香，黄金桂品种香表现为桂花香，白芽奇兰的品种香表现为“奇香兰韵”，诏安八仙茶的品种香表现为花蜜香等。不同茶树品种的“品种香”表述为：品种香显→品种香明→有品种香。香气一般采用的等级评语为：馥郁、浓郁、清锐、清高、清纯、纯正、平正、稍粗。

高档茶香高、质清，香型明显，如“韵香”“自然花香”“熟果香”，浓郁持久；中级茶香气纯正或香浓而清纯度欠缺，火工不足的带青气；低级茶香气低粗，火工不足的显粗青气。清香型的以花香浓郁为佳，浓香型的以清高持久或浓郁为佳，陈香型的以陈香浓且纯正为佳。

3. 滋味 滋味审评综合评定三道茶汤的浓淡、苦甘、爽涩、厚度、品种特征等。要求滋味醇厚或浓厚甘爽。一般高档茶浓厚与醇爽兼备；中级茶味浓而醇爽度不足，有的带涩

（夏、暑茶）、粗浓（闽南地区的梅占）、浓涩（夏暑茶）、带微青（轻发酵乌龙茶）；低级茶一般茶味粗，有的粗涩或平淡。不同茶树品种的品种特征级别表述为：品种特征显→品种特征明→有品种特征。滋味的级别表述为：浓厚鲜爽→醇厚→尚厚、尚醇厚→带涩→粗涩。

4. 叶底 叶底审评侧重厚薄、软硬度、匀齐度、余香、红边、做青程度等。闽南清香型乌龙茶叶底以软亮、匀齐为佳，以尚软亮、尚匀齐为次，以单薄、粗硬、青张、青绿、暗绿等为差。闽南浓香型乌龙茶叶底以软亮、匀齐、红边明为佳，以尚软亮、尚匀齐为次，以欠匀、粗硬、红张、暗张等为差。闽南陈香型乌龙茶叶底以乌褐柔软、匀齐为佳，以尚柔软、尚匀齐为次，以欠匀、粗硬、暗张等为差。

（三）其他审评要点

1. 注意品种差异 福建乌龙茶茶树品种多样，制得的乌龙茶产品品质特征各异，因此乌龙茶产品大多以茶树品种来命名。例如，铁观音、黄金桂、八仙茶、白芽奇兰等，既是茶树品种的名称，也是茶叶产品的名称。培育管理和采制工艺对形成乌龙茶各品种外形（肥壮、紧结、卷曲、圆结、轻飘、粗松等）及色泽（砂绿、乌绿、油润、乌润、乌褐、枯红等）特征有着密切的相关性。

2. 注意做青差异 例如，佛手品种由于初制工艺中做青程度的不同，虽都具备了该品种特征的共性，但在品质风格上呈现不同的风格。第一种香气浓郁似香橼香，滋味醇厚回甘，品种特征显，汤色金黄，叶底软亮红边显。第二种香气浓郁清长花香显，滋味醇厚回甘带花香，品种特征显，汤色金黄，叶底软亮、肥厚、红边显。第三种香气馥郁持久带果香，滋味醇厚、鲜爽带果香，品种特征显，汤色橙黄清澈，叶底肥软、红边明亮。

3. 注意火功差异 乌龙茶内质讲究地区、品种、季节香味、火功等。经过筛制拼配的成品茶形成了不同的花色等级。高档茶保持自然香味，要求火候适当，防止“返青”，也防止过度而“失香”；中低档茶火候稍重，减少粗、青、涩味。乌龙茶内质审评以香气、滋味为主要因子，汤色、叶底仅作为辅助因子。

4. 注意季节差别 闽南乌龙茶有春、夏、秋之分。一般春茶条索肥壮度较好，色泽油润，香气浓郁持久或清高，滋味醇厚甘爽或浓醇爽口，汤色明亮，叶底厚度较好。一般夏（暑）茶条索轻硬挺，略比春茶细瘦些，老嫩较不一致，有片朴，色泽暗绿或褐红色，香气清淡带有夏（暑）茶气，汤色明，滋味略淡，微带粗涩味，无鲜甘感，叶底稍暗红、欠柔软。秋茶条索尚紧结、带有片朴，一般条索较细，梗短小，色泽翠绿，鲜润有光，梗青绿色，红点鲜明、带砂绿，香气高长、鲜锐，称为“秋香”，滋味清雅爽口，汤色清黄或微黄绿色，俗语称“绿豆水”，叶底绿亮，红点鲜艳。

三、出口乌龙茶唛号

出口乌龙茶的唛号详见表 5－32。

（1）字母×××代表。品种＋厂名＋季节＋级别，如 K101 指安溪茶厂生产的春茶铁观音一级。

（2）品种代号。K：铁观音；S：色种；L：乌龙；Y：水仙；C：奇种；H：香橼；W：武夷；等等。

（3）茶厂代号。1：安溪；2：漳州；3：建瓯；4：永春；5：厦门；6：永泰；等等。

（4）级别代号。0：特级；1：一级；2：二级；3：三级；4：四级；6：粗片；7：细片；

8、9：梗。

(5) 季节代号。0：春季；1：秋季。

表 5-32　出口乌龙茶的唛号

品名	级别	唛号
铁观音	特级	K100
	特级（秋茶）	K110
	一级	K101
	二级	K102
	三级	K103
色种	四级	K104
	特级	S100
	特级（秋茶）	S110
	一级	S101
	二级	S102
	三级	S103
	四级	S104
黄金桂	特级	H100
	特级（秋茶）	H110
	一级	H101
	一级（秋茶）	H111
级外茶	色种粗茶	S106
	色种细茶	S107
	铁观音细茶	K107
级外茶	一号梗	S108
	二号梗	S109
闽北水仙	特级	Y300
	一级	Y301
	二级	Y302
	三级	Y303
	四级	Y304
	粗茶	Y306
	细茶	Y307
漳州色种	特级	S200
	一级	S201
	二级	S202
	三级	S203
	四级	S204
永春香橼	特级	H400
	一级	H401
	二级	H402
	三级	H403
	四级	H404

理论测验

(一) 单选题

1. (　　) 香气浓长，品种特征明显，似香橼香，显幽长。

A. 铁观音　　B. 毛蟹　　C. 永春佛手　　D. 黄金桂

2. 清香型漳平水仙茶（紧压四方形），香气花香显，具（　　）（清高细长）或桂花香（馥郁）。

A. 桂皮香　　B. 兰花香　　C. 蜜桃香　　D. 玫瑰香

3. (　　) 品质具有“一早二奇”的特点，“一早”即萌芽、采制、上市早，“二奇”即外形“黄、匀、细”，内质“香、奇、鲜”。

A. 白芽奇兰　　B. 黄金桂　　C. 永春佛手　　D. 诏安八仙茶

4. 白芽奇兰以（　　）为品质特色。

A. 奇香兰韵　　B. 透天香　　C. 桂花香　　D. 蜜兰香

5.（　　）外形壮实沉重，梗鲜亮、较细瘦，如“竹子节”，色泽鲜润如“香蕉色”。

A. 黄金桂　　B. 毛蟹　　C. 本山　　D. 永春佛手

（二）判断题

1. 永春佛手产品分为清香型、浓香型和陈香型。（　　）

2. 诏安八仙茶外形条索形，紧结、壮实，色泽青褐带蜜黄。（　　）

3. 毛蟹品种叶缘的锯齿锐利呈鹰钩状，叶背有较多白色的茸毛。（　　）

4. 闽南色种是闽南主要的出口茶之一，由本山、黄金桂、毛蟹、梅占等多个乌龙茶品种拼配而成。（　　）

5. 唛号“K101”代表黄金桂，产地是安溪。（　　）

理论测验
答案 5-3

技能实训

技能实训 28　闽南乌龙茶的感官审评

总结闽南乌龙茶的品质特征和审评要点，根据乌龙茶感官审评方法完成不同类型和等级铁观音的感官审评，提交感官审评报告，填写茶叶感官审评表（见附录）。

任务四　武夷岩茶的感官审评

任务目标

掌握武夷大红袍、武夷肉桂、武夷水仙、武夷奇种、名丛的感官品质特征及感官审评要点。

能够正确审评武夷岩茶产品。

知识准备

武夷岩茶是指在武夷山独特的自然生态环境条件下，选用适宜的茶树品种进行无性繁育和栽培，并用独特的传统加工工艺制作而成，具有岩韵（岩骨花香）品质特征的乌龙茶。

武夷山西北地势高，且群峰耸立，能阻挡西北部寒流的侵袭，气候温暖，具有亚热带气候特征，四条溪流和峰峦、丘陵相互交错，形成独特的微域气候，空气湿润、多雾。大部分茶区的土壤为火山砾石、红砂岩及页岩，土壤表层腐殖质较厚，有机质含量高，形成许多独特的小气候环境。

历史上的武夷岩茶根据产地分为正岩茶、半岩茶和洲茶。正岩茶也称大岩茶，是指武夷山中三条坑各大岩所产的茶，茶青采自武夷山风景名胜区内，代表山场如“三坑”“两涧”“两窠”，三坑指牛栏坑、慧苑坑、倒水坑，两涧指流香涧、悟源涧，两窠指竹窠、九龙窠。半岩茶也称小岩茶，产在武夷山风景名胜区周边，为正岩茶产区以外所产的茶叶。洲茶是指溪沿洲地所产的茶叶，产自武夷山风景名胜区附近的乡、镇。品质上以正岩茶最好，半岩茶次之，洲茶最差。正岩茶香高持久，岩韵显，汤色明艳，味甘厚，可以冲泡六七次，叶质肥厚柔软，红边明显。半岩茶香虽高但不及正岩茶持久，稍欠韵味。洲茶色泽带枯暗，香低味淡，为岩茶中的低级产品。

武夷岩茶多数以茶树品种的名称命名。武夷山茶树品种丰富，以肉桂、水仙、大红袍为主；名丛如水金龟、铁罗汉、白鸡冠等都是从菜茶品种中选育出来的；还有毛蟹、本山、黄旦、奇兰、佛手、梅占等，这些品种都是从闽南引入；福建省农业科学院茶叶研究所和武夷山市茶叶科学研究所培育的新品种在武夷山也有种植，如金观音、黄观音、春兰、丹桂、悦茗香、金凤凰等。

国家标准《地理标志产品　武夷岩茶》（GB/T 18745—2006）规定，武夷岩茶产品分为大红袍、名丛、肉桂、水仙、奇种。

一、武夷岩茶的感官品质特征

微课：武夷大红袍的感官审评

1. 大红袍　大红袍既是茶树品种的名称，又是茶叶商品名。大红袍是武夷传统五大珍贵名丛之一，来源于武夷山风景区天心岩九龙窠岩壁上的母树。大红袍是无性系，灌木型，中叶类、晚生种，由武夷山市茶业局选育，2012 年通过福建省农作物品种审定委员会审定，在福建武夷山茶区有较大面积种植，它既保持了母树大红袍的优良特性，又有特殊的香韵品质，其感官品质特征如表 5 - 33 所示。

表 5-33　大红袍的感官品质特征

项目	大红袍的感官品质特征
外形	紧结、壮实、稍扭曲，色泽青褐油润带宝色，匀整，洁净
香气	馥郁，有锐、浓长、清、幽远之感
汤色	橙黄、清澈明亮
滋味	浓而醇厚、鲜滑回甘、岩韵明显
叶底	软亮、匀齐，红边鲜明

大红袍产品分为特级、一级、二级（表 5-34）。

表 5-34　各等级大红袍的感官品质特征

项目		级别		
		特级	一级	二级
外形	条索	紧结、壮实、稍扭曲	紧结、壮实	紧结、较壮实
	色泽	油润或带宝色	油润或稍带宝色	油润、红点明显
	整碎	匀整	匀整	较匀整
	净度	洁净	洁净	洁净
内质	汤色	深橙黄、清澈、艳丽	深橙黄、较清澈、艳丽	金黄、清澈、明亮
	香气	锐、浓长或幽、清远	浓长或幽、清远	幽长
	滋味	岩韵明显、醇厚、回味甘爽、杯底有余香	岩韵显、醇厚、回甘快、杯底有余香	岩韵明、较醇厚、回甘、杯底有余香
	叶底	软亮匀齐、红边或带朱砂红	较软亮匀齐、红边或带朱砂红	较软亮、较匀齐、红边

2. 武夷肉桂　肉桂原为武夷名丛之一，原产于福建省武夷山马枕峰（慧苑岩亦有与此齐名之树），已有 100 多年栽培史，是 20 世纪 80 年代选育推广的品种，以香气辛锐、浓长、似桂皮香而突出。肉桂属无性系，灌木型，中叶类，晚生种，1985 年通过福建省农作物品种审定委员会审定，主要分布在福建武夷山内山（岩山），福建北部、中部、南部乌龙茶茶区有大面积栽培。武夷肉桂的感官品质特征如表 5-35 所示。

微课：武夷肉桂的感官审评

表 5-35　武夷肉桂的感官品质特征

项目	肉桂的感官品质特征
外形	卷曲、紧结，色泽褐绿油润有光，匀整，洁净
香气	浓郁持久，以辛锐见长，有蜜桃香和桂皮香，佳者带乳香
汤色	橙黄、清澈明亮
滋味	醇厚鲜爽、岩韵明显、回甘快且持久
叶底	软亮匀齐、红边明显

武夷肉桂产品分特级、一级、二级（表 5-36）。

表 5-36　各等级武夷肉桂的感官品质特征

项目		级别		
		特级	一级	二级
外形	条索	肥壮、紧结、沉重	较肥壮、结实、沉重	尚结实、卷曲、稍沉重
	色泽	油润、砂绿明、红点明显	油润、砂绿较明、红点较明显	乌润、稍带褐红色或褐绿
	整碎	匀整	较匀整	尚匀整
	净度	洁净	较洁净	尚洁净
内质	香气	浓郁持久、似有乳香、蜜桃香或桂皮香	清高幽长	清香
	滋味	醇厚鲜爽、岩韵明显	醇厚尚鲜、岩韵明	醇和、岩韵略显
	汤色	金黄、清澈明亮	橙黄、清澈	橙黄、略深
	叶底	肥厚、软亮、匀齐、红边明显	软亮、匀齐、红边明显	红边欠匀

微课：武夷水仙的感官审评

3. 武夷水仙　武夷水仙又名水吉水仙，原产于建阳区小湖乡大湖村，后引种到武夷山，在武夷山已有近百年的栽培史。水仙属无性系、小乔木型、大叶类、晚生种，福建北部、南部都有大面积种植。武夷水仙品质优良稳定，其感官品质特征如表 5-37 所示。

表 5-37　武夷水仙的感官品质特征

项目	武夷水仙的感官品质特征
外形	肥壮、重实、叶端扭曲，主脉宽大扁平，色泽绿褐油润或青褐油润带蜜黄
香气	鲜锐或浓郁清长，具特有的兰花香
汤色	橙黄、清澈明亮
滋味	浓厚、甘滑清爽、岩韵明显，品种特征显
叶底	肥厚软亮，红边鲜明

武夷水仙产品分特级、一级、二级、三级（表 5-38）。

表 5-38　各等级武夷水仙的感官品质特征

项目		级别			
		特级	一级	二级	三级
外形	条索	壮结	壮结	壮实	尚壮实
	色泽	油润	尚油润	稍带褐色	褐色
	整碎	匀整	匀整	较匀整	尚匀整
	净度	洁净	洁净	较洁净	尚洁净
内质	香气	浓郁鲜锐、特征明显	清香、特征显	尚清纯、特征尚显	特征稍显
	滋味	浓爽鲜锐、品种特征显露、岩韵明显	醇厚、品种特征显、岩韵明	较醇厚、品种特征尚显、岩韵尚明	浓厚、有品种特征
	汤色	金黄、清澈	金黄	橙黄、稍深	深黄、泛红
	叶底	肥嫩软亮、红边鲜艳	肥厚软亮、红边明显	软亮、红边尚显	软亮、红边欠匀

4. 名丛 名丛来自武夷菜茶，是从武夷菜茶有性群体中分离优良单株所得，但又区别于菜茶。慧苑坑山谷深幽，终年云雾不断，是名丛的集中地，自古有几百个名丛品种之多，早在1942年林馥泉便统计出有840余种，有名字可查的也有264个，其中武夷山著名的铁罗汉、白鸡冠、白瑞香、正太阴、正太阳等名丛都出自慧苑。

铁罗汉属无性系、灌木型、中叶类、中生种，是武夷山最早的名丛之一，原产于武夷山市慧苑岩之内的鬼洞（亦称峰窠坑），香气馥郁幽长，多次冲泡仍有余香。其外形条索紧结，叶端稍扭曲，色泽油润；香气独特、浓郁幽长，滋味浓厚爽口、品种特征明显、岩韵明显，汤色明亮，叶底软亮、红边明显。

水金龟属无性系、灌木型、中叶类、晚生种，是武夷山传统五大名丛之一，原产于牛栏坑杜葛寨的半崖上。其外形条索紧结，叶端稍扭曲，色泽油润；香气较浓郁高爽、带蜡梅花香，滋味浓醇甘爽、品种特征明显、岩韵明显，汤色明亮，叶底软亮、红边明显。

半天妖原名半天鹞，又名半天夭、半天腰，属无性系、灌木型、中叶类、晚生种，是武夷山传统名丛之一，原产于三花峰之第三峰绝顶崖上。其外形条索壮结，叶端稍扭曲，色泽油润；香气馥郁似蜜香，滋味浓厚回甘、品种特征明显、岩韵明显，汤色明亮，叶底黄亮、红边明显。

白鸡冠属无性系、灌木型、中叶类、晚生种，是武夷山传统名丛之一，原产于慧苑岩火焰峰下的外鬼洞。其芽叶奇特，叶色浅绿而微显黄色，芽儿弯弯又毛茸茸的，形态似白锦鸡头上的鸡冠，故名白鸡冠。其外形条索紧结，叶端稍扭曲，色泽黄褐润；香气较浓郁持久、品种香突出，滋味较醇厚、品种特征明显、岩韵明显，汤色明亮，叶底黄亮、红边明显。

武夷名丛不分等级，其感官品质特征如表5-39所示。

表5-39 武夷名丛的感官品质特征

项目	武夷名丛的感官品质特征
外形	紧结、壮实，色泽带宝色或油润
香气	较锐、浓长或幽、清远
汤色	深橙黄、清澈明亮
滋味	醇厚、回甘快、岩韵明显、杯底有余香
叶底	软亮、匀齐，红边或带朱砂色

5. 武夷奇种 武夷奇种也称武夷菜茶，是武夷山原始的有性系群体茶树品种，采摘自菜茶或其他品种。武夷奇种的感官品质特征如表5-40所示。

表5-40 武夷奇种的感官品质特征

项目	武夷奇种的感官品质特征
外形	紧结、重实，端梢扭曲，色泽乌褐较油润
香气	清高细长
汤色	金黄明亮
滋味	清醇甘爽、喉韵较显
叶底	软亮、较匀齐，红边稍显

武夷奇种产品分特级、一级、二级、三级（表5-41）。

表 5-41 各等级武夷奇种的感官品质特征

项目		级别			
		特级	一级	二级	三级
外形	条索	紧结、重实	结实	尚结实	尚壮实
	色泽	翠润	油润	尚油润	尚润
	整碎	匀整	匀整	较匀整	尚匀整
	净度	洁净	洁净	较洁净	尚洁净
内质	香气	清高	清纯	尚浓	平正
	滋味	清醇甘爽、岩韵显	尚醇厚、岩韵明	尚醇正	欠醇
	汤色	金黄、清澈	较金黄、清澈	金黄、稍深	橙黄、稍深
	叶底	软亮、匀齐、红边鲜艳	软亮、较匀齐、红边明显	尚软亮、匀整	欠匀、稍亮

二、武夷岩茶的感官审评要点

武夷岩茶条索因品种而有所不同，干茶色泽、汤色、香气、滋味、叶底等与品种、做青、焙火、季节等相关。

（一）外形审评要点

武夷岩茶外形以条形为主，一般从肥壮度、紧结度、重实度区别优次，要求形状符合品种特征，以壮结或紧结、沉重为佳，以尚壮结或尚紧结、结实为次，以粗松为差。例如，武夷水仙和武夷奇种的外形同是条形、叶端扭曲，水仙比奇种壮大，水仙壮大、弯曲，主脉宽大扁平，具“蜻蜓头”（茶条肥壮，叶端卷曲，紧结似蜻蜓头）“三节色”，而奇种条形中等。

干茶色泽审评颜色、枯润、鲜暗，以鲜活油润为好，死红枯暗为次。“砂绿”指色似蛙皮绿而有光泽，是优质武夷岩茶的色泽；“青褐”指色泽青褐带灰光，又称宝光；“鳝皮色”指砂绿蜜黄似鳝鱼皮色；“蛤蟆背”指叶背起蛙皮状砂粒白点；“乌润”指乌黑而有光泽；“油润”指光泽好；“三节色”指茶条尾部呈砂绿色，中部呈乌色，头部淡红色。

整碎审评匀整、碎末茶含量。以大小、壮细、长短等一致为佳，以大小、壮细、长短不一或碎茶多为差。

净度审评梗、黄片等夹杂物含量。精制茶要求洁净、无梗杂，低档茶一般含有较多的梗、片。

（二）内质审评要点

1. 汤色 汤色审评主要鉴别颜色和清浊程度。汤色以清澈明亮为佳，依火功从轻到重的汤色为金黄、橙黄、橙红明亮，视品种和加工方法而异。汤色也受火候影响，一般而言火候轻的汤色浅，火候足的汤色深；高级茶火候轻而汤色浅，中低级茶火候足汤色深、有深黄泛红至暗红色。但也有武夷正岩茶火候较足，汤色也显深些，但品质仍好。因此，汤色仅作参考。

2. 香气 香气主要审评香气纯异、高低、类型、持久度及优雅度。审评时要带汤嗅杯盖香气。在每泡次的规定时间后拿起杯盖，靠近鼻子，嗅杯中随水汽蒸发出来的香气。第一次嗅香气的高低，看是否有异气；第二次辨别香气类型、粗细；第三次嗅香气的持久程度。

香气以花香或花果香细锐、高长为优，以粗钝低短的为次。仔细区分不同品种茶的独特香气，如武夷肉桂具有似桂皮香、水仙品种香主要表现为兰花香等。

注意辨别不同茶树品种的“品种特征”明显程度，香气等级评语为：馥郁、浓郁、清锐、清高→清纯→纯正→平正→稍粗。“浓郁”指带有浓郁持久的特殊花果香；“馥郁”比浓郁香气更雅；“清高”指香气清长，但不浓郁；“清香”指清纯柔和，香气欠高但很幽雅。

注意辨别不同的焙火程度。武夷岩茶的“甜香”指香气高而具有甜感。

3. 滋味 滋味审评需综合评定三道茶汤的浓淡、苦甘、爽涩、厚度、品种特征、岩韵等。评定时以浓厚、浓醇、鲜爽、回甘、显岩韵者为佳，以粗淡、粗涩者为次。

武夷岩茶首重岩韵。“岩韵”亦指“岩骨花香”，是武夷岩茶独特的土壤和生态环境、适宜的茶树品种、科学的栽培技术及传统的制作工艺综合形成的香气和滋味，要用舌本去细辨，用喉底去感受。姚月明认为岩韵是一种味感特别醇而厚、能长留舌本（口腔）、回味持久深长的感觉。

滋味的级别表述一般为：浓厚、鲜爽→醇厚→尚厚、尚醇厚→带涩→粗涩、粗浓。“浓厚”指味浓而不涩，浓醇适口，回味清甘；“醇厚”指浓纯可口，回味略甜；“回甘”指茶汤入口先微苦、后回味有甜感；“醇和”指味清爽带甜，鲜味不足，无粗杂味；“甘滑”指带甘味而滑润；“粗浓”指味粗而浓，入口有粗糙辣舌之感。

4. 叶底 叶底审评侧重厚薄、软硬度、匀齐度、余香、红边、做青程度等。一般以叶张完整、肥厚、软亮，色泽青绿稍带黄，叶缘红边显为佳；以叶底粗硬、枯暗、乌黑为差。“软亮”指叶质柔软，叶色透明发亮；“肥亮”指叶肉肥厚，叶色透明发亮。

乌龙茶的香气、滋味与茶树品种、栽培管理、制造工艺、区域、季节都密切相关。优良的茶树品种是影响品质的首要因素，也是形成香气、滋味的重要基础。福建省乌龙茶良种很多，每一个品种都有它独特的品种香、品种味，这是任何农技措施所不能取代的，还须靠审评人员长期的训练来掌握。例如，肉桂品种由于种植在不同的山头地段，岩上的香气大多显馥郁或浓郁、辛锐，滋味醇厚、甘润、岩韵显；半岩的香气浓郁、清长，滋味醇厚、回甘，岩韵较显；洲茶香气大多为清高，滋味纯爽欠醇浓，不显岩韵。

理论测验

(一) 单选题

1. 武夷岩茶干茶叶背起蛀皮状砂粒，俗称（　　）。
   A. “鳝皮色”　B. “蜻蜓头”　C. “砂绿”　D. “蛤蟆背”
2. 武夷（　　）以香气辛锐、浓长、似桂皮香而突出。
   A. 水仙　B. 肉桂　C. 大红袍　D. 名丛
3. （　　）外形肥壮、重实，叶端扭曲，主脉宽大扁平。
   A. 水仙　B. 肉桂　C. 大红袍　D. 铁观音
4. 武夷岩茶（　　）产品不分等级。
   A. 水仙　B. 名丛　C. 大红袍　D. 奇种
5. （　　）是武夷山原始的有性系群体茶树品种，采摘自菜茶或其他品种。
   A. 肉桂　B. 名丛　C. 大红袍　D. 奇种

(二) 判断题

1. 历史上的武夷岩茶根据产地分为正岩茶、半岩茶和洲茶。（ ）
2. “浓厚”是指滋味浓而不涩、浓醇适口、回味清甘。（ ）
3. 高档的大红袍产品滋味岩韵明显、醇厚、回味甘爽，杯底有余香。（ ）
4. 武夷岩茶首重“岩韵”，亦指“岩骨花香”。（ ）
5. “浓郁”比“馥郁”香气更雅。（ ）

理论测验
答案 5-4

技能实训

技能实训 29 武夷岩茶的感官审评

总结武夷岩茶的品质特征和审评要点，根据乌龙茶感官审评方法完成不同花色等级武夷岩茶的感官审评，提交感官审评报告，填写茶叶感官审评表（见附录）。

任务五 其他闽北乌龙茶的感官审评

任务目标

掌握闽北水仙、闽北乌龙、闽北肉桂等闽北乌龙茶的感官品质特征及感官审评要点。

能够正确审评闽北水仙和闽北乌龙产品。

知识准备

闽北乌龙茶产区除武夷山外，还有建瓯、建阳、顺昌、邵武等地，产品包括闽北水仙、闽北乌龙等。

一、闽北乌龙茶的感官品质特征

1. 闽北水仙 福建水仙茶树品种发源于福建省建阳区小湖乡大湖村，适合制作乌龙茶，因水仙产地不同，命名也有不同。闽北产区的水仙，按闽北乌龙茶采制技术制成的条形乌龙茶称“闽北水仙”；武夷山所种的水仙种，其成茶称“武夷水仙”；闽南永春县种植的水仙，其成茶称“闽南水仙”；漳平市种植的水仙茶，其成茶称“漳平水仙”。

闽北水仙生产历史悠久，历史上在建瓯市城南南雅一带产贸两盛，故又名南路水仙、南雅水仙。其感官品质特征如表5-42所示。

表5-42 闽北水仙的感官品质特征

项目	闽北水仙的感官品质特征
外形	紧结、沉重，叶端扭曲，色泽油润、带砂绿蜜黄（鳝皮色）
香气	浓郁，具有兰花香
汤色	橙黄或橙红、清澈
滋味	醇厚鲜爽、回甘
叶底	肥软、黄亮、红边鲜艳

根据福建省地方标准《地理标志产品　福建乌龙茶》（DB35/T 943—2009），闽北水仙按感官指标分为特级、一级、二级、三级，其感官品质特征应符合表5-43的要求。

表5-43 各等级闽北水仙的感官品质特征

项目		级别			
		特级	一级	二级	三级
外形	条索	壮结	较壮结	尚壮结	较粗壮
	色泽	乌油润、间带砂绿蜜黄	较乌润	欠油润	稍带褐色
	整碎	匀整	匀整	尚匀整	稍整齐
	净度	洁净	匀净	尚匀净	尚净

（续）

项目		级别			
		特级	一级	二级	三级
内质	香气	浓郁清长	清香细长	清纯	稍淡
	滋味	鲜醇、浓爽	醇厚	尚浓	稍淡
	汤色	橙红、清澈	橙红	深橙红	深橙红、稍暗
	叶底	肥厚、软亮、红边鲜明	肥厚、较软亮、红边显	尚软亮、红边稍暗	欠亮

2. 闽北乌龙 闽北乌龙的感官品质特征如表 5-44 所示。

表 5-44 闽北乌龙的感官品质特征

项目	闽北乌龙的感官品质特征
外形	紧结、重实，叶端扭曲，色泽乌润
香气	清高细长
汤色	橙黄或橙红、清澈
滋味	醇厚、带鲜爽
叶底	软亮、匀整、红边明显

根据福建省地方标准《地理标志产品 福建乌龙茶》（DB35/T 943—2009），闽北乌龙的按感官指标分为特级、一级、二级、三级，其感官品质特征应符合表 5-45 的要求。

表 5-45 各等级闽北乌龙的感官品质特征

项目		级别			
		特级	一级	二级	三级
外形	条索	壮结	尚壮结	稍粗松	粗松
	色泽	乌润	较乌润	尚乌润、稍带枯	稍枯
	整碎	匀整	匀整	尚匀整	稍整齐
	净度	洁净	匀净	尚匀净	尚净
内质	香气	清幽细长	清纯	尚纯	稍淡
	滋味	浓醇	醇厚	尚浓	稍粗
	汤色	橙红、清澈	橙红	深橙红	深橙红、稍暗
	叶底	柔软、明亮、红边显	软亮、红边尚显	尚软、欠亮	稍暗

3. 肉桂 《乌龙茶 第5部分 肉桂》（GB/T 30357.5—2015）规定，以肉桂茶树品种的叶子、驻芽、嫩茎为原料，经适度萎凋、做青、杀青、揉捻、烘干等独特工序加工而成的肉桂茶叶产品，简称肉桂。肉桂产品按感官指标分为特级、一级、二级，其感官品质特征应符合表 5-46 的要求。

表 5-46　各等级肉桂的感官品质特征

项目		级别		
		特级	一级	二级
外形	条索	肥壮、紧结、重实	较肥壮、紧结、较重实	尚结实、稍重实
	色泽	油润	乌润	尚乌润、稍带褐红色或褐绿
	整碎	匀整	较匀整	尚匀整
	净度	洁净	较洁净	尚洁净
内质	香气	浓郁持久、似有乳香、蜜桃香或桂皮香	清高幽长	清香
	滋味	醇厚鲜爽	醇厚	醇和
	汤色	金黄、清澈明亮	橙黄、较深	深黄泛红
	叶底	肥厚、软亮、匀齐、红边明显	较软亮匀齐、红边明显	红边欠匀

二、闽北乌龙茶的感官审评要点

（一）外形审评要点

闽北乌龙茶条索审评应注意辨别肥壮度、紧结度、重实度，形状要求符合品种特征，以壮结或紧结、沉重为佳，以尚壮结或尚紧结为次，以粗松为差。

整碎审评匀整、碎末茶含量，以匀整为佳，欠匀整为次。

净度审评梗、黄片等夹杂物含量。以匀净或洁净为佳，以梗和黄片多为次。

（二）内质审评要点

1. 汤色　汤色审评时要鉴别颜色和清浊度。依火功从轻到重的汤色为橙黄、橙红、深橙红。汤色视品种和加工方法而异，以清澈明亮为佳，以欠明亮或泛红稍暗为次。

2. 香气　香气审评茶叶的香气纯异、高低、类型、持久度。不同茶树品种的茶叶香气具有不同的品种特性，以浓郁持久或清幽细长为佳，以清香持久为次，以带青味、焦味、闷味、杂味、高火、老火、猛火等为差。香气的等级评语为：浓郁、清高→清纯、清香→纯正→稍粗。

3. 滋味　滋味审评要综合评定三道茶汤的浓淡、苦甘、爽涩、厚度、品种特征等。以浓厚、浓醇、鲜爽、醇厚、回甘为佳，以尚醇厚、尚浓为次，以粗淡、粗涩为差。滋味的等级评语为：浓厚鲜爽→醇厚→尚厚、尚醇厚→带涩→粗涩、粗浓。

4. 叶底　叶底审评侧重厚薄、软硬度、匀齐度、红边等。以软亮、匀齐、红边显为佳，以叶底粗硬、枯暗、乌条为差。

理论测验

（一）单选题

1.（　　）特征可作为识别水仙乌龙茶的主要依据。

A. 芽毫显露　　B. 枝梗似“竹子节”

C. 叶脉宽黄扁　　D. 色泽黄绿具光泽

2. 滋味“鲜醇、浓爽”是描述（　　）闽北水仙。

A. 特级　B. 一级　C. 二级　D. 三级

3. 乌龙茶因加工工艺不同，茶汤色泽有多种，但不会出现（　　）色泽。

A. 蜜黄　B. 橙黄　C. 橙红　D. 红艳

4. 乌龙茶鉴别叶底时，看是否软亮，（　　）是否均匀或鲜艳明显。

A. 红边　B. 绿叶　C. 红叶　D. 红斑

5. 品种特征或地域特征明显，（　　）、花果香浓郁的为优质乌龙茶。

A. 毫香　B. 甜香　C. 豆香　D. 花香

（二）判断题

1. 闽北乌龙茶产区分布在建瓯、建阳、顺昌、邵武等地。（　　）

2. 闽北乌龙干茶色泽油润带砂绿蜜黄（鳝皮色）。（　　）

3. 水仙茶树品种原产于福建省武夷山市。（　　）

4. 优质闽北乌龙茶香气浓郁、持久或清幽、细长。（　　）

5. 优质肉桂乌龙茶香气浓郁、持久，似有乳香、蜜桃香或桂皮香。（　　）

理论测验
答案 5-5

技能实训

技能实训 30　闽北乌龙茶的感官审评

总结闽北乌龙茶的品质特征和审评要点，根据乌龙茶感官审评方法完成不同类型和等级闽北乌龙茶的感官审评，提交感官审评报告，填写茶叶感官审评表（见附录）。

任务六 广东乌龙茶的感官审评

任务目标

掌握凤凰单丛、岭头单丛、单丛、凤凰水仙、石古坪乌龙等广东乌龙茶的感官品质特征及感官审评要点。

能够正确审评广东乌龙茶产品。

知识准备

广东乌龙茶主产于潮州的潮安、饶平，揭阳市的普宁、揭西，梅州市的梅县、大埔、丰顺等县，花色品种主要有凤凰单丛、岭头单丛、单丛、凤凰水仙、石古坪乌龙、饶平色种等。

一、广东乌龙茶的感官品质特征

微课：广东单丛茶的感官审评

（一）凤凰单丛的感官品质特征

凤凰单丛主产于潮州市潮安区的名茶之乡——凤凰镇凤凰山区。《地理标志产品　凤凰单丛（枞）茶》（DB44/T 820—2010）规定，凤凰单丛选用由凤凰水仙育成的品系或品种，按照独特的传统加工工艺制作而成，具有天然花香及丛韵、蜜韵的乌龙茶，其成品茶按各自独特的天然花香特征分为黄栀香、芝兰香、玉兰香、蜜兰香、杏仁香、姜花香、肉桂香、桂花香、夜来香和茉莉香等香型。各等级凤凰单丛茶的感官品质特征如表 5－47 所示。

表 5－47　各等级凤凰单丛茶的感官品质特征

级别	外形	香气	汤色	滋味	叶底
特级	紧结、壮直、匀整、褐润有光	天然花香、清高细锐、持久	金黄、清澈明亮	鲜爽回甘、有鲜明的花香味和特殊韵味	淡黄红边、软柔鲜亮
一级	紧结、壮直、匀整、褐润	花香、清高持久	金黄、清澈	浓醇爽口、有明显的花香味、有韵味	淡黄、软柔、明亮
二级	尚紧结、匀齐、尚润	清香尚长	清黄	醇厚尚爽、有花香味	淡黄、尚软、尚亮
三级	尚紧结、匀净、乌褐	清香	棕黄	浓醇、稍有花香	尚软、尚亮

（二）岭头单丛的感官品质特征

岭头单丛又称白叶单丛，既是茶树品种名，也是产品名称。岭头单丛茶树品种从凤凰水仙群体种中由单株选育而成，具有发芽期早、叶色黄绿、叶质柔软的品种特征。外形条索紧结、尚直，色黄褐油润，有独特的蜜香、清高持久，汤色橙黄、明亮，滋味醇厚甘爽、有特独的微花浓蜜香味（称为“蜜韵”），叶底柔软、黄绿腹朱边。

（三）单丛的感官品质特征

《乌龙茶第6部分：单丛》（GB/T 30357.6—2017）规定，单丛是以单丛品系的茶树叶、驻芽和嫩梢为原料，经适度萎凋、做青、杀青、揉捻、烘干等独特工序加工而成，具有特定品质特征的茶叶产品。单丛产品分为条形单丛（表5-48）和颗粒形单丛（表5-49）。

表5-48 各等级条形单丛的感官品质特征

级别	外形				内质			
	条索	色泽	整碎	净度	香气	滋味	汤色	叶底
特级	紧结、重实	褐润	匀整	净	花蜜香、清高悠长	甜醇回甘、高山韵显	金黄明亮	肥厚、软亮、匀整
一级	较紧结、较重实	较褐润	较匀整	净	花蜜香持久	浓醇回甘、蜜韵显	金黄尚亮	较肥厚、软亮、较匀整
二级	稍紧结、稍重实	稍褐润	尚匀整	尚净	花蜜香、纯正	尚醇厚、蜜韵较显	深金黄	尚软亮
三级	稍紧结	褐欠润	尚匀	有梗片	蜜香显	尚醇稍厚	深金黄、稍暗	稍软、欠亮

表5-49 各等级颗粒形单丛的感官品质特征

级别	外形				内质			
	条索	色泽	整碎	净度	香气	滋味	汤色	叶底
特级	结实、卷曲	褐润	匀整	净	花蜜香、悠长	甜醇回甘、高山韵显	金黄、明亮	肥厚、软亮
一级	较结实、卷曲	较褐润	较匀整	较净	花蜜香、清纯	浓醇、蜜韵显	金黄、尚亮	较肥厚、较软亮
二级	尚结实、卷曲	尚褐润	尚匀整	尚净	蜜香、纯正	较醇厚、蜜韵较显	深金黄	尚软亮
三级	稍结实、卷曲	褐欠润	欠匀整	有梗片	蜜香、尚显	尚醇厚、有蜜韵	深金黄、稍暗	尚软亮

（四）其他广东乌龙茶的感官品质特征

1. 凤凰水仙 凤凰水仙产于广东省潮安区凤凰山区，以凤凰水仙茶树群体种为原料。外形条索肥壮、匀整，色泽灰褐乌润；香气清香芬芳，汤色清红，滋味浓厚回甘，叶底厚实、有红边。

2. 石古坪乌龙 石古坪乌龙产于广东省潮安区凤凰镇石古坪。外形条索卷曲、较细，色泽油绿带翠；香气清高、持久、有特殊的花香，汤色浅黄清澈，滋味鲜醇、爽口，叶底青绿、微红边。

3. 饶平色种 饶平色种产于广东省饶平县，主要有大叶奇兰茶、八仙茶、梅占茶、金萱茶等。外形条索紧结、重实、匀净，色泽砂绿油润；花香清高、持久，汤色橙黄明亮，滋味醇爽、回甘；叶底红边绿腹。

二、广东单丛茶的感官审评要点

（一）外形审评要点

外形审评形状和色泽。

形状审评紧结度。以紧结、紧结壮直为佳，以尚紧、稍结实为次。

色泽审评颜色、油润度。以褐润、有光为佳，以尚褐润、乌褐等为次。

（二）内质审评要点

1. 汤色 汤色审评颜色和明亮度。以金黄、明亮为佳，以深黄、棕黄、尚亮为次。

2. 香气 香气审评高低、纯异、香型。以花香、花蜜香为佳，以带青气、火工过高、有烟焦味者为次。香气的等级评语一般为：花香细锐持久→清高持久→清高尚长→尚清高→微香带杂。

3. 滋味 滋味审评甘爽度、浓度和厚度。以鲜爽回甘、浓醇甘爽、有鲜明的花香味和特殊韵味为佳，以青、涩、闷味为差。滋味的等级评语一般为：鲜浓回甘→浓醇回甘→醇厚回甘→浓带粗涩→硬（青）涩等。

4. 叶底 叶底审评侧重柔软度、明亮度。以肥厚明亮、柔软鲜亮为佳，以尚软、欠亮、欠匀为次。

理论测验

（一）单选题

1. 以下品种，不是广东乌龙茶品种的是（　　）。

A. 岭头单丛　B. 黄金桂　C. 石古坪乌龙　D. 凤凰水仙

2. 优质（　　）具有“山韵”。

A. 大红袍　B. 铁观音　C. 石古坪乌龙　D. 凤凰单丛

3. （　　）在内质上讲求“蜜韵花香”。

A. 岭头单丛　B. 肉桂　C. 石古坪乌龙　D. 凤凰单丛

4. 以下（　　）是凤凰单丛的内质特征。

A. 汤色红浓　B. 外形扁平

C. 滋味有鲜明的花香味、特殊韵味　D. 叶底嫩绿明亮

5. 以下（　　）是岭头单丛的内质特征。

A. 外形片形　B. 汤色深红　C. 滋味显岩韵　D. 叶底淡黄红边

（二）判断题

1. 单丛茶甜香细腻、清高持久，味鲜爽回甘、有清花香味，汤色金黄、清澈明亮，叶底柔软、鲜亮。（　　）

2. 岭头单丛茶有独特的微花浓蜜香味（称为“蜜韵”）。（　　）

3. 凤凰单丛又称白叶单丛。（　　）

4. 单丛茶滋味以鲜爽回甘、有鲜明的花香味和特殊韵味为佳。（　　）

5. 单丛茶香气以具天然花香为佳。 (　　)

理论测验
答案 5-6

技能实训

技能实训 31　广东乌龙茶的感官审评

总结广东乌龙茶的品质特征和审评要点，根据乌龙茶感官审评方法完成不同类型和等级广东乌龙茶的感官审评，提交感官审评报告，填写茶叶感官审评表（见附录）。

任务七　台湾乌龙茶的感官审评

任务目标

掌握文山包种茶、冻顶乌龙茶、高山乌龙茶、白毫乌龙、木栅铁观音等台湾乌龙茶的感官品质特征及感官审评要点。

能够正确审评台湾乌龙茶产品。

知识准备

台湾乌龙茶源于福建，但是福建乌龙茶的制茶工艺传到台湾后有所改变，台湾有诸多名茶，且各有其特色。台湾乌龙茶主产于台北、桃园、新竹、苗栗、宜兰、南投、云林、嘉义等地。按照发酵程度轻重，其产品有包种、乌龙等。包种发酵较轻，香气清新具有花香，包括文山包种、冻顶乌龙茶、高山乌龙茶、金萱茶、翠玉茶；乌龙发酵较重，香气浓郁带果香，包括木栅铁观音、白毫乌龙（东方美人）等。

一、台湾乌龙茶的感官品质特征

微课：台湾乌龙茶的感官审评

台湾乌龙茶主要采用青心乌龙、金萱、翠玉、四季春、青心大有等茶树品种制作而成。按照产区和加工工艺，台湾乌龙茶产品主要有文山包种茶、冻顶乌龙茶、高山乌龙茶、白毫乌龙茶（东方美人）等。

1. 文山包种茶　文山包种茶属轻度发酵乌龙茶，又称“清茶”，产于台湾北部的台北市和桃园市，以新店、坪林、深坑、石碇等地所产最负盛名，茶树品种以金萱、翠玉为佳。文山包种茶初制工艺：晒青→做青→炒青→揉捻→干燥。其感官品质特征如表 5－50 所示。

表 5－50　文山包种茶的感官品质特征

项目	文山包种茶的感官品质特征
外形	条索状，色泽翠绿鲜活
香气	浓郁、清雅似花香
汤色	蜜绿鲜艳
滋味	醇厚鲜爽或甘醇滑润
叶底	柔软有芽，芽叶连枝

文山包种茶的品质评判标准如表 5－51 所示。

表 5－51　文山包种茶品质评判标准

项目	权重/%	文山包种茶的感官品质特征
外观	10	鲜艳墨绿色，条索紧结、整齐，叶尖卷曲自然，枝叶连理，清净无杂
水色	20	蜜绿鲜艳浮丽色，澄清明丽水底光，琥珀金黄非上品，橙黄碧绿亦纯青

（续）

项目	权重/%	文山包种茶的感官品质特征
香气	30	清香幽雅，飘而不腻，源自茶叶，入口穿鼻，一再而三者为上
滋味	30	圆润新鲜无异味，青臭苦涩非上品，入口生津富活性，落喉甘润觉滑软
叶底	10	枝叶开展鲜活样，绿叶金边色隐存，叶绿红斑非上品

2. 冻顶乌龙茶 冻顶乌龙茶产于台湾南投县凤凰山支脉冻顶山，主要种植区在鹿谷乡一带，此地平均海拔500～800m，平均气温22℃左右，终年雨雾笼罩，空气湿度大，造就了冻顶乌龙茶的生态条件。冻顶乌龙茶的初制工艺：晒青→做青→炒青→揉捻→初干→包揉→足干。因其加工过程须经过反复包揉，故外观紧结成半球形。冻顶乌龙茶的感官品质特征如表5-52所示。

表5-52 冻顶乌龙茶的感官品质特征

项目	冻顶乌龙茶的感官品质特征
外形	卷曲成半球形，紧结整齐，带白毫，色泽墨绿鲜活
香气	浓郁，带自然花香、果香
汤色	金黄亮丽
滋味	醇厚甘润、回韵无穷，带明显焙火韵味
叶底	柔软有芽、芽叶连枝、绿叶红镶边

3. 高山乌龙茶 高山乌龙茶是指海拔在1 000m以上的茶园所产的半球形台湾乌龙茶，主要产地为嘉义县、南投县内的高山茶区，包括大禹岭、合欢山、福寿山、梨山、玉山、杉林溪、阿里山、梅山等。因为高山气候冷凉，早晚云雾笼罩，平均日照短，致茶树芽叶所含儿茶素等苦涩成分降低，而茶氨酸及可溶氮等对鲜甜味有贡献的成分含量提高，且芽叶柔软，叶肉厚、果胶质含量高，形成独特的“高山韵”。高山乌龙茶的初制工艺：晒青→做青→炒青→揉捻→初干→包揉→足干。高山乌龙茶的发酵程度和焙火程度较冻顶乌龙茶轻些，其感官品质特征如表5-53所示。

表5-53 高山乌龙茶的感官品质特征

项目	高山乌龙茶的感官品质特征
外形	卷曲成半球形或球形，紧结肥壮，带白毫，色泽墨绿鲜活
香气	浓郁，似自然花香、果香
汤色	蜜绿显黄、清澈明亮
滋味	甘醇鲜爽、滑软、厚重，高山韵明显
叶底	柔软有芽、芽叶连枝、有红边

冻顶乌龙茶及高山乌龙茶的品质评判标准如表5-54所示。

表 5－54 冻顶乌龙茶及高山乌龙茶的品质评判标准

项目	权重/%	冻顶乌龙茶及高山乌龙茶的品质评判标准
外观	10	鲜活墨绿油光显，紧结匀整半球状，枝叶卷曲连理生，调和清净不掺杂，银毫白点泛金辉，黑点片末红梗无
水色	20	金黄鲜艳浮丽色，澄清明亮水底光，琥珀泛黄亦纯青，高山乌龙呈蜜绿，碧绿青翠非上品
香气	30	清香扑鼻，飘而不腻，源自茶叶，入口穿鼻，一再而三者为上
滋味	30	醇厚圆润无异味，青臭苦涩非上品，入口生津富活性，落喉甘润韵无穷
叶底	10	枝叶开展鲜活样，叶绿柔软红镶边，高山绿叶隐金边，叶绿红斑非上品

4. 东方美人茶 东方美人茶又名椪风乌龙茶、香槟乌龙茶、白毫乌龙茶，为台湾新竹北埔、峨眉及苗栗县所产的特色茶。该茶产于夏季，采摘受茶小绿叶蝉吸食的青心大有幼嫩茶芽，经手工搅拌控制发酵，使茶叶产生独特的蜜糖或熟果香。椪风乌龙茶以芽尖带白毫愈多愈高级，故又称“白毫乌龙”。初制工艺为：晒青→做青→炒青→湿巾包覆回软→揉捻→干燥。东方美人茶的发酵程度较重，其感官品质特征如表 5－55 所示。

表 5－55 东方美人茶的感官品质特征

项目	东方美人茶的感官品质特征
外形	自然卷缩宛如花朵，白毫显露，枝叶连理，色泽白、黄、褐、红相间
香气	浓郁，似熟果香、蜜糖香
汤色	橙红鲜艳，似琥珀色
滋味	醇厚甘甜，似蜂蜜味
叶底	淡褐有红边，芽叶连枝，叶片完整

东方美人茶的品质评判标准如表 5－56 所示。

表 5－56 东方美人茶的品质评判标准

项目	权重/%	品质评判标准
外观	10	红褐黄绿白毫显，枝叶卷曲连理生，形美自然似花朵，乌褐锈色非上品
水色	20	琥珀橙红浮丽色，澄清明丽水底光，琥珀橙黄亦纯青，金黄红汤非上品
香气	30	柔雅蜜香为上品，熟果甜香亦纯青，源自茶叶，飘而不腻，入口穿鼻
滋味	30	醇厚圆柔无异味，闷臭苦涩非上品，入口柔顺喉吻润，蜜香回味韵无穷
叶底	10	枝叶开展鲜活样，琥珀橙红泛芽身，枝离芽破工不巧，叶绿红斑非上品

5. 木栅铁观音 铁观音原是茶树品种名（别名红心观音，源自安溪县），由于适制部分发酵茶，且具有独特风味，其成品亦名为铁观音茶。其初制工艺为：晒青→做青→炒青→揉

捻→初干→反复包布球焙揉。制造铁观音的过程是将初干毛茶用方形布巾包裹，揉成球形，并轻轻用手在布球外转动揉捻，并将布球茶包放入“文火”的焙笼上慢慢烘焙，使茶叶形状逐渐弯曲紧结。近年来因人工缺乏，大多利用布球揉捻机进行团揉，而简化铁观音茶特有的反复焙揉过程。如此反复进行焙揉，茶中成分藉焙火的温度转化成特有的香气与滋味，经多次冲泡仍芬香，甘醇而有回韵。木栅铁观音的感官品质特征如表 5－57 所示。

表 5－57　木栅铁观音的感官品质特征

项目	木栅铁观音的感官品质特征
外形	球状，卷曲、壮结、重实，色泽褐润、显白霜
香气	馥郁持久，带果香
汤色	橙黄显红、浓艳清澈
滋味	浓厚甘滑，收敛性强、入口回甘喉韵强
叶底	淡褐、柔软

6. 金萱茶　金萱又名台茶 12，属无性系，主要分布于台湾东部茶区。金萱茶在台湾广泛种植，分布在中低海拔地区，福建、广东、广西等亦有较大面积种植。金萱乌龙茶品质特色在于香味中带有奶香，茶叶尾部白毫明显，其品质评判标准参考冻顶乌龙茶及高山乌龙茶。金萱茶的感官品质特征如表 5－58 所示。

表 5－58　金萱茶的感官品质特征

项目	金萱茶的感官品质特征
外形	半球形或球形、紧结重实，色泽翠绿，茶叶尾部白毫明显
香气	浓郁持久，有特殊的品种香似奶香
汤色	蜜绿或蜜黄明亮
滋味	甘醇鲜爽
叶底	柔嫩有芽、芽叶连枝

7. 翠玉茶　翠玉又名台茶 13，属无性系，主要分布于台湾文山茶区。其外形颗粒紧结重实、半球形，色泽翠绿；香气浓郁、似玉兰香，汤色蜜绿或金黄，滋味甘醇，叶底柔嫩有芽。目前，翠玉在闽南地区有一定种植面积。

8. 四季春　四季春又名四季仔，属早生种，生长势强。其特征是一年四季皆可产制，有乌龙茶的韵味，又有绿茶的香气，适合四季饮用，故称之“四季春”。四季春口感香气清高，滋味醇厚。

二、台湾乌龙茶的感官审评要点

（一）外形审评要点

台湾乌龙茶除了条索状的文山包种和自然卷缩似花朵状的白毫乌龙外，其他多为半球状或球状。半球状或球状台湾乌龙茶应注意审评肥壮度、紧结度、重实度，要求形状符合品种特征，以圆结、壮结或紧结、沉重为佳，以尚壮结或尚紧结为次，以粗松为差。

整碎审评匀整、碎末茶含量。以匀整为佳，以欠匀整为次。

净度审评梗、黄片等夹杂物含量。台湾乌龙茶品质要求芽叶连枝，因此外观上有嫩梗属正常，粗梗和黄片多为次。

（二）内质审评要点

台湾乌龙茶审评采用柱形杯方法。称取代表性茶样3g，置于150mL审评杯中，注满沸水，立即加盖，计时。条形乌龙茶如文山包种、白毫乌龙等，浸泡5min；半球形和球形乌龙茶如冻顶乌龙茶、木栅铁观音、高山乌龙茶、金萱茶等浸泡时间为6min。

1. 汤色 汤色审评要鉴别其清浊度和明亮度。包种茶发酵较轻，如文山包种、高山乌龙茶、金萱茶等以蜜绿或蜜黄、清澈明亮为佳；乌龙发酵和焙火稍重，如木栅铁观音以金黄、橙黄、橙红为佳。汤色审评时应视品种和加工方法而异，以清澈明亮为佳，以欠明亮或泛红稍暗为次。

2. 香气 以鼻吸3次，审评香气的浓、淡、纯、浊及有无青味、闷味、烟味、焦味等。香气的审评以香气纯异、高低、类型、持久度为主。注意辨别不同茶树品种的品种特征和特殊香气，包种茶以浓郁或清高、带自然花香或果香为佳；乌龙以香气浓郁、带自然熟果香为佳；白毫乌龙茶以蜜香为佳。

3. 滋味 滋味审评甘醇、苦涩、浓稠、淡薄、鲜爽、回甘等，同时分辨汤香，以浓醇、鲜爽、醇厚、回甘为佳，以尚醇厚、尚浓为次，以粗淡、粗涩者为差。注意辨别地域特征、工艺和品种特点，如高山乌龙茶的“高山韵”、冻顶乌龙茶的“焙火韵味”、白毫乌龙茶的“蜜韵”、木栅铁观音的“喉韵”及金萱茶的“奶香”等。

4. 叶底 叶底审评色泽、嫩度、匀齐度、做青程度等。以柔软、明亮、匀齐、芽叶连枝为佳，以叶底粗老、杂乱为次。

理论测验

（一）单选题

1. 外观紧结成半球形的乌龙茶是（　　）。

   A. 文山包种茶　B. 白毫乌龙　C. 大红袍　D. 高山乌龙茶

2. （　　）滋味醇厚甘润、回韵无穷、带明显焙火韵味。

   A. 文山包种茶　B. 白毫乌龙　C. 冻顶乌龙茶　D. 高山乌龙茶

3. （　　）产于夏季，采摘受茶小绿叶蝉吸食的幼嫩茶芽。

   A. 铁观音　B. 白毫乌龙　C. 冻顶乌龙茶　D. 木栅铁观音

4. （　　）滋味浓厚甘滑、收敛性强、入口回甘喉韵强。

   A. 安溪铁观音　B. 木栅铁观音　C. 文山乌龙　D. 白毫乌龙

5. （　　）滋味醇厚甘润、回韵无穷、带明显焙火韵味。

   A. 文山包种茶　B. 白毫乌龙　C. 冻顶乌龙茶　D. 高山乌龙茶

（二）判断题

1. 台湾乌龙茶按照发酵程度轻重分为包种、乌龙等。（　　）
2. 包种茶发酵较重，香气具有焙火香。（　　）
3. 台湾金萱茶香气浓郁持久，有特殊的品种香，似奶香。（　　）

4. 台湾高山乌龙茶具有特殊的“高山韵”。 ( )

5. 东方美人茶产于冬季，采摘自受茶小绿叶蝉吸食的幼嫩茶芽。 ( )

理论测验

答案 5-7

技能实训

技能实训 32 台湾乌龙茶的感官审评

总结台湾乌龙茶的品质特征和审评要点，根据乌龙茶感官审评方法完成不同类型和等级台湾乌龙茶的感官审评，提交感官审评报告，填写茶叶感官审评表（见附录）。

项目六　白茶的感官审评

项目提要

白茶主产于福建北部和东部，闽东茶区包括宁德市的福鼎、福安、柘荣、寿宁、霞浦，闽北茶区包括南平市的政和、建阳、松溪、建瓯等地。白茶采用适制品种的茶树芽、叶及嫩茎，经过萎凋、干燥、拣剔、拼配、匀堆、复烘等工艺制作而成，具有“毫香毫味”的品质特点。本项目主要介绍了白茶的感官审评方法、评茶术语、评分原则、品质形成及常见品质问题，白毫银针、白牡丹、贡眉和寿眉等白茶的感官品质特征及感官审评要点。

任务一　白茶感官审评准备

任务目标

掌握白茶的感官审评方法、评茶术语与评分原则，理解白茶的品质形成原因及常见品质问题。

能够独立、规范、熟练地完成白茶审评操作；能够识别常见的白茶产品。

知识准备

20 世纪 90 年代初，白茶主要销往香港地区和东南亚国家，以白牡丹、贡眉为主产品；90 年代后期，福建白茶的生产格局和销售格局都发生了重大变化，出口地区除了香港、东南亚这些传统市场外，也拓展到欧美市场。2008 年以后，福建白茶迎来了发展新时期，白茶产业在产地政府和业界的推动下，在中国迅速发展。

部分白茶图谱

按照加工工艺不同，白茶可分为传统白茶、新工艺白茶及白茶紧压茶三类。传统白茶按照品种与采摘标准不同分为白毫银针、白牡丹、贡眉、寿眉；新工艺白茶是在传统白茶萎凋工艺后，加入轻揉捻制作而成；白茶紧压茶则以各类白茶散茶为原料，经蒸湿、压制等工艺制作而成，产品有圆饼形、方形、柱形等多种形状和规格。

一、白茶的感官审评方法

白茶审评内容详见项目二中的任务一（茶叶感官审评项目），审评方法详见项目二中的任务二（茶叶感官审评方法）。

白茶审评采用柱形杯审评法。取有代表性茶样 3.0g，置于 150mL 的审评杯中，茶水比（质量体积比）1∶50，注满沸水，加盖，冲泡计时 5min。时间到，先关掉计时器，依次等速沥出茶汤，留叶底于杯中，按汤色、香气、滋味、叶底的顺序逐项审评，并做好审评记录。

二、白茶的感官审评术语

根据《茶叶感官审评术语》（GB/T 14487—2017），茶类通用审评术语适用于白茶，详见项目二中的任务三（感官审评术语与运用）。此外，白茶常用的审评术语如下。

（一）干茶形状

1. 毫心肥壮 芽肥嫩壮大，茸毛多。

2. 茸毛洁白 茸毛多、洁白而富有光泽。

3. 芽叶连枝 芽叶相连成朵。

4. 叶缘垂卷 叶面隆起，叶缘向叶背微微翘起。

5. 显毫 有茸毛的茶条比例高。

6. 多毫 有茸毛的茶条比例较高，程度比显毫低。

7. 披毫 茶条布满茸毛。

8. 平展 叶缘不垂卷而与叶面平。

9. 破张 叶张破碎不完整。

10. 蜡片 表面形成蜡质的老片。

（二）干茶色泽

1. 毫尖银白 芽尖茸毛银白有光泽。

2. 白底绿面 叶背茸毛银白色，叶面灰绿色或翠绿色。

3. 绿叶红筋 叶面绿色，叶脉呈红黄色。

4. 灰绿 叶面色泽绿而稍带灰白色。

5. 翠绿 绿中显青翠。

6. 铁板色 深红而暗似铁锈色，无光泽。

7. 铁青 似铁色带青。

8. 青枯 叶色青绿，无光泽。

（三）汤色

1. 浅黄 黄色较浅。

2. 杏黄 汤色黄稍带浅绿。

3. 浅杏黄 黄带浅绿色，常为高档新鲜之白毫银针汤色。

4. 黄亮 黄而明亮，有深浅之分。

5. 深黄 黄色较深。

6. 微红 色微泛红，为鲜叶萎凋过度、产生较多红张而引起。

（四）香气

1. 毫香 茸毫含量多的芽叶加工成白茶后特有的香气。

2. 鲜爽 香气新鲜愉悦。

3. 嫩香 嫩茶所特有的愉悦细腻的香气。

4. 鲜嫩 鲜爽带嫩香。

5. 清鲜 清香鲜爽。

6. 清长 清而纯正并持久的香气。

7. 清纯 清香纯正。

8. 失鲜 极不鲜爽，有时接近变质。多为白茶水分含量高，贮存过程回潮产生的品质弊病。

（五）滋味

1. 清甜 入口感觉清新爽快，有甜味。

2. 毫味 茸毫含量多的芽叶加工成白茶后特有的滋味。

3. 醇厚 入口爽适味有黏稠感。

4. 浓醇 入口浓，有收敛性，回味爽适。

5. 甘醇 醇而回甘。

6. 甘鲜 鲜洁有回甘。

7. 鲜醇 鲜洁醇爽。

8. 醇爽 醇而鲜爽。

9. 清醇 茶汤入口爽适，清爽柔和。

10. 醇正 浓度适当，正常无异味。

11. 醇和 醇而和淡。

12. 平和 茶味和淡，无粗味。

（六）叶底

1. 肥嫩 芽头肥壮，叶质柔软厚实。

2. 红张 萎凋过度，叶张红变。

3. 暗张 色暗稍黑，多为雨天制茶形成死青。

4. 瘦薄 芽头瘦小，叶张单薄少肉。

5. 破碎 断碎、破碎叶片多。

6. 铁灰绿 色深灰带绿色。

三、白茶的品质评分原则

白茶品质评语与各品质因子评分原则如表6-1所示。

表6-1 白茶品质评语与各品质因子评分原则

因子	级别	品质特征	给分	评分系数
外形（a）	甲	以单芽到一芽二叶初展为原料，芽毫肥壮，造型美、有特色，白毫显露，匀整，净度好	90～99	25%
	乙	以单芽到一芽二叶初展为原料，芽较瘦小，较有特色，色泽银绿较鲜活，白毫显，尚匀整，净度尚好	80～89	
	丙	嫩度较低，造型特色不明显，色泽暗褐或红褐，较匀整，净度尚好	70～79	

（续）

因子	级别	品质特征	给分	评分系数
汤色（b）	甲	杏黄、嫩黄明亮或浅白明亮	90～99	10%
	乙	尚绿黄明亮或黄绿明亮	80～89	
	丙	深黄、泛红或混浊	70～79	
香气（c）	甲	嫩香或清香、毫香显	90～99	25%
	乙	清香、尚有毫香	80～89	
	丙	尚纯、有酵气或有青气	70～79	
滋味（d）	甲	毫味明显、甘和鲜爽或甘鲜	90～99	30%
	乙	醇厚、较鲜爽	80～89	
	丙	尚醇、浓稍涩、青涩	70～79	
叶底（e）	甲	全芽或一芽一至二叶，软嫩灰绿明亮，匀齐	90～99	10%
	乙	尚软嫩匀、尚灰绿明亮、尚匀齐	80～89	
	丙	尚嫩、黄绿、有红叶、欠匀齐	70～79	

四、白茶的品质形成

白茶属轻发酵茶类，主要包括萎凋、干燥两个工序。根据《白茶加工技术规范》（GB/T 32743—2016），白茶萎凋工艺包括自然萎凋、加温萎凋和复式萎凋3种。自然萎凋采用日光和无日光交替进行萎凋，加温萎凋采用室内控温进行萎凋，复式萎凋是自然萎凋和加温萎凋交替进行。

在正常气候条件下，萎凋与干燥是连续进行的。白茶萎凋环境的温湿度影响失水速度，而失水速度直接决定萎凋时间的长短。在室温20～25℃，相对湿度70%左右，历时50～60h品质最佳。失水太快，全程历时太短（少于32h），理化变化不足，成茶色泽枯黄或燥绿，香青味涩；失水太慢，总历时太长，理化变化过度，色泽变黑，香味不良。因此，低温高湿天气，当萎凋叶含水率降至30%～35%时即可烘焙；遇天气阴雨突变，必须及时上烘，不能过分强调萎凋失水程度，以免品质变劣。

1. 白茶叶色的形成 白茶色泽的品质化学因子主要包括叶绿素、胡萝卜素、叶黄素及茶色素（多酚类化合物经氧化缩合而形成的有色产物）等。萎凋中，叶绿素和胡萝卜素受到一定程度的破坏，叶黄素较稳定，色素比例发生变化。

叶绿素因邻醌（多酚类物质氧化产生）的偶联氧化而降解，叶绿素a与叶绿素b的比例逐渐降低；同时，由于细胞液浓度提高，酶活性增强，叶绿素在酶促作用下分解，向脱镁叶绿素转化，叶色转为暗绿，叶绿素向脱镁叶绿素的转化率为30%～35%，与黄茶、绿茶较为接近，低于乌龙茶。另外，由于芽叶失水，细胞膜透性增强，使多酚类化合物进行缓慢的酶促氧化，生成有色（红色）物质，绿、黄、红等色素含量比例的协调作用，形成白茶特有的灰绿色。

若萎凋过度，叶绿素大量破坏，多酚类化合物的氧化产物大量增加，则呈暗红色（铁板色）。反之，萎凋不足，则叶色呈青绿色，品质带青涩。

2. 白茶叶态的形成 萎凋中，叶背气孔失水较叶面快，引起张力不平衡，使叶缘向叶背垂卷。萎凋后期的并筛是促进叶缘垂卷的重要措施。

3. 白茶香气的形成 在萎凋工艺过程中，白茶在制品的香气物质变化大体上表现为：低沸点芳香物质呈现出降→升→降的变化趋势；中高沸点的香气物质则以几倍或几十倍显著增加。

白茶香气组分中以醇类含量占比较大，依次为醇类、酯类、碳氢化合物、酮类和醛类等。据研究，白茶主要香气成分有与类似花果香有关的芳樟醇及其氧化产物（铃兰香）、香叶醇（似玫瑰花香）、苯乙醛（风信子香）、苯甲醛（杏仁香）、苯甲醇（芳香）、苯乙醇（柔和的玫瑰花香）等；与“嫩香”有关的乙醛（青香和木香）、青叶醛（绿叶青香）、青叶醇（新鲜青叶香）和1-戊烯-3-醇（果香和蔬菜香）等。这些香气组分以特定的比例配合形成白茶“毫香”“清鲜”“带花香”的香气特征。

4. 白茶滋味的形成 萎凋前期，鲜叶水分蒸发，叶内有机物趋向水解，单糖、氨基酸等含量增加，多酚类化合物氧化聚合，为白茶香味形成提供有益成分。后期多酚类化合物与氨基酸及糖相互作用，醇、醛、儿茶素发生异构化，使青气和苦涩味减弱。烘焙后青气与苦涩味消失，毫香显露，汤色杏黄，滋味鲜醇。

白茶滋味的主要品质化学因子包括水浸出物、茶多酚、氨基酸、咖啡因、可溶性糖等。不同的萎凋环境对白茶萎凋过程中滋味品质化学的影响不同，如春季萎凋，白茶制品的可溶性糖类物质含量减少；而暑期萎凋，其可溶性糖类物质增加。在萎凋湿度不变的情况下，萎凋用时长短与萎凋温度成反比，而萎凋耗时长短直接关系到在制品内含生化物质的转化，进而决定成茶品质的优劣；萎凋时间过短，多酚类物质氧化不够，酯型儿茶素含量高，成茶苦涩味重；萎凋时间过长，干物质消耗多，成茶滋味淡薄，色泽暗淡。

白茶特有的外观色泽、叶态及香味主要是在萎凋过程中形成的。长时间的萎凋引起鲜叶复杂的理化变化，从而形成芽叶完整、色泽灰绿、香气清鲜、滋味鲜醇的品质特点。

五、白茶常见品质问题

（一）外形常见品质问题

影响白茶外形形状和色泽的因素主要有鲜叶芽叶肥嫩程度、茸毛多少、形状姿态、色泽在萎凋控制中的变化程度等，常见的品质缺陷如表6-2所示。

表6-2 白茶外形常见弊病及原因分析

品质弊病	原因分析
形状平板	叶片平摊，叶缘不垂卷。与白牡丹茶加工工艺中并筛有关
叶态平展	叶缘欠垂卷。由并筛不及时或并筛操作粗放所致
形状断碎	梗叶分离，叶张破碎断碎。与采摘不当或干燥、装箱时控制不当有关
色泽燥绿	过快风干，来不及转色，形成青枯绿色，叶脉不转红
色泽枯黄	高温干燥，导致叶色泽黄枯
红叶多或变黑	开青后置于架上萎凋，萎凋中不许翻动、手摸，以防芽叶因机械损伤而红变或因重叠而变黑

（续）

品质弊病	原因分析
色泽红张、暗片	毫色灰杂，白牡丹叶片红枯或暗褐无光泽至黑褐色；银针芽身红变，毫色灰黑。由温湿度较高而发酵过度或萎凋过程转中阴雨天所致
色泽花杂、橘红	在萎凋中处理不当，毛茶常出现色泽花杂、橘红的等
黑霉现象	多见于阴雨天。由萎凋时间过长或低温长时堆放、干燥不及时等所致
腊叶老梗	多由采摘粗放，夹带不合格原料所致
破张多	欠匀整。与干燥水分控制不当或干燥后装箱操作时不注意等有关
毫色黄	与干燥温度偏高有关

（二）香味常见品质问题

影响白茶品质形成的因素很多，除茶叶品种和采摘标准外，萎凋的条件如温度、湿度、通风等条件，都会影响萎凋时间的长短，而萎凋时间的长短和干燥方法又影响白茶的品质。白茶香味常见弊病及原因分析如表 6－3 所示。

表 6－3　白茶香味常见弊病及原因分析

品质弊病	原因分析
滋味青涩	多见于萎凋时间不足或速度偏快
香味青味	茶味淡而青草味重，同时干茶色泽青绿。常由失水速度快、萎凋不足所致
香味酵气	香气缺乏新鲜感，带发酵气味。多由因操作不当而造成损失芽叶多所致
毫香不足	外观有毫但毫香不足。多由于烘温偏高或时间太久造成

（三）汤色和叶底常见品质问题

在萎凋中，过氧化物酶催化过氧化物参与多酚化合物的氧化，产生淡黄色物质。这些可溶性有色物质与叶内其他色素构成杏黄或橙黄的汤色。若萎凋中温度过高，堆积过厚或机械损伤严重，使叶绿素大量破坏，暗红色成分大量增加，则呈暗褐色至深褐色。若萎凋时萎凋室湿度过低，芽叶干燥过快，叶绿素转化不足，多酚类化合物缩合产物很少，色泽呈青绿色，俗称“青菜色”，品质大大下降。白茶汤色和叶底品质弊病及原因分析如表 6－4 所示。

表 6－4　白茶汤色和叶底常见弊病及原因分析

品质弊病	原因分析
汤色暗黄	黄较深暗。常见于萎凋不足或阴雨天制作的白茶
汤红	汤色泛红。常见于萎凋叶损伤多、萎凋过度或夏暑季制作的白茶
暗张	叶张呈黑褐色。常见于萎凋过度或阴雨天气制作的白茶
红张	叶张红变。由萎凋中温度过高、堆积过厚或机械损伤严重等所致
青绿	叶底色泽呈类似青菜色，香味带青草气或滋味青涩。由萎凋时湿度过低，芽叶干燥过快，叶绿素转化不足所致

理论测验

(一) 单选题

1. 以下（　　）是白茶制作的工艺流程。

A. 萎凋→杀青→揉捻→干燥　　B. 萎凋→干燥

C. 萎凋→揉捻→干燥　　D. 萎凋→揉捻→发酵→干燥

2. 依据（　　）可将白茶分为白毫银针、白牡丹、贡眉和寿眉。

A. 原料品种　　B. 原料匀度　　C. 原料嫩度　　D. 原料鲜度

3. 白茶滋味项目的品质系数为（　　）。

A. 30%　　B. 25%　　C. 20%　　D. 15%

4. 白茶审评采用柱形杯方法，水量150mL，置茶量为（　　）。

A. 3.0g　　B. 4.0g　　C. 5.0g　　D. 8.0g

5. 白茶香气“嫩香或清香、毫香显”，给分（　　）。

A. 90～99　　B. 80～89　　C. 70～79　　D. 其他

(二) 判断题

1. “显毫”是指有茸毛的茶条比例高，程度比“多毫”高。（　　）

2. 白茶萎凋过程失水太慢，总历时太长，理化变化过度，色泽变绿。（　　）

3. 白茶萎凋过程遇天气阴雨突变，必须及时上烘，不能过分强调萎凋失水程度，以免品质变劣。（　　）

4. 白茶萎凋时间不足或速度偏快容易导致滋味酵味。（　　）

5. 白茶外形审评的品质系数为25%。（　　）

理论测验
答案6-1

技能实训

技能实训33　白茶产品辨识

根据提供的茶样，通过外形辨别茶样，写出茶样名称，并使用审评术语描述茶样外形，填写白茶产品辨识记录表（表6-5）。

表 6-5　白茶产品辨识记录

样号	茶名	外形描述

任务二 白毫银针的感官审评

任务目标

掌握白毫银针的感官品质特征及感官审评要点。

能够正确审评白毫银针产品。

知识准备

白茶的起源最早是从制作银针开始的，1796年福鼎茶农以菜茶（有性群体种）的壮芽为原料创制了银针。根据国家标准《白茶》（GB/T 22291—2017），白茶产品按芽叶嫩度分为白毫银针、白牡丹、贡眉和寿眉，各具不同的品质特征。白毫银针是以大白茶或水仙茶树品种的单芽为原料，经萎凋、干燥、拣剔等特定工艺过程制成的白茶产品。

微课：白毫银针的感官审评

一、白毫银针的感官品质特征

白毫银针亦称“银针白毫”，其品质特征主要为：外形单芽肥硕，满披白毫，挺直如针，色白似银；汤色浅杏黄、清澈明亮，香气清鲜显毫香，滋味清甜鲜醇，叶底肥壮、嫩匀、明亮。白毫银针产品分为特级、一级（表6-6）。

表6-6 各等级白毫银针的感官品质特征

级别	外形				内质			
	形状	色泽	整碎	净度	汤色	香气	滋味	叶底
特级	芽针肥壮、茸毛厚	银灰白、富有光泽	匀齐	洁净	浅杏黄、清澈明亮	清纯、毫香显露	清鲜醇爽、毫味足	肥壮、软嫩、明亮
一级	芽针秀长、茸毛略薄	银灰白	较匀齐	洁净	杏黄、清澈明亮	清纯、毫香显	鲜醇爽口、毫味显	嫩匀、明亮

1. 政和白毫银针 根据国家标准《地理标志产品 政和白茶》（GB/T 22109—2008）规定，政和白茶是在自然生态环境条件下，选用白茶茶树品种进行扦插繁育、栽培、采摘、萎凋和烘焙，按照不杀青、不揉捻的独特的加工工艺制作而成，具有“清鲜、纯爽、毫香”品质特征的白茶。政和白毫银针的感官品质特征如表6-7所示。

表6-7 政和白毫银针的感官品质特征

项目	政和白毫银针的感官品质特征
外形	单芽肥壮、满披茸毛，色泽毫芽银白或灰白
香气	鲜嫩清纯、毫香明显
汤色	浅杏黄、清澈明亮
滋味	清鲜纯爽、毫味显
叶底	全芽、肥嫩、明亮

2. 福鼎白毫银针 福建省地方标准《地理标志产品 福鼎白茶》（DB35/T 1076—2010）规定，福鼎白毫银针产品分为特级、一级（表6-8）。

表6-8 各等级福鼎白毫银针的感官品质特征

级别	外形				内质			
	形状	色泽	整碎	净度	汤色	香气	滋味	叶底
特级	肥壮、挺直	银白、匀亮	匀整	洁净	杏黄、清澈明亮	毫香浓郁	甘醇爽口	软、亮、匀、齐
一级	尚肥壮、挺直	尚银白、匀亮	尚匀整	洁净	杏黄、清澈明亮	毫香持久	鲜醇爽口	软、亮

3. 寿宁白毫银针 近年来，白茶因独特的保健功效被越来越多的人认知、重视和追捧，产区逐渐扩大，产品类型不断丰富。团体标准《寿宁高山白茶》（T/SNCX 004—2017）规定了寿宁高山白茶产品分为白毫银针、白牡丹、花香牡丹、贡眉、寿眉5类产品；其中白毫银针以福鼎大白茶、福鼎大毫茶、福云6号、福云7号、福云595、福安大白茶的茶树单芽为原料，产品分为特级、一级（表6-9）。

表6-9 各等级寿宁白毫银针的感官品质要求

级别	外形				内质			
	形状	色泽	整碎	净度	汤色	香气	滋味	叶底
特级	芽针肥壮、茸毛显	银灰白、富有光泽	匀齐	洁净	浅杏黄、清澈、明亮	清纯、毫香显露	清鲜醇爽、毫味足	肥壮、软嫩、明亮
一级	芽针秀长、茸毛较显	银灰白	匀齐	洁净	杏黄、清澈、明亮	清纯、毫香显	鲜醇爽口、毫味显	嫩匀、明亮

4. 柘荣白毫银针 团体标准《柘荣高山白茶》（T/ZRXCX 004—2018）规定了柘荣高山白茶根据原料要求的不同分为白毫银针、白牡丹、花香牡丹、贡眉、寿眉5类产品。白毫银针以福鼎大白茶、福鼎大毫茶、福云6号、福云7号、福云595、福安大白茶的茶树单芽为原料，产品分为特级、一级（表6-10）。

表6-10 各等级柘荣白毫银针的感官品质要求

级别	外形				内质			
	形状	色泽	整碎	净度	汤色	香气	滋味	叶底
特级	芽针肥壮、茸毛显	银灰白、富有光泽	匀齐	洁净	浅杏黄、清澈、明亮	清纯、毫香显露	清鲜醇爽、毫味足	肥壮、软嫩、明亮
一级	芽针秀长、茸毛较显	银灰白	匀齐	洁净	杏黄、清澈、明亮	清纯、毫香显	鲜醇爽口、毫味显	嫩匀、明亮

5. 宁德天山白毫银针 团体标准《宁德天山白茶》（T/CSTEA 00003—2019）规定了以福建省宁德市蕉城区天山山脉为中心的蕉城区白茶产品分为花香银针、白毫银针、白牡丹、寿眉、紧压白茶和白茶袋泡茶，其中白毫银针的感官品质特征如表6-11所示。

表 6-11 各等级宁德天山白毫银针的感官品质特征

级别	外形				内质			
	形状	色泽	整碎	净度	汤色	香气	滋味	叶底
特级	芽针肥壮、挺直、毫显	银灰白、匀亮	匀齐	洁净	浅杏黄、清澈、明亮	清纯、毫香浓	清鲜嫩爽、毫味足	肥壮、幼嫩、明亮
一级	芽针尚肥壮、毫显	银灰白、尚匀亮	较匀齐	洁净	杏黄、清澈、明亮	清纯、毫香显	鲜醇爽口、毫味显	嫩黄、明亮

宁德天山花香银针以高香型茶树品种的单芽为原料，其感官品质特征如表 6-12 所示。

表 6-12 宁德天山花香银针的感官品质特征

形状	外形			内质			
	色泽	整碎	净度	汤色	香气	滋味	叶底
芽针挺直、有毫	银灰、润	匀整	洁净	杏黄、清澈明亮	花香、悠嫩	鲜爽、带花香	全芽、明亮

二、白毫银针的感官审评要点

(一) 外形审评要点

白毫银针以大白茶或水仙茶树品种的单芽为原料，形状审评芽头壮瘦、长短、含毫情况等。以芽针肥壮、茸毛厚，色泽银白且富有光泽为佳；以芽针秀长、茸毛略薄，色泽暗绿为次。

整碎审评匀整、碎末含量等情况。以芽头匀齐为佳，以肥壮度不一、碎茶多为次。

净度审评夹杂物含量。精制茶要求洁净无杂。

(二) 内质审评要点

1. 汤色 审评颜色和清澈度。以浅杏黄、杏黄、浅黄，清澈明亮为佳；以深黄或深杏黄，尚清澈明亮为次。

2. 香气 审评香气纯异、类型、毫香及持久度等。以清鲜或鲜嫩，毫香浓郁、显露或持久为佳；以毫香淡薄，带青草气、闷气、酵气、失鲜、粗气等为次。

3. 滋味 审评鲜度、甘爽度、毫味等。以滋味鲜爽微甜、鲜醇或甘鲜，毫味足为佳；以带青味、青涩、闷味、酵味、粗味等为次。

4. 叶底 审评芽头肥壮度、软硬度、匀齐度、明亮度等。以芽头肥壮、软、匀齐、明亮为佳；以芽头瘦小、欠匀、枯暗为次。

理论测验

(一) 单选题

1. 以下（　　）不属于白毫银针的外形特征。

A. 芽针肥壮　B. 白毫显露　C. 挺直扁平　D. 色白似银

2. 以下（　　）不属于白毫银针的内质特征。

A. 清鲜、显毫香　B. 鲜醇、毫味足　C. 肥嫩匀亮　D. 甜香浓郁

3. 以下茶树品种（　　）不适于制作白毫银针。

A. 福鼎大白茶　　B. 福鼎大毫茶　　C. 政和大白茶　　D. 安吉白茶

4. 以下（　　）常用于描述白毫银针汤色。

A. 蜜黄　　B. 杏黄　　C. 橙红　　D. 金黄

5.“香气清纯、毫香显露，滋味清鲜醇爽、毫味足”描述的是（　　）白毫银针产品。

A. 特级　　B. 一级　　C. 二级　　D. 三级

（二）判断题

1. 白毫银针以大白茶或水仙茶树品种的单芽为原料。（　　）

2. 白毫银针香气以甜香、清鲜为佳。（　　）

3. 白毫银针滋味以清甜鲜醇、毫味足为佳。（　　）

4. 白毫银针滋味“毫味显”优于“毫味足”。（　　）

5. 白毫银针外形芽针肥壮、茸毛厚是品质好的表现。（　　）

理论测验
答案 6-2

技能实训

技能实训 34　白毫银针的感官审评

总结白毫银针的品质特征和审评要点，根据白茶感官审评方法完成不同等级白毫银针的感官审评，提交感官审评报告，填写茶叶感官审评表（见附录）。

任务三　白牡丹的感官审评

任务目标

掌握白牡丹的感官品质特征及感官审评要点。

能够正确审评白牡丹产品。

知识准备

1922年之前，水吉（当时属于建瓯县，现属建阳市）茶农“先挑针，后晾水仙白”创制了白牡丹。最早的白牡丹毛茶原料仅仅是“水仙白”一种，后来引进大白茶茶树品种后，才把水仙白毛茶与其他大白茶的白毛茶拼配精制加工为白牡丹。1922年之后，白牡丹的制作传至政和。1946年，白牡丹的制作传至福鼎。1955年左右，水仙白主要用来拼配以提高茶叶内质，高级茶多拼，低级茶不拼；若无水仙白拼配，则必需调高大白茶原料，以提高香气和滋味。

根据国家标准《白茶》（GB/T 22291—2017），白牡丹是以大白茶或水仙茶树品种的一芽一叶、一芽二叶为原料，经萎凋、干燥、拣剔等特定工艺过程制成的白茶产品。白牡丹由于外形叶张灰绿，叶背稍呈银白光泽，夹以白毫，形似花朵，故称“白牡丹”。

一、白牡丹的感官品质特征

微课：白牡丹的感官审评

外形自然舒展，两叶抱芯，色泽灰绿，毫香显；内质汤色橙黄清澈明亮，香气清鲜有毫香，滋味醇厚清甜，叶底芽叶成朵，肥嫩匀整。因鲜叶采自不同品种的茶树，成品茶有大白、小白、水仙白之分。大白以大白茶茶树品种为原料，小白以菜茶为原料，水仙白以水仙茶树品种为原料，其感官品质各具特点（表6-13）。

表6-13　大白、小白和水仙白的感官品质特征

品类	外形	汤色	香气	滋味	叶底
大白	叶张肥嫩、毫心肥壮、白毫显露、茸毛洁白、色泽灰绿、润	杏黄、明亮	清香、毫香显	鲜醇清甜、毫味显	叶张肥嫩、梗脉微红、灰绿明亮
小白	叶张细嫩、毫心细秀有白毫、色泽灰绿	杏黄、明亮	清纯、有毫香	清甜醇爽	叶张嫩、梗脉微红、灰绿明亮
水仙白	叶张肥厚、毫芽长壮、有白毫、色泽灰绿带黄红	黄、明亮	清花香、尚显毫香	醇厚甘爽、	叶张肥嫩、梗脉微红、黄绿明亮

白茶产区主要以福鼎大白茶、福鼎大毫茶、政和大白茶、福云6号、福云7号、福云595、福安大白茶等茶树品种制作白牡丹。国家标准《白茶》（GB/T 22291—2017）规定，白牡丹产品分为特级、一级、二级和三级，其感官品质特征如表6-14所示。

表 6-14　各等级白牡丹的感官品质特征

级别	外形				内质			
	条索	色泽	整碎	净度	汤色	香气	滋味	叶底
特级	毫心多、肥壮、叶背多茸毛	灰绿、润	匀整	洁净	黄、清澈	鲜嫩、纯爽、毫香显	清甜、醇爽、毫味足	芽心多、叶张肥嫩、明亮
一级	毫心较显、尚壮、叶张嫩	灰绿、尚润	尚匀整	较洁净	尚黄、清澈	尚鲜嫩、纯爽、有毫香	较清甜、醇爽	芽心较多、叶张嫩、尚明
二级	毫心尚显、叶张尚嫩	尚灰绿	尚匀	含少量黄绿片	橙黄	浓纯、略有毫香	尚清甜、醇厚	有芽心、叶张尚嫩、稍有红张
三级	叶缘略卷、有平展叶、破张叶	灰绿、稍暗	欠匀	稍夹黄片、蜡片	尚橙黄	尚浓纯	尚厚	叶张尚软、有破张、红张稍多

1. 政和白牡丹　国家标准《地理标志产品　政和白茶》（GB/T 22109—2008）规定，政和白茶分为白毫银针和白牡丹，白牡丹产品分为特级、一级和二级，其感官品质特征如表 6-15 所示。

表 6-15　各等级政和白牡丹的感官品质特征

项目		级别		
		特级	一级	二级
外形	嫩度	芽肥壮、毫显	芽毫显、叶张匀嫩	有芽毫、叶张尚嫩
	色泽	毫芽银白、叶面灰绿、叶背有茸毛、灰绿透银白色	毫芽银白、叶面灰绿或暗绿、部分叶背有茸毛、有嫩绿片	叶面暗绿、稍带少量黄绿叶和暗褐叶
	形态	叶抱芽、芽叶连枝、叶缘垂卷、匀整	芽叶连枝、叶缘垂卷、尚匀整、有破张	部分芽叶连枝、破张稍多
	净度	无蜡叶和老梗、净	无蜡叶和老梗、较净	无蜡叶和老梗、有少量嫩绿片和轻片
内质	汤色	浅杏黄、明亮	黄、明亮	黄、尚亮
	香气	鲜嫩、清纯、毫香显	清鲜、有毫香	尚清鲜、略有毫香
	滋味	清鲜、醇爽、毫味显	尚清鲜、有毫味	醇和
	叶底	毫芽肥壮、叶张嫩、芽叶连枝、色淡绿、梗脉微红、叶底明亮	毫芽稍多、叶张嫩、尚完整、梗脉微红、叶底尚明亮	稍有毫芽、叶张尚软、梗脉稍红、有破张

2. 福鼎白牡丹　福建省地方标准《地理标志产品　福鼎白茶》（DB35/T 1076—2010）规定，福鼎白茶产品分白毫银针、白牡丹、新工艺白茶，白牡丹产品分为特级、一级和二级，其感官品质特征如表 6-16 所示。

表 6-16 各等级福鼎白牡丹的感官品质特征

项目		特级	一级	二级
外形	条索	毫芽显肥壮、叶张幼嫩、叶缘垂卷、芽叶连枝	毫芽显、叶张尚嫩、叶缘略卷、芽叶连枝	毫芽尚显、叶张欠嫩、芽叶稍有破张
	色泽	灰绿或铁青	灰绿或铁青	欠匀、略带红张
	匀整度	匀整	尚匀整	尚匀整
	净度	洁净	尚洁净	欠洁净
内质	汤色	杏黄、清澈、明亮	深杏黄、清澈、明亮	深黄、尚清澈
	香气	鲜爽、毫香显	纯爽、有毫香	纯正、略有毫香
	滋味	甘醇爽口	尚甘醇爽口	清醇
	叶底	肥嫩、匀亮	尚肥嫩、尚匀亮	欠匀亮

3. 寿宁白牡丹 团体标准《寿宁高山白茶》（T/SNCX 004—2017）规定，寿宁白牡丹产品分为特级、一级、二级和三级，其感官品质特征见表 6-17。

表 6-17 各等级寿宁白牡丹的感官品质特征

级别	外形				内质			
	条索	色泽	整碎	净度	汤色	香气	滋味	叶底
特级	芽叶连枝、毫心多、肥壮、叶背多茸毛	灰绿、润	匀整	洁净	浅黄、清澈	鲜嫩、纯爽、毫香显	清甜、醇爽、毫味足	芽毫肥壮、叶张软亮
一级	芽叶连枝、毫心较显、尚壮、叶张嫩	灰绿、较润	匀整	洁净	黄、清澈	尚鲜、纯爽、有毫香	较清甜、醇爽	芽毫尚显、叶张较软亮
二级	毫心尚显、叶张尚嫩	尚灰绿	较匀	含少量黄绿片	浅橙黄	纯正、略有毫香	尚清甜、醇厚	有芽毫、叶张尚软亮
三级	叶缘略卷、有平展叶、破张叶	灰绿、稍暗	尚匀	稍夹黄片、蜡片	橙黄	较纯正	尚厚	有破张、红张

4. 柘荣白牡丹 团体标准《柘荣高山白茶》（T/ZRXCX 004—2018）规定，白牡丹产品分为特级、一级、二级和三级，其感官品质特征如表 6-18 所示。

表 6-18 各等级柘荣白牡丹的感官品质特征

级别	外形				内质			
	条索	色泽	整碎	净度	汤色	香气	滋味	叶底
特级	芽叶连枝、毫心多、肥壮、叶背多茸毛	灰绿、润	匀整	洁净	浅黄、清澈	鲜嫩、纯爽、毫香显	清甜、醇爽、毫味足	芽毫肥壮、叶张软亮
一级	芽叶连枝、毫心较显、尚壮、叶张嫩	灰绿、较润	匀整	洁净	黄、清澈	尚鲜、纯爽、有毫香	较清甜、醇爽	芽毫尚显、叶张较软亮

（续）

级别	外形				内质			
	条索	色泽	整碎	净度	汤色	香气	滋味	叶底
二级	毫心尚显、叶张尚嫩	尚灰绿	较匀	含少量黄绿片	浅橙黄	纯正、略有毫香	尚清甜、醇厚	有芽毫、叶张尚软亮
三级	叶缘略卷、有平展叶、破张叶	灰绿、稍暗	尚匀	稍夹黄片、蜡片	橙黄	较纯正	尚厚	有破张、红张

5. 宁德天山白牡丹 团体标准《宁德天山白茶》（T/CSTEA 00003—2019）规定，以福建省宁德市蕉城区天山山脉为中心的蕉城区白牡丹产品分为特级、一级、二级、三级，其感官品质特征如表 6-19 所示。

表 6-19 各等级宁德天山白牡丹的感官品质特征

级别	外形				内质			
	条索	色泽	整碎	净度	汤色	香气	滋味	叶底
特级	芽肥壮、叶张幼嫩、叶缘垂卷	灰绿、润	匀整	净	杏黄、清澈、明亮	鲜嫩、纯爽、毫香显	清甜、醇爽、毫味显	芽叶肥嫩、明亮
一级	芽较壮、叶张嫩、叶缘略卷	灰绿、较润	较匀整	较净	黄、清澈、尚亮	较鲜嫩、纯爽、有毫香	较清甜、醇爽、有毫味	芽叶嫩、尚明
二级	芽尚显、叶张较嫩、叶缘尚卷、稍有破张叶	尚灰绿	尚匀整	欠净	橙黄、尚清澈	浓纯、有毫香	清醇	芽叶尚嫩、稍有红张
三级	叶缘略卷、稍有平展叶、破张叶红张叶	灰绿、稍暗	欠匀	稍夹蜡片	橙黄、稍深	尚浓纯	醇厚	芽叶尚嫩、有破张、红张稍多

二、白牡丹的感官审评要点

（一）外形审评要点

传统上，白牡丹产品依据茶树品种分为如大白、水仙白、小白等。大白产品外形毫心肥壮、白毫明显，色泽灰绿润；水仙白芽叶肥壮，毫心长而壮、有白毫，色泽灰绿带黄；小白产品毫心较小、叶张细嫩，色泽灰绿。

目前，白茶产区主要以福鼎大白茶、福鼎大毫茶、政和大白茶、福云595、福安大白茶等茶树品种的一芽一叶、一芽二叶为原料制作白牡丹。白牡丹外形品质以芽叶肥嫩、叶缘垂卷、芽叶连枝、毫心肥壮、色泽灰绿润、毫色银白为优；以叶张瘦薄、色灰绿较暗、有破张红张为次。

整碎度审评匀整、碎末含量等情况，以匀齐、匀整为佳；以肥壮度不一、碎茶多为次。

净度审评黄绿片、红张叶、破张叶及蜡片等含量情况。高档牡丹要求洁净无杂，低档白牡丹含有少量红张叶、破张叶或蜡片。

（二）内质审评要点

1. 汤色 审评颜色、清澈度和明亮度。以浅杏黄、杏黄、黄，清澈、明亮为佳；以橙黄、深黄或深杏黄，尚清澈、明亮为次。

2. 香气 审评香气纯异、类型、毫香及持久度等。以鲜嫩或清鲜，显毫香为佳；以浓纯或尚纯，毫香不显，带青草气、闷气、酵气、失鲜、粗气等为次。

3. 滋味 滋味审评鲜度、甘爽度、毫味等，以滋味清甜、醇爽、毫味显为佳；以毫味淡薄，带青味、青涩、闷味、酵味、粗味等为次。

4. 叶底 叶底审评芽叶肥壮度、嫩度、匀齐度、明亮度等。以芽多、芽肥壮、叶张嫩、芽叶连枝、匀齐、明亮为佳；以芽头瘦小、叶张欠嫩，有破张叶、红张叶、枯暗等为次。

理论测验

（一）单选题

1. 白茶外形叶张灰绿，叶背稍呈银白光泽，夹以白毫，形似花朵，称（　　）。

A. 白毫银针　B. 白牡丹　C. 贡眉　D. 寿眉

2. 滋味“鲜醇清甜、显毫味”描述的是（　　）。

A. 大白　B. 小白　C. 水仙白　D. 贡眉

3. “香气鲜嫩、纯爽毫香显，滋味清甜醇爽、毫味足”描述的是（　　）白牡丹。

A. 特级　B. 一级　C. 二级　D. 三级

4. 寿宁、柘荣等地以金观音、金牡丹、黄观音等高香茶树品种的茶树一芽一叶、一芽二叶为原料，经萎凋、干燥、拣剔、复火等工艺制成白牡丹，具有（　　）的品质特征。

A. 毫香　B. 蜜香　C. 花香　D. 甜香

5. 外形“叶张肥厚、毫芽长壮、有白毫、色泽灰绿带黄红”描述的是（　　）。

A. 大白　B. 小白　C. 水仙白　D. 贡眉

（二）判断题

1. 白牡丹以大白茶或水仙茶树品种的为原料。（　　）
2. 白牡丹采摘嫩度为单芽、一芽一叶、一芽二叶。（　　）
3. 白牡丹汤色以浅杏黄、杏黄、黄，清澈明亮为佳。（　　）
4. 白牡丹滋味以清甜醇爽、毫味显为佳。（　　）
5. 白茶产区主要以福鼎大白茶、福鼎大毫茶、政和大白茶、福云595、福安大白茶等茶

树品种制作白牡丹。（ ）

理论测验
答案 6－3

技能实训

技能实训 35　白牡丹的感官审评

总结白牡丹的品质特征和审评要点，根据白茶感官审评方法完成不同等级白牡丹的感官审评，提交感官审评报告，填写茶叶感官审评表（见附录）。

任务四　贡眉、寿眉的感官审评

任务目标

掌握贡眉、寿眉的感官品质特征及感官审评要点。
能够正确审评贡眉、寿眉产品。

知识准备

国家标准《白茶》（GB/T 22291—2017）规定，贡眉是以群体种（菜茶）茶树品种的嫩梢为原料，经萎凋、干燥、拣剔等特定工艺而制成的白茶产品；寿眉是以大白茶、水仙或群体种茶树品种的嫩梢或叶片为原料，经萎凋、干燥、拣剔等特定工艺而制成的白茶产品。

一、贡眉、寿眉的感官品质特征

微课：贡眉的感官审评

（一）贡眉的感官品质特征

贡眉以菜茶为原料，芽瘦小。贡眉的品质特征为：外形毫心明显，有芽毫，色泽灰绿；冲泡后汤色呈橙黄色或深黄色，滋味醇爽，香气鲜纯，叶底匀整、柔软、主脉微红。贡眉产品分为特级、一级、二级和三级，其感官品质特征如表 6－20 所示。

表 6－20　各等级贡眉的感官品质特征

级别	外形				内质			
	条索	色泽	整碎	净度	汤色	香气	滋味	叶底
特级	叶态卷、有毫心	灰绿、墨绿	匀整	洁净	橙黄	鲜嫩、有毫香	清甜、醇爽	有芽尖、叶张嫩亮
一级	叶态尚卷、毫尖尚显	尚灰绿	较匀	较洁净	尚橙黄	鲜纯、有嫩香	醇厚、尚爽	稍有芽尖、叶张软、尚亮
二级	叶态略卷稍展、有破张	灰绿、稍暗、夹红	尚匀	夹黄片、蜡片	深黄	浓纯	浓厚	叶张较粗、稍摊、有红张
三级	叶张平展、破张多	灰黄、夹红	欠匀	较多黄片、蜡片	深黄、微红	浓、稍粗	厚、稍粗	叶张粗杂、红张多

团体标准《寿宁高山白茶》（T/SNCX 004—2017）和《柘荣高山白茶》（T/ZRXCX 004—2018）规定，贡眉产品分为特级、一级、二级（表 6－21）。

表 6-21　各等级寿宁、柘荣贡眉的感官品质特征

级别	外形				内质			
	条索	色泽	整碎	净度	汤色	香气	滋味	叶底
特级	芽叶连枝、叶张嫩、芽尖显	灰绿、墨绿	匀整	洁净	浅橙黄	嫩香、带甜香	清甜、醇爽	芽尖显、叶张软亮
一级	芽叶较连枝、芽尖较显	较灰绿	较匀	较洁净	橙黄	有嫩香	醇厚、尚爽	有芽尖、叶张软、较亮
二级	芽叶尚连枝、叶尚嫩	灰绿、稍暗、夹红	尚匀	稍带黄片	深橙黄	纯正	浓厚	叶张稍粗

微课：寿眉的感官审评

（二）寿眉的感官品质特征

寿眉以大白茶、水仙或群体种茶树品种的嫩梢或叶片为原料，原料嫩度一般，品质特征主要为：外形叶张舒展，叶色呈灰绿带黄，叶脉微红；冲泡后汤色杏黄清亮，滋味鲜纯爽口。国家标准《白茶》(GB/T 22291—2017) 规定，寿眉产品分为一级、二级，其感官品质特征如表 6-22 所示。

表 6-22　各等级寿眉的感官品质特征

级别	外形				内质			
	条索	色泽	整碎	净度	汤色	香气	滋味	叶底
一级	叶态尚紧卷	尚灰绿	较匀	较洁净	尚橙黄	纯	醇厚、尚爽	稍有芽尖、叶张软、尚亮
二级	叶态略卷稍展、有破张	灰绿、稍暗、夹红	尚匀	夹黄片、蜡片	深黄	浓纯	浓厚	叶张较粗、稍摊、有红张

团体标准《寿宁高山白茶》(T/SNCX 004—2017)、《柘荣高山白茶》(T/ZRXCX 004—2018) 和《宁德天山白茶》(T/CSTEA 00003—2019) 规定，寿眉产品分一级、二级，各级产品的感官品质要求与国家标准《白茶》(GB/T 22291—2017) 一致。

二、贡眉、寿眉的感官审评要点

（一）贡眉审评要点

1. 外形　以叶态卷、有毫心，色泽灰绿或墨绿润，匀整，较洁净为佳；以叶张平展，红张、破张、黄片、蜡片较多，色泽灰绿较暗或灰黄、夹红为次。

2. 内质

(1) 汤色。以橙黄、明亮为佳，以深黄微红或橙红为次。

(2) 香气。以鲜嫩、清香、有毫香或鲜纯、有嫩香为佳，以带粗气、青气、闷气、酵气等为次。

(3) 滋味。以清甜、醇爽或醇厚、爽口为佳，以味浓带粗味、青味、涩味、闷味、酵味等为次。

(4) 叶底。以芽尖多、叶张嫩亮为佳，以叶张粗杂、红张多、破张多等为次。

（二）寿眉审评要点

1. 外形 以叶态尚紧卷，色泽尚灰绿，较匀整，较洁净为佳；以红张、破张、黄片或蜡片多，色泽灰绿较暗或灰黄、夹红为次。

2. 内质

（1）汤色。以橙黄、明亮为佳，以深黄微红或橙红为次。

（2）香气。以清香纯正为佳，以带粗气、青气、闷气、酵气等为次。

（3）滋味。以醇厚、尚爽为佳，以味浓厚带粗味、青味、涩味、闷味、酵味等为次。

（4）叶底。以稍有芽尖、叶张软亮为佳，以叶张粗杂、红张多、破张多等为次。

理论测验

（一）单选题

1.（　　）以群体种（菜茶）茶树品种的嫩梢为原料，经萎凋、干燥、拣剔等特定工艺而制成的白茶产品。

A. 白毫银针　　B. 白牡丹　　C. 贡眉　　D. 寿眉

2.（　　）是以大白茶、水仙或群体种茶树品种的嫩梢或叶片为原料，经萎凋、干燥、拣剔等特定工艺而制成的白茶产品。

A. 白毫银针　　B. 白牡丹　　C. 贡眉　　D. 寿眉

3.“香气鲜嫩、有毫香，滋味清甜醇爽”描述的是（　　）贡眉。

A. 特级　　B. 一级　　C. 二级　　D. 三级

4. 以下（　　）不是贡眉的品质特点。

A. 外形毫心壮　　B. 香气鲜嫩、有毫香

C. 滋味清甜醇爽　　D. 汤色橙黄明亮

5. 外形叶态尚卷、毫尖尚显，汤色尚橙黄，香气鲜纯、有嫩香，滋味醇厚尚爽，叶底稍有芽尖，描述的是（　　）贡眉。

A. 特级　　B. 一级　　C. 二级　　D. 三级

（二）判断题

1. 优质贡眉外形有毫心，色泽灰绿或墨绿润。（　　）

2. 优质的贡眉香气鲜嫩、有毫香。（　　）

3. 贡眉以大白茶茶树品种为原料。（　　）

4. 低档寿眉叶底叶张粗杂、红张多、破张多。（　　）

5. 寿眉以香气清香纯正为佳。（　　）

理论测验
答案 6－4

技能实训

技能实训 36　贡眉和寿眉的感官审评

总结贡眉和寿眉的品质特征和审评要点，根据白茶感官审评方法完成不同贡眉和寿眉的感官审评，提交感官审评报告，填写茶叶感官审评表（见附录）。

任务五　其他白茶的感官审评

任务目标

掌握新工艺白茶、紧压白茶、花香白茶、老白茶的感官品质特征及感官审评要点。

能够正确审评紧压白茶、花香白茶、老白茶等白茶产品。

知识准备

传统白茶不经炒揉，仅有萎凋和干燥两道工序，与其他茶类相比，传统白茶具有香清味醇的品质特征。近年来，白茶因独特产品风格和保健功效被越来越多地关注，白茶市场不断扩大。为满足市场的不同需求，在借鉴其他茶类工艺和造型技术的基础上，工艺不断创新，产品类型不断丰富，产生了新工艺白茶、紧压白茶、花香型白茶、金花白茶等白茶产品，此外，白茶在良好的包装条件和存放条件下，经过数年陈化，可以形成具有独特风味的老白茶。

一、其他白茶的感官品质特征

（一）新工艺白茶的感官品质特征

1964 年，为适应香港地区的消费需求，中茶福建公司开始研发创制新工艺白茶，在福鼎白琳初制厂进行试验创制了白茶新品类，称作“新白茶”。1968 年，在“新白茶”的基础上进一步试验，创造了白茶的新工艺制法，即将萎凋叶进行适时、快速揉捻，然后烘干。新工艺白茶条索紧结，汤色加深，浓度加强，投放市场后深受香港消费者的喜爱。

福建省地方标准《地理标志产品　福鼎白茶》（DB35/T 1076—2010）规定，新工艺白茶工艺流程为：鲜叶→萎凋→轻揉→烘焙→毛茶→整形→拣剔→复焙→成品茶。由于萎凋后增加了轻揉工艺，新工艺白茶外形卷缩、稍带褶条，香清高，味醇厚较浓，汤色橙黄或橙红，叶底青灰或深灰带黄，叶脉带红或红褐色。新工艺白茶产品分为特级和一级，其感官品质特征如表 6-23 所示。

表 6-23　各等级新工艺白茶的感官品质特征

级别	外形				内质			
	条索	色泽	整碎	净度	汤色	香气	滋味	叶底
特级	卷曲、显毫	青褐	匀整	洁净	浅黄、明亮	清高、嫩香	醇厚、爽口	匀整
一级	卷曲、尚显毫	褐	尚匀整	尚洁净	尚黄、清澈	尚清高、嫩香	醇厚	匀整

（二）紧压白茶的感官品质特征

国家标准《紧压白茶》（GB/T 31751—2015）规定，紧压白茶是以白茶（白毫银针、白牡丹、贡眉、寿眉）为原料，经整理、拼配、蒸压定型、干燥等工序制成的产品。紧压白茶根据原料的不同分为紧压白毫银针、紧压白牡丹、紧压贡眉和紧压寿眉 4 种产品。紧压白茶外形匀称端正，压制松紧适度，不起层脱面；香气纯正，滋味醇爽，汤色明亮，叶底匀整。

各种紧压白茶的感官品质特征（国家标准）如表 6-24 所示。

表 6-24 各等级紧压白茶的感官品质特征（国家标准）

产品	外形	内质			
		香气	滋味	汤色	叶底
紧压白毫银针	外形端正匀称、松紧适度，表面平整、无脱层、不洒面，色泽灰白、显毫	清纯、毫香显	浓醇、毫味显	杏黄、明亮	肥厚、软嫩
紧压白牡丹	外形端正匀称、松紧适度，表面较平整、无脱层、不洒面，色泽灰绿或灰黄、带毫	浓纯、有毫香	醇厚、有毫味	橙黄、明亮	软嫩
紧压贡眉	外形端正匀称、松紧适度，表面较平整，色泽灰黄夹红	浓纯	浓厚	深黄或微红	软尚嫩、带红张
紧压寿眉	外形端正匀称、松紧适度，表面较平整，色泽灰褐	浓、稍粗	厚、稍粗	深黄或泛红	略粗、有破张、带泛红叶

团体标准《宁德天山白茶》（T/CSTEA 00003—2019）规定，紧压白茶产品分为紧压花香银针、紧压花香白茶、紧压片片香、紧压白毫银针、紧压白牡丹和紧压寿眉，其感官品质特征（团体标准）如表 6-25 所示。

表 6-25 各等级紧压白茶的感官品质特征（团体标准）

产品	外形	内质			
		香气	滋味	汤色	叶底
紧压花香银针	外形端正匀称、松紧适度，表面平整、无脱层，表里一致，色泽灰白、显毫	花香、显	浓醇、有花香	黄、明亮	细嫩
紧压花香白茶	外形端正匀称、松紧适度，表面较平整、表里一致，色泽灰绿、带毫尖	花香、较显	清醇、有花香	深黄、较明亮	较嫩
紧压片片香	外形端正匀称、松紧适度，表面较平整，色泽灰绿或灰褐	有花香、稍粗	醇和、稍粗、带花香	橙黄、尚亮	叶张尚软、有红张
紧压白毫银针	外形端正匀称、松紧适度，表面平整、无脱层、表里一致，色泽灰白、显毫	清纯、毫香显	浓醇、毫味显	黄、明亮	肥厚、软嫩
紧压白牡丹	外形端正匀称、松紧适度，表面较平整、无脱层、表里一致，色泽灰绿或灰黄、带毫	清纯、有毫香	醇厚、有毫味	橙黄、明亮	软嫩
紧压寿眉	外形端正匀称、松紧适度，表面较平整、无脱层，色泽灰褐	浓、稍粗	厚、稍粗	深黄或橙红	略粗、有破张、带泛红叶

紧压白茶在传统白茶基础上，经过“蒸压定型”，具有“香清味浓醇”的品质特点，且体积压缩便于流通和贮藏。常见的紧压白茶产品造型有圆饼形、方形、柱形、薄饼干形、心形、粽子形等多种形状和规格。

（三）花香型白茶的感官品质特征

在传统白茶的制作工艺基础上，花香型白茶工艺即借鉴其他茶类的加工技术，结合适制白茶茶树品种或高香茶树品质，制作出具花香且味醇厚的白茶产品。目前，市场上的花香型白茶可分为花香白茶和花香工艺白茶两种。

花香白茶是采用高香型乌龙茶品种（金观音、黄观音等）按照白茶标准采摘鲜叶原料，按照白茶的基本加工工艺制作而成的特种白茶。花香工艺白茶是采用适制白茶茶树品种，在萎凋中增加了“轻做青、轻揉捻”的工艺，增加了细胞破碎率，促进香味转化，使得白茶带有天然的花香和清鲜的毫香，且茶汤的滋味更加浓厚。

1. 寿宁花香牡丹 团体标准《寿宁高山白茶》（T/SNCX 004—2017）规定，花香牡丹以茗科1号（金观音）、金牡丹、瑞香、白芽奇兰等茶树品种的茶树一芽一叶、一芽二叶为原料，经萎凋、干燥、拣剔、复火等工艺制成，具有花香品质特征（表6-26）。

表6-26 各等级寿宁花香牡丹的感官品质特征

级别	外形				内质			
	条索	色泽	整碎	净度	汤色	香气	滋味	叶底
一级	芽叶连枝、芽头壮、叶张嫩	墨绿、带灰	匀整	洁净	浅橙黄、明亮	鲜爽、花香显	醇爽、有花香	芽较显、叶张较软亮
二级	芽叶尚连枝、芽头尚显	尚墨绿	较匀	含少量黄绿片	橙黄、较亮	纯正、有花香	醇爽、带花香	芽尚显、叶张尚软亮

2. 柘荣花香牡丹 团体标准《柘荣高山白茶》（T/ZRXCX 004—2018）规定，柘荣花香牡丹以茗科1号（金观音）、金牡丹、茗科2号（黄观音）、紫玫瑰等茶树品种的茶树一芽一叶、一芽二叶为原料，经萎凋、干燥、拣剔、复火等工艺制成，具有花香品质特征，产品分为一级、二级（表6-27）。

表6-27 各等级柘荣花香牡丹的感官品质特征

级别	外形				内质			
	条索	色泽	整碎	净度	汤色	香气	滋味	叶底
一级	芽叶连枝、芽头壮、叶张嫩	墨绿、带灰	匀整	洁净	浅橙黄、明亮	鲜爽、花香显	醇爽、有花香	芽较显、叶张较软亮
二级	芽叶尚连枝、芽头尚显	尚墨绿	较匀	含少量黄绿片	橙黄较亮	纯正、有花香	醇爽、带花香	芽尚显、叶张尚软亮

3. 宁德天山花香白茶 团体标准《宁德天山白茶》（T/CSTEA 00003—2019）规定，花香白茶分为特级、一级、二级和片片香，其感官品质特征如表6-28所示。

表 6-28　各等级宁德天山花香白茶的感官品质特征

级别	外形				内质			
	条索	色泽	整碎	净度	汤色	香气	滋味	叶底
特级	芽显、芽叶幼嫩、连枝、叶缘垂卷、多显朵状	灰绿、润	匀整	净	黄、清澈明亮	花香显	清醇、带花香	芽叶嫩、亮、成朵
一级	芽较显、叶张嫩、芽叶连枝、叶缘尚卷	灰绿、较润	匀整	较净	橙黄、尚亮	花香较显	较浓醇、带花香	芽叶较嫩、亮
二级	芽尚显、叶张尚嫩、略有破张	尚灰绿、稍带褐色	尚匀整	略夹黄绿叶	橙黄、较亮	花香尚显	较浓厚、带花香	芽叶尚嫩、稍有红张
片片香	叶缘尚卷、稍平、有破张	尚灰绿、有红张	欠匀整	略夹黄片、嫩梗	橙黄、明亮	浓、有花香	醇厚、带花香	叶张较软、有红张

微课：老白茶的感官审评

(四) 老白茶

《老白茶》(T/CSTEA 00021—2021) 团体标准规定，“老白茶”是指在阴凉、干燥、通风、无异味且相对密封避光的贮存环境条件下，经缓慢氧化，自然陈化 5 年及以上、明显区别于当年新制白茶、具有“陈香”或“陈韵”品质特征的白茶。“陈韵”是指老白茶所呈现出的“陈醇润活”的品质特征。

1. 老白茶分类　按原料与工艺不同，可分为散茶老白茶和紧压老白茶两类；散茶老白茶和紧压老白茶均包括白毫银针、白牡丹、贡眉、寿眉。老白茶按品质风格分为陈蜜型、陈醇型、陈药型三类，每一类分为一级、二级、三级。

(1) 陈蜜型老白茶。是指香气呈现花蜜香、果蜜香、奶蜜香、梅子香等，滋味以甜醇蜜韵为主要品质风格的老白茶，其感官品质特征如表 6-29 所示。

表 6-29　各等级陈蜜型老白茶感官品质特征

级别	外形		内质			
	形状	色泽	汤色	香气	滋味	叶底
一级			蜜黄至橙黄、明亮	陈纯浓郁（带花、果、蜜、奶等香）	醇和甜润、陈韵显	软亮
二级	按原料产品标准	褐绿至黄褐	蜜黄至橙黄、较明亮	陈香较浓（带花、果、蜜、奶等香）	较甘醇、陈韵较显	较软亮
三级			蜜黄至橙黄、尚亮	陈香尚纯（带花、果、蜜、奶等香）	醇和、有陈韵	尚软亮

(2) 陈醇型老白茶。是指香气呈现荷香、糯香、枣香、稻谷香等，滋味以陈醇温润为主要品质风格的老白茶，其感官品质特征如表 6-30 所示。

表 6-30 各等级陈醇型老白茶感官品质特征

级别	外形		内质			
	形状	色泽	汤色	香气	滋味	叶底
一级	按原料产品标准	黄褐至红褐	橙黄至橙红、透亮	陈纯浓郁（带荷、糯、枣、谷等香）	浓醇甘润、陈韵显	软亮
二级			橙黄至橙红、较明亮	陈纯较浓（带荷、糯、枣、谷等香）	较浓醇、陈韵显	较软亮
三级			橙黄至橙红、尚亮	尚陈纯（带荷、糯、枣、谷等香）	醇和、陈韵较显	尚软亮

（3）陈药型老白茶。是指香气呈现药香、参香、木香等，滋味以醇厚润活为主要品质风格的老白茶，其感官品质特征如表 6-31 所示。

表 6-31 各等级陈药型老白茶感官品质特征

级别	外形		内质			
	形状	色泽	汤色	香气	滋味	叶底
一级	按原料产品标准	黄褐至红褐	橙红至深红、通透亮丽	陈纯浓郁（带药、参、木等香）	醇厚润活、陈韵显露	软亮
二级			橙红至深红、较通透、有光泽	陈纯较浓（带药、参、木等香）	醇厚较润、陈韵显	较软亮
三级			橙红至深红、尚亮	陈尚纯（带药、参、木等香）	醇厚尚润、陈韵显	尚软亮

2. 老白茶的包装要求 目前生产上一般采用 3 层包装：无论饼茶、还是散茶，内包装最好有 2 层，内用塑料膜和锡箔纸包装茶叶，外用纸箱，且纸箱周边用胶布封紧。具体要求如下：①气密性良好；②带防潮功能；③符合卫生要求；④铝箔袋、塑料袋（塑料编织袋）或相应复合袋、纸箱等。

3. 老白茶的存放要求

（1）应远离污染源，库房内应整洁、干燥、无异气味。

（2）地面应有硬质处理，并有防潮、防火、防鼠、防虫、防尘设施。

（3）应防止日光照射，有避光措施。

（4）宜有控温控湿的设施，温度 25℃以下，湿度低于 50%。

（5）存放的位置要隔离墙壁与地面。

（五）金花白茶的感官品质特征

“发花”是茯砖茶制造的独特工艺，即将黑毛茶紧压后放入专门用于发花的烘房中，经过 25d 左右形成大量的金花。“金花”是冠突散囊菌产生的黄色闭囊壳，“发花”则是在一定温湿度条件下，促进其生长繁殖，从而产生特有的“菌花香”。为了满足产品多样化的需求，这种工艺也被用于白茶再加工中。金花白茶的工艺流程主要有：①白茶饼→人工接种冠突散囊菌→干燥；②白茶饼→烘房发花→干燥。与紧压白茶的风味相比，金花白茶有明显的“菌花香”。

二、其他白茶的感官审评要点

（一）新工艺白茶的审评要点

1. 外形 以卷曲、显毫，色泽青褐，匀整，洁净为佳；以粗松、少毫，色泽暗褐，欠匀整，破张叶多为次。

2. 内质

（1）汤色。以浅黄明亮为佳，以深黄、尚黄、橙红为次。

（2）香气。以清高或有嫩香为佳，以带粗气、青气、闷气、酵气等为次。

（3）滋味。以醇厚爽口为佳，以味浓带粗味、青味、涩味、闷味、酵味等为次。

（4）叶底。以芽尖多、叶张嫩亮为佳，以叶张粗杂、红张多、破张多等为次。

（二）紧压白茶的审评要点

1. 外形 以端正匀称、松紧适度，表面平整、无脱层、不洒面，色泽灰白或灰绿为佳；以欠匀称、表面欠平整、脱层、表里不一等为次。

2. 内质

（1）汤色。应符合白茶原料特点，如紧压银针以浅黄、杏黄明亮为佳；紧压白牡丹以杏黄、橙黄明亮为佳。

（2）香气。应符合白茶原料特点，以清鲜、毫香或有嫩香为佳；以带粗气、青气、闷气、酵气等为次。

（3）滋味。以醇厚、浓醇为佳；以味带粗味、青味、涩味、闷味、酵味等为次。

（4）叶底。以芽尖多、叶张嫩亮为佳；以叶张粗杂、红张多、破张多等为次。

（三）花香型白茶（散茶）的审评要点

1. 外形 以芽显、芽叶幼嫩、连枝、叶缘垂卷，色泽灰绿润为佳；以叶张尚嫩、有破张、红张，色泽红褐为次。

2. 内质

（1）汤色。以黄、清澈、明亮为佳；以橙黄、欠亮为次。

（2）香气。以花香浓郁或持久为佳；以带粗气、青气、闷气、酵气等为次。

（3）滋味。以清醇、醇厚，带花香为佳；以带粗味、青味、涩味、闷味、酵味等为次。

（4）叶底。以芽叶嫩、亮、成朵为佳；以叶张粗杂、红张多、破张多等为次。

（四）老白茶的审评要点

1. 外形 在贮藏过程中，白茶干茶色泽随着储藏由灰绿转为灰褐、蜜褐、乌褐等。

2. 内质

（1）汤色。以黄、橙黄、橙红，清澈、明亮为佳；以欠明亮或混浊为次。

（2）香气。以花香、蜜香、花果香、陈香、枣甜香，纯正、浓郁为佳；以带闷气、酵气、霉味等异杂气为次。

（3）滋味。以陈醇、醇厚、浓醇、甘润，带陈香为佳；以带涩味、闷味、酵味、霉味等异味为次。

（4）叶底。色泽因嫩度而异，以油润、匀齐为佳；以叶张粗杂、破张多等为次。

理论测验

（一）单选题

1. 与传统白茶工艺相比，新工艺白茶增加了（　　）工艺。

A. 杀青　B. 揉捻　C. 发酵　D. 闷黄

2. 紧压白茶根据（　　）的不同，分为紧压白毫银针、紧压白牡丹、紧压贡眉和紧压寿眉4种产品。

A. 原料要求　B. 加工工艺　C. 产地　D. 茶树品种

3. （　　）白茶产品具花香且味醇厚。

A. 新工艺白茶　B. 花香型白茶　C. 老白茶　D. 金花白茶

4. 以下（　　）不符合白茶陈放库房要求。

A. 整洁、干燥、无异气味　B. 防潮、防火、防鼠、防虫、防尘设施

C. 透光条件好　D. 温度控制在25℃以下，湿度低于50%

5. （　　）白茶的感官品质特征为：外形卷缩、稍带褶条，香清高，味醇厚较浓，汤色橙黄或橙红，叶底青灰或深灰带黄，叶脉带红或红褐色。

A. 紧压白茶　B. 花香型白茶　C. 金花白茶　D. 新工艺白茶

（二）判断题

1. 新工艺白茶萎凋后增加了杀青工艺。（　　）
2. 紧压白茶外形匀称端正，压制松紧适度，不起层脱面。（　　）
3. 花香型白茶花香显，滋味清醇或醇爽、显毫香。（　　）
4. 陈年白毫银针具有“毫香蜜韵”的品质特征。（　　）
5. 白茶陈放期间环境湿度较高，则容易产生霉味、闷味等。（　　）

理论测验
答案6-5

技能实训

技能实训37　其他白茶的感官审评

总结新工艺白茶、紧压白茶、花香白茶和老白茶的品质特征，根据白茶感官审评方法完成不同类型白茶的感官审评，提交感官审评报告，填写茶叶感官审评表（见附录）。

项目七　黑茶的感官审评

项目提要

黑茶是我国特有的茶类，产区广、产量大、历史久、品种花色多。黑茶的加工工艺流程为：杀青→揉捻→渥堆→干燥。渥堆是黑茶品质形成的关键工序。黑茶一般原料比较成熟，加上堆积渥堆发酵时间较长，叶色黑褐，具有“陈香”的品质特点。黑茶产品可根据产地划分，亦常按形态划分为散茶和紧压茶，紧压茶具有防潮性能好、便于运输、耐储藏的特点。本项目主要介绍了黑茶的感官审评方法、评茶术语、评分原则、品质形成及常见品质问题，云南普洱茶、广西六堡茶、湖南黑茶、湖北黑茶和四川边茶等黑茶的感官品质特征及感官审评要点等内容。

任务一　黑茶感官审评准备

任务目标

掌握黑茶的感官审评方法、评茶术语与评分原则；理解黑茶的品质形成原因及常见品质问题。

能够独立、规范、熟练地完成黑茶审评操作；能够识别常见黑茶产品。

知识准备

部分黑茶图谱

《黑茶　第1部分：基本要求》（GB/T 32719.1—2016）规定，黑茶是以茶树鲜叶和嫩梢为原料，经杀青、揉捻、渥堆、干燥等加工工艺制成的黑毛茶及以此为原料加工的各种精制茶和再加工茶产品。

一、黑茶的感官审评方法

黑茶品种较多，因原料不同和加工工艺不同，使得其品质风格差异也较大。即使是相同级别原料和工艺，也会因贮存时间和贮存条件的不同产生品质差异。审评时，需参照该黑茶应有的品质规格要求加以对照。根据《茶叶感官审评方法》（GB/T 23776—2018）规定，黑茶审评分为黑茶（散茶）审评和紧压茶审评。

（一）黑茶（散茶）（柱形杯审评法）

1. 外形审评　在扦取的样品中用分样器或四分法分取试样100～200g，置于评茶盘中充分混匀后铺平。黑茶（散茶）的外形主要审评条索（嫩度）、色泽、整碎、净度。

2. 内质审评 取有代表性茶样 3.0g 或 5.0g，置于审评杯中，茶水比（质量体积比）1∶50，注满沸水，加盖浸泡 2min，按冲泡次序依次等速将茶汤沥入评茶碗中，审评汤色、香气、滋味；进行第二次冲泡，冲泡时间为 5min，沥出茶汤依次审评汤色、香气、滋味、叶底。汤色以第一泡为主评判，香气、滋味以第二泡为主评判。

（二）紧压茶（柱形杯审评法）

1. 外形审评 紧压茶外形审评时应对照标准样进行实物评比。紧压茶可以分为分里面茶和不分里面茶，其审评方法和要求不同。如对松紧度的要求：黑砖、青砖及花砖要求蒸压越紧越好，而茯砖、饼茶及沱茶则不宜过紧，松紧需适度；对外形色泽要求：金尖要猪肝色，紧茶要乌黑油润，六堡茶和饼茶要黑褐色油润，茯砖要黄褐色，康砖要棕褐色。

（1）分里面茶。分里面茶指青砖、康砖、紧茶、圆茶、饼茶及沱茶等，要审评整个（块）外形的匀整度、松紧度及洒面 3 项因子。匀整度看是否形态端正、棱角整齐、压模纹理清晰；松紧度看是否厚薄、大小一致及紧厚适度；洒面看是否包心不外露、不起层落面、洒面茶分布均匀。然后将个体剖开，检视梗子嫩度，里茶和面茶有无腐烂及夹杂物等情况。

（2）不分里面茶。不分里面茶指篓装成包或成块的产品，如湘尖、六堡茶，其外形审评梗叶嫩度及色泽，有的评比条索及净度。压制成砖形的产品，如黑砖、茯砖、花砖、金尖，外形审评匀整、松紧、嫩度、色泽及净度等。匀整即形态端正、棱角整齐、模纹清晰，无起层脱面；松紧指厚薄、大小一致；嫩度看梗叶的老嫩；色泽看油润程度；净度看茶类及非茶类夹杂物情况；条索看散茶是否成条。有发花工艺需加评金花长势状况和数量多少等情况，以金花茂盛、普遍以及颗粒大为佳。

2. 内质审评 称取有代表性的茶样 3.0g 或 5.0g，置于相应的审评杯中茶水比（质量体积比）1∶50，注满沸水，依紧压程度加盖浸泡 2～5min，按冲泡次序依次等速将茶汤沥入评茶碗中，审评汤色、香气、滋味；进行第二次冲泡，冲泡时间为 5～8min，沥出茶汤依次审评汤色、香气、滋味、叶底。结果以第二泡为主，综合第一泡进行评判。

二、黑茶的感官审评术语

根据《茶叶感官审评术语》（GB/T 14487—2017），茶类通用审评术语适用于黑茶，详见项目二中的任务三（感官审评术语与运用）。此外，黑茶常用的审评术语如下。

（一）干茶外形术语

1. 泥鳅条 茶条皱褶稍松、略扁，形似晒干的泥鳅。

2. 皱折叶 叶片皱折不成条。

3. 宿梗 老化的隔年茶梗。

4. 红梗 表皮棕红色的木质化茶梗。

5. 青梗 表皮青绿色，比红梗较嫩的茶梗。

6. 丝瓜瓤 渥堆过度，复揉过程中叶脉与叶肉分离。

7. 端正 砖身形态完整，砖面平整并棱角分明。

8. 纹理清晰 砖面花纹、商标及文字等标识清晰。

9. 紧度适合　紧压茶压制松紧适度。
10. 起层落面　分里面紧压茶中，里茶翘起并脱落。
11. 包心外露　分里面紧压茶中，里茶露于砖茶表面。
12. 金花茂盛　茯砖茶中金花（冠突散囊菌）茂盛，品质较好。
13. 缺口　砖面或者饼面以及其他形状紧压茶边缘有残缺现象。
14. 龟裂　砖面有裂缝。
15. 烧心　紧压茶中心部分发黑或发红。
16. 断甑　金尖茶中间断开，不成整块。
17. 斧头形　砖身厚薄不一，一端厚、一端薄，形似斧头状。

（二）干茶色泽术语

1. 猪肝色　红而带暗，似猪肝色，为普洱熟茶渥堆适度的干茶色泽。
2. 褐红　红中带褐，为普洱熟茶渥堆正常的干茶色泽，渥堆发酵程度略高于猪肝色。
3. 红褐　褐中带红，为普洱熟茶、陈年六堡茶正常的干茶色泽。
4. 褐黑　黑中带褐，为陈年六堡茶的正常干茶色泽，比黑褐色泽深。
5. 铁黑　色黑如铁，为湘尖的正常干茶色泽。
6. 黑褐　褐中带黑，为黑砖的正常干茶色泽。
7. 青褐　褐中带青，为青砖的正常干茶色泽。
8. 青黑润色　黑中隐青油润，为沱茶的正常干茶色泽。
9. 棕褐　褐中泛棕黄，为康砖的正常干茶色泽。
10. 黄褐　褐中泛黄，为茯砖的正常干茶色泽。
11. 半筒黄　色泽花杂，叶尖黑色，柄端黄黑色。
12. 青黄　黄中泛青，为原料后发酵不足所致。

（三）汤色术语

1. 棕红　红中泛棕，似咖啡色。
2. 棕黄　黄中泛棕。
3. 栗红　红中带深棕色，为陈年普洱生茶正常的汤色。
4. 栗褐　褐中带深棕色，似成熟栗壳色，为普洱熟茶正常的汤色。
5. 紫红　红中泛紫，为陈年六堡茶或普洱茶的汤色。
6. 红褐　褐中泛红。
7. 棕褐　褐中泛棕。
8. 深红　红较深，无光泽。
9. 暗红　红而深暗。
10. 橙红　红中泛橙色。
11. 橙黄　黄中略泛红。
12. 黄明　黄而明亮。

（四）香气术语

1. 陈香　香气陈纯，无霉气。
2. 松烟香　松柴熏焙带有松烟香，为湖南黑毛茶和传统六堡茶的香气。
3. 菌花香　茯砖茶发花生成金花所发出的特殊香气。

4. 粗青气 粗老叶与青叶的气息，由粗老晒青毛茶杀青不足所致。

5. 毛火味 晒青毛茶中带有类似烘炒青绿茶的烘炒香。

6. 堆味 黑茶渥堆发酵产生的气味。

7. 酸馊气 渥堆过度产生的酸馊气。

8. 霉味 霉变的气味。

9. 烟焦气 茶叶焦灼生烟发生的气味，方包茶略带些烟味尚属正常。

（五）滋味术语

1. 陈韵 优质陈年黑茶特有甘滑、醇厚滋味的综合体现。

2. 陈厚 经充分渥堆、陈化后，香气纯正，滋味甘而显果味，多为南路边茶的香味特点。

3. 仓味 普洱茶或六堡茶等后熟陈化工序没有结束或储存不当而产生的杂味。

4. 醇和 味醇而不粗涩、不苦涩。

5. 醇厚 味醇较丰满，茶汤水浸出物较多。

6. 醇浓 有较高浓度，但不强烈。

7. 槟榔味 六堡茶特有的滋味。

8. 陈醇 有陈香味，醇和可口，普洱茶滋味特点。

（六）叶底术语

1. 硬杂 叶质粗老、坚硬多梗，色泽花杂。

2. 薄硬 叶质老、薄而硬。

3. 青褐 褐中带青。

4. 黄褐 褐中带黄。

5. 黄黑 黑中泛黄。

6. 红褐 褐中泛红。

7. 泥滑 嫩叶组织糜烂，由渥堆过度所致。

8. 丝瓜瓤 老叶叶肉糜烂，只剩叶脉，由渥堆过度所致。

三、黑茶的品质的评分原则

国家标准《茶叶感官审评方法》（GB/T 23776—2018）规定，将黑茶分为黑茶（散茶）和紧压茶，各品质因子分为甲、乙、丙3个等级，每个等级有相应的分数段，具体评分见表7-1和表7-2。

表7-1 黑茶（散茶）品质评语与各品质因子评分

因子	级别	品质特征	给分	评分系数
外形（a）	甲	肥硕或壮结，显毫，形态美，色泽油润，匀整，净度好	90～99	20%
	乙	尚壮结或较紧结，有毫，色泽尚匀润，较匀整，净度较好	80～89	
	丙	壮实或紧实或粗实，尚匀净	70～79	
汤色（b）	甲	根据后发酵的程度可有红浓、橙红、橙黄色，明亮	90～99	15%
	乙	根据后发酵的程度可有红浓、橙红、橙黄色，尚明亮	80～89	
	丙	红浓暗或深黄或黄绿欠亮或混浊	70～79	

（续）

因子	级别	品质特征	给分	评分系数
香气（c）	甲	香气纯正，无杂气味，香高爽	90～99	25%
	乙	香气较高尚纯正，无杂气味	80～89	
	丙	尚纯	70～79	
滋味（d）	甲	醇厚，回味甘爽	90～99	30%
	乙	较醇厚	80～89	
	丙	尚醇	70～79	
叶底（e）	甲	嫩匀多芽，明亮，匀齐	90～99	10%
	乙	尚嫩匀，略有芽，明亮，尚匀齐	80～89	
	丙	尚柔软，尚明，欠匀齐	70～79	

表 7－2　紧压茶品质评语与各品质因子评分

因子	级别	品质特征	给分	评分系数
外形（a）	甲	形状完全符合规格要求，松紧度适中表面平整	90～99	20%
	乙	形状符合规格要求，松紧度适中表面尚平整	80～89	
	丙	形状基本符合规格要求，松紧度较适合	70～79	
汤色（b）	甲	色泽依茶类不同，明亮	90～99	10%
	乙	色泽依茶类不同，尚明亮	80～89	
	丙	色泽依茶类不同，欠亮或混浊	70～79	
香气（c）	甲	香气纯正，高爽，无杂异气味	90～99	30%
	乙	香气尚纯，有烟气，微粗等	80～89	
	丙	尚纯	70～79	
滋味（d）	甲	醇厚，有回味	90～99	35%
	乙	醇和	80～89	
	丙	尚醇和	70～79	
叶底（e）	甲	黄褐或黑褐，匀齐	90～99	5%
	乙	黄褐或黑褐，尚匀齐	80～89	
	丙	黄褐或黑褐，欠匀齐	70～79	

四、黑茶的品质形成

黑茶的产区不同，其加工技术与压造成型的方法也不尽相同，黑茶花色繁多，品质不一，但仍存在一些共同点：①黑茶鲜叶原料相对粗老，多为一芽三至六叶以及对夹叶；②渥堆导致变色，如湖北老青砖、四川茯砖的毛茶干坯渥堆变色和湖南黑茶、广西六堡茶的毛茶湿坯渥堆变色；③高温蒸汽促进品质形成，高温使茶坯变软利于紧压成型，高温湿热利于内含物质转化，高温蒸汽杀灭杂菌利于优势菌生长；④紧压成型，压膜内冷却，使其形状紧实固定。因以上共同点使得黑茶形成香味醇和不涩、汤色橙黄不绿、叶底黄褐不青的品质特点，既不同于绿茶，也有别于黄茶。

（一）黑茶渥堆的实质

渥堆是黑茶初制独有的工序，也是黑毛茶色、香、味品质形成的关键工序。关于渥堆的实质有3种说法。①酶的再生学说：黑茶杀青时基本破坏酶促作用，但渥堆过程中又有多酚氧化酶带的产生，把渥堆出现的酶的活动看成鲜叶的内源酶的“复活”，实际来源是微生物分泌的胞外酶。②微生物学说：指渥堆过程中微生物引起渥堆叶内含物质的变化，认为黑茶品质形成是微生物活动的结果；③湿热作用学说：微生物活动产生高温高湿的制茶环境，各种内含化学成分自动氧化，改变制品的色、香、味。黑茶渥堆的实质既不能排除酶的作用，也不能排除微生物的作用，形成黑茶特有品质可能是上述3种作用的综合结果。因此黑茶渥堆的实质为以微生物的活动为中心，通过生化动力（胞外酶）和物化动力（微生物热和茶坯水分相结合）以及微生物自身代谢的综合作用形成黑茶的特有品质。从时间上来说，湿热作用贯穿渥堆全过程；就其作用而言，微生物酶促作用决定了黑茶品质的形成。微生物酶促作用导致多酚类化合物氧化，除去部分涩味，也使叶色由暗绿变成黄褐，塑造了黑茶特殊的品质风味。

（二）黑茶内含成分的变化及品质形成

1. 黑茶形状的形成 黑茶经揉捻成条，形成条形黑毛茶或散茶。经高温蒸汽灌模，机压或锤棒筑压成各种形状的紧压茶，如饼茶、砖茶、沱茶等。

2. 黑茶色泽的形成 黑茶色泽的形成与渥堆变色有关。渥堆过程中叶色变化较大，由暗绿变成黄褐色，这主要与叶绿素、类胡萝卜素降解和茶多酚类化合物氧化有关。叶绿素经过杀青、揉捻、渥堆到干燥，叶绿素含量仅存14%，因其受高温高湿影响，容易裂解、脱镁转化，在一定程度上使叶子失去绿色而变为黄褐色。类胡萝卜素也发生降解，使得制品黄色色度减弱，并有助于良好香气的形成。另外，在渥堆工序中，由于微生物代谢旺盛，使茶坯温度不断上升，加快了茶多酚类化合物的自动氧化。同时由于微生物胞外多酚氧化酶的分泌，也使得茶多酚类氧化产物茶黄素、茶红素和茶褐素逐渐积累，使叶色转变为橙黄和褐色，而显示出黄褐色。

3. 黑茶香气的形成 黑茶香气的变化是非常深刻的，由原有粗青气变为纯正的香气。在黑茶初制中，鲜叶经杀青、揉捻后，在渥堆过程中随叶温的升高青草气逐渐消失，出现清香的酒精气味，进而出现微酸的气味，再深入变化会出现酸辣的气味。这主要是在渥堆过程中茶叶本身的芳香物质发生转化、异构、降解、聚合等形成黑茶的基本茶香，微生物及其分泌的胞外酶对各种底物作用而产生的一些风味香气以及烘焙中形成和吸附的一些特殊香气。主要表现为糖类物质和有机酸发生激烈的变化，醇、醛、酮等有气味的物质不断增加，蛋白质水解生成氨基酸，氨基酸与茶多酚氧化的中间产物邻醌结合产生香味物质等，最终使黑茶香气纯正。

4. 黑茶滋味的形成 黑茶的滋味比较特殊，其原因除了原料比较粗老和工艺比较独特外，主要是因为有微生物参与下的高温高湿环境使茶叶内含物质发生了激烈的变化。茶多酚类物质历经长时间的渥堆过程，在湿热作用及微生物胞外酶作用下，儿茶素总量大幅度下降，呈苦涩味的酯型儿茶素大部分发生降解和氧化，存留下来的是苦涩味较弱的没食子酸及儿茶素的氧化聚合产物，而表儿茶素含量增加，显著地降低了茶汤的苦涩味和收敛性，致使茶汤滋味变得醇和而不涩。因氨基酸是渥堆中满足微生物生长和繁殖的氮源，所以氨基酸总量呈下降趋势，但黑茶的营养价值却提高了。茶氨酸、谷氨酸和天门冬氨酸的含量急剧降低的同时，人体必需氨基酸如赖氨酸、苯丙氨酸、亮氨酸、异亮氨酸、蛋氨酸、缬氨酸等明显增高。粗纤维总量也显著下降，但可溶性糖变化不定，这是因为渥堆中微生物繁衍一方面利用糖类作为其碳源，另一方面又分泌胞外纤维素酶将茶叶中较丰富的纤维素逐渐分解成可溶性糖动态平衡的结果。

五、黑茶常见品质问题

（一）外形常见品质问题

1. 砖面不平整 常由预压扒茶不匀整引起。

2. 斧头形 砖身一端厚、一端薄，形似斧头，常由预压扒茶时厚薄不匀引起。

3. 烧心 砖茶中心部位发暗、发黑或发红，常由砖块压制过紧，砖内水分散发不出引起。

4. 散砖、断砖 砖块中间断落，不成整块。

5. 龟裂脱皮 砖面有裂缝、表层茶有部分脱落。

6. 缺口 砖茶、沱茶、饼茶等边缘有缺损现象。

7. 包心外露（也称漏底） 面茶未撒匀，面茶中漏现出里茶。

8. 泡松 紧压茶因压不紧结而呈现出泡大，易散形状。

9. 歪扭 一般指沱茶碗口处不端正。歪即碗口部分厚薄不匀，压茶机压轴中心未在沱茶正中心，碗口不正；扭即沱茶碗口不平，一边高一边低。

10. 通洞 因压力过大，使沱茶洒面正中心出现孔洞。

（二）汤色常见品质问题

1. 汤色偏黄 普洱熟茶紧压茶由于渥堆发酵不足导致汤色偏黄，不符合红浓的品质特征。

2. 深红偏暗 尝因渥堆发酵过度而引起的汤色暗浊。

（三）香气常见品质问题

1. 闷气 由于渥堆发酵不足、不匀、蒸热气散不透而产生的一种不正常的“捂闷气”。

2. 酸气 渥堆发酵不足或水分过多而出现的有酸感的气味。

3. 馊气 渥堆发酵过度或供氧不足而产生的类似酒精的气味。

4. 霉气 受杂霉污染霉变，类似潮湿贮藏物产生的霉变气味，令人不愉快的霉气不同于陈香。

（四）滋味常见品质问题

1. 闷味 闷杂味。渥堆时间过长，温度较低，微生物作用不足；或者温度过高，未及时翻堆产生的不正常味道。

2. 青涩 因渥堆发酵不足而产生的青味并带涩口感。

3. 平淡 因渥堆发酵过度，物质转化或消耗过度，茶汤口感似喝白开水，淡薄无味。

（五）叶底常见品质问题

1. 黑烂 叶底夹杂变质的渥堆叶，色黑、叶质无筋骨。渥堆湿度过大，温度较高未及时翻堆，堆心叶腐烂变质。

2. 花杂不匀 因渥堆发酵不匀或拼配不当造成。

理论测验

（一）单选题

1. 紧压茶滋味品质因子评分系数为（　　）。

A. 20%　　B. 10%　　C. 35%　　D. 30%

2. 在黑茶的制造过程中，儿茶素、蛋白质等物质在（　　）的综合作用下，发生变化而形成的产物可增加香气。

A. 湿热、微生物、机械力及微弱酶促　B. 湿热、微生物

C. 机械力和微弱酶促　D. 湿热、微生物、机械力

3. 在黑茶的制造过程中，（　　）在湿热作用下分解，形成简单儿茶素和没食子酸，使苦涩味减轻。

A. 酯型儿茶素　B. 非酯型儿茶素　C. 蛋白质　D. 淀粉

4. （　　）是砖茶中心部位发暗、发黑或发红，常由砖块压制过紧、砖内水分散发不出引起。

A. 斧头形　B. 烧心　C. 包心外露　D. 歪扭

5. 滋味青涩是因渥堆发酵（　　）而产生的青味并带涩口感。

A. 适度　B. 过度　C. 不足　D. 氧化

（二）判断题

1. 黑茶品质形成的关键工序是渥堆。（　　）

2. 湖北老青砖和四川茯砖茶等采用毛茶干坯渥堆变色。（　　）

3. 黑茶（散茶）柱形杯审评法是取有代表性茶样3.0g或5.0g，置于相应的审评杯中，茶水比（质量体积比）1∶50，冲泡两次，第一次冲泡3min，第二次冲泡5min。（　　）

4. 根据国家标准《茶叶感官审评方法》（GB/T 23776—2018），黑茶（散茶）丙级外形描述为尚壮结或较紧结，有毫，色泽尚匀润，较匀整，净度较好。（　　）

5. 丝瓜瓤是指渥堆不足，复揉过程中叶脉与叶肉分离。（　　）

理论测验
答案7-1

技能实训

技能实训38　黑茶产品辨识

根据提供的茶样，通过外形辨别茶样，写出茶样名称，并使用审评术语描述茶样外形，填写黑茶产品辨识记录表（表7-3）。

表 7-3　黑茶产品辨识记录

样号	茶名	外形描述

任务二　普洱茶的感官审评

任务目标

掌握普洱茶（生茶、熟茶）的感官品质特征及感官审评要点。

能够正确审评普洱茶（生茶、熟茶）产品。

知识准备

普洱茶产于云南省澜沧江流域的西双版纳及思茅等地，因历史上集中于滇南重地普洱进行加工及销售，故以“普洱茶”命名。国家标准《地理标志产品　普洱茶》（GB/T 22111—2008）规定，普洱茶是以地理标志保护范围内的云南大叶种晒青茶为原料，并在地理标志保护范围内采用特定的加工工艺制成，具有独特品质特征的茶叶。按其加工工艺及品质特征，普洱茶分为生茶和熟茶两种类型；按其外观形态分为普洱茶（熟茶）散茶、普洱茶（生茶、熟茶）紧压茶。

微课：普洱茶（熟茶）的感官审评

一、普洱茶（熟茶）散茶的感官品质特征

普洱茶（熟茶）散茶加工工艺流程为：晒青茶后发酵→干燥→精制→包装。普洱茶（熟茶）按照品质特征分为特级、一级至十级共11个等级，其品质特征为外形条索肥壮、重实，色泽红褐，呈猪肝色或灰白色；汤色红浓明亮，香气具有独特的陈香，滋味醇厚回甘，叶底厚实呈红褐色。各等级普洱茶（熟茶）散茶的感官品质特征如表7－4所示。

表7－4　各等级普洱茶（熟茶）散茶的感官品质特征

级别	外形				内质			
	条索	色泽	整碎	净度	香气	滋味	汤色	叶底
特级	紧细	红褐润、显毫	匀整	匀净	陈香浓郁	浓醇甘爽	红艳明亮	红褐柔软
一级	紧结	红褐润、较显毫	匀整	匀净	陈香浓厚	浓醇回甘	红浓明亮	红褐较嫩
三级	尚紧结	褐润尚、显毫	匀整	匀净带嫩梗	陈香浓纯	醇厚回甘	红浓明亮	红褐尚嫩
五级	紧实	褐尚润	匀齐	尚匀稍带梗	陈香尚浓	浓厚回甘	深红明亮	红褐欠嫩
七级	尚紧实	褐欠润	尚匀齐	尚匀带梗	陈香纯正	醇和回甘	褐红尚浓	红褐粗实
九级	粗松	褐稍花	欠匀齐	欠匀带梗片	陈香平和	纯正回甘	褐红尚浓	红褐粗松

二、普洱茶（生茶、熟茶）紧压茶的感官品质特征

微课：普洱茶（生茶）的感官审评

普洱茶（生茶、熟茶）紧压茶外形有圆饼形、碗臼形、方形、柱形等多种形状和规格，各类普洱茶紧压茶产品的特点如表7－5所示。

表 7-5 各类普洱茶紧压茶产品及其特点

造型	特点
饼茶	扁平圆盘状，其中七子饼每块净重 357g，每 7 个为一筒
沱茶	形状似饭碗，每个净重 100g 和 250g，也有 2～5g 的小沱茶
砖茶	砖形，规格为 150mm×100mm×3.5mm，净重 250g
方茶	规格为 10.1mm×10.1mm×2.2mm 和 2.5mm×8.5mm×20mm
金瓜贡茶	将茶叶压制成大小不等的半瓜形，100g 到数千克不等
千两茶	不同条形的紧压普洱茶，茶条 50kg 以上

（一）普洱茶（生茶）紧压茶

晒青茶是指云南大叶种茶树鲜叶经杀青、揉捻、解块、日光干燥制成的茶叶。各等级晒青茶的感官品质特征如表 7-6 所示。

表 7-6 各等级晒青茶的感官品质特征

级别	外形				内质			
	形状	色泽	整碎	净度	香气	滋味	汤色	叶底
特级	肥嫩紧结、芽毫显	绿润	匀整	稍有嫩茎	清香浓郁	浓醇回甘	黄绿清净	柔嫩显芽
二级	肥嫩紧结、显毫	绿润	匀整	有嫩茎	清香尚浓	浓厚	黄绿明亮	嫩匀
四级	紧结、显毫	墨绿润泽	尚匀整	稍有梗片	清香	醇厚	绿黄	肥厚
六级	紧实	深绿	尚匀整	有梗片	纯正	醇和	绿黄	肥壮
八级	粗实	黄绿	尚匀整	梗片稍多	平和	平和	绿黄稍浊	粗壮
十级	粗松	黄褐	欠匀整	梗片较多	粗老	粗淡	黄浊	粗老

普洱茶（生茶）紧压茶加工工艺流程为：晒青茶精制→蒸压成型→干燥→包装。其品质特征为外形色泽墨绿，形状端正匀称、松紧适度、不起层脱面，洒面茶应包心不外露；汤色明亮，香气清纯，滋味浓厚，叶底肥厚黄绿。

根据《陈年普洱茶》（T/TEA 002—2019）规定，陈年普洱茶（生茶）是指在适宜的贮存环境条件下，储存时间在 5 年以上，具备越陈越香品质特征的陈年普洱紧压茶。按仓储时间分为初期陈茶、中期茶、老茶 3 种类型（表 7-7）。

表 7-7 各等级陈年普洱茶（生茶）感官品质特征

级别	外形				内质			
	形状	松紧	匀净度	色泽	香气	滋味	汤色	叶底
初期陈茶	端正完整	紧度适合	匀整洁净	青褐	陈香稍显	浓厚顺滑	橙黄尚亮	绿黄匀整
中期茶	端正完整	紧度适合	匀整洁净	乌褐油润	陈香纯正	醇厚顺滑	橙红明亮	褐黄匀整
老茶	端正完整	紧度适合	匀整洁净	棕褐油润	陈香浓郁	陈醇顺滑	红浓明亮	黄褐匀整

（二）普洱茶（熟茶）紧压茶

普洱茶（熟茶）紧压茶因原料不同，加工工艺有所差别。以普洱茶（熟茶）散茶为原料，加工工艺流程为：普洱茶（熟茶）散茶精制→蒸压成型→干燥→包装”。以晒青茶为原料，加工工艺流程为：晒青茶精制→蒸压成型→干燥→后发酵→普洱茶（熟茶）紧压茶→包装。其品质特征为外形色泽红褐，形状端正匀称、松紧适度、不起层脱面，洒面茶应包心不外露；汤色红浓明亮，香气独特陈香，滋味醇厚回甘，叶底红褐。不同规格普洱茶紧压茶的感官品质特征如表 7－8 所示。

表 7－8 普洱茶紧压茶的感官品质特征

产品	形状规格	色泽	香气	滋味	汤色	叶底
普洱沱茶	碗臼形，边口直径 8.2cm，高 4.2cm，净重 100g	红褐润、略显毫	陈香显露	醇厚滑润	深红明亮	褐红软亮
普洱紧茶	碗臼形，边口直径 10.2cm，高 5.6cm，净重 250g	红褐尚润	陈香显露	醇和滑润	红浓明亮	褐红尚亮、软亮
七子饼茶	圆饼形，直径 20cm，中心厚 2.5cm，净重 357g	红褐尚润、有毫	陈香显露	醇和滑润	深红明亮	褐红软亮
普洱砖茶	砖形，14.0cm×9.0cm×3.0cm 或 15.0cm×10.0cm×2.5cm；净重 250g	红褐尚润、有毫	陈香显露	醇和	红亮	褐红尚软亮
普洱小沱茶	碗臼形，边口直径 1.5cm，高 1.0cm，净重 4±1g	红褐尚润	陈香纯正	醇和	红浓明亮	褐红尚亮、较软
普洱小茶果	砖形，2.0cm×1.2cm×0.8cm，净重 3.0g	红褐尚润	陈香纯正	醇和	深红明亮	红褐尚亮、尚软
普洱小圆饼	圆饼形，直径 10cm，中心厚 1.2cm，净重 100g	暗褐润	陈香纯正	醇和	深红明亮	褐红软亮

三、普洱茶的感官审评要点

普洱茶感官审评是按照规定的审评程序，对照实物标准样进行评比，依专业审评人员正常视觉、嗅觉、味觉和触觉审评茶叶外形和内质，以确定茶叶的等级和品质。因加工工艺、品质特点及外观形态不同，普洱茶的感官审评要点也稍有不同。

（一）普洱茶（熟茶）散茶

外形审评条索、整碎、色泽和净度 4 项因子，侧重条索和色泽；内质审评汤色、香气、滋味及叶底 4 项因子，侧重香气、滋味。

1. 外形审评要点

（1）条索。审评条索松紧程度。以卷紧、重实、肥壮者为好，以粗松、轻飘者为差。

（2）色泽。审评色泽和嫩度。以色泽红褐、均匀一致者为好，以发黑、花杂不匀者为差。

（3）整碎。审评匀齐度，观察上、中、下三段茶的比例是否适当。

（4）净度。审评含梗、片的多少，梗的老嫩程度，有无茶类夹杂物和非茶类夹杂物。

2. 内质审评要点

（1）汤色。以红浓明亮、红亮剔透为好；以深红色为正常；以汤色深暗、混浊为差。

（2）香气。审评香气的纯度、持久性及高低。以香气馥郁或浓郁者为佳；以香纯正为正常，以带酸味为差。有异味、杂味者为劣质茶。

（3）滋味。审评滋味的浓度、顺滑度、回甘度。以入口顺滑、浓厚、回甘、生津为佳；以醇和、回甘为正常；以带酸味、苦味重、涩味重为差。有异味、怪味者为劣质茶。

（4）叶底。以柔软、肥嫩、红褐、有光泽、匀齐一致为佳，以色泽花杂、暗淡、碳化或用手指触摸如泥状为差。

（二）普洱茶（生茶、熟茶）紧压茶

外形审评形状、匀整、松紧、色泽；内质审评汤色、香气、滋味及叶底，以香气、滋味为主，汤色、叶底为辅。

1. 外形审评要点

（1）形状。形状分为布袋包压型和模压型两类。布袋包压型审评是否形状端正、无起层落面、边缘圆滑、无脱落；模压型审评是否形态端正、棱角（边缘）分明、厚薄一致、模纹清晰、无起层脱面。

（2）色泽。审评色度深浅、枯润、明暗、鲜陈、匀杂等。

（3）匀整。审评表面是否匀整、光滑，洒面是否均匀。

（4）松紧。审评压制紧实程度。

2. 内质审评要点　普洱茶（熟茶）紧压茶的内质审评要点同普洱茶（熟茶）散茶。

普洱茶（生茶）紧压茶的内质审评汤色的明亮或浑浊度，以黄绿、明亮为好；香气审评纯正、高低，以清纯持久为佳；滋味审评浓淡、回甘度，以浓厚回甘为佳；叶底审评色泽、嫩度、整碎和形状，以肥厚、鲜嫩、匀整为佳。在适宜的储存环境条件下，随着仓储时间延长，其品质发生转化，外形色泽会由青褐逐渐转化为黑褐，汤色会由黄绿逐渐变为橙黄、橙红，香气陈香逐渐显露，渐显甜感似花、果、蜜、枣、木香等，滋味由浓厚逐渐转化为醇厚甘滑、陈韵，叶底色泽由绿黄转泛黄褐。

理论测验

（一）单选题

1.（　　）按照品质特征分为特级、一级至十级共11个等级。

A. 普洱茶　　B. 普洱茶（熟茶）散茶
C. 普洱茶（生茶）紧压茶　　D. 普洱茶（熟茶）紧压茶

2.（　　）的品质特征为外形色泽墨绿，形状端正匀称、松紧适度、不起层脱面，洒面茶应包心不外露；汤色明亮，香气清纯，滋味浓厚，叶底肥厚黄绿。

A. 普洱茶　　B. 普洱茶（熟茶）散茶
C. 普洱茶（生茶）紧压茶　　D. 普洱茶（熟茶）紧压茶

3. 不同时间的（　　）由于受到外界环境的影响，品质变化差异较大，汤色会由黄绿逐渐变为橙黄或橙红色，清香不明显，略显花香或甜香，滋味醇和，叶底泛红。

A. 普洱茶　　B. 普洱茶（熟茶）散茶
C. 普洱茶（生茶）紧压茶　　D. 普洱茶（熟茶）紧压茶

4. 普洱茶（熟茶）散茶在进行外形审评时（　　）和（　　）是主要因子。

A. 条索　色泽　　B. 色泽　嫩度　　C. 嫩度　整碎　　D. 条索　净度

5. 普洱茶内质审评时（　　）和（　　）是主要因子；（　　）和（　　）为辅助因子。

A. 汤色　香气　滋味　叶底　　　B. 汤色　滋味　香气　叶底

C. 香气　滋味　汤色　叶底　　　D. 香气　叶底　汤色　滋味

（二）判断题

1. 普洱茶按加工工艺及品质特征分为普洱茶（生茶）和普洱茶（熟茶）两种类型。（　　）

2. 根据国家标准《地理标志产品　普洱茶》（GB/T 22111—2008），外形条索尚紧结，色泽褐润尚显毫；汤色红浓明亮，香气陈香浓纯，滋味醇厚回甘，叶底红褐尚嫩，则为普洱茶（熟茶）散茶三级。（　　）

3. 普洱茶（生茶、熟茶）紧压茶外形有圆饼形、碗臼形、砖形、柱形等多种形状和规格。（　　）

4. 普洱茶（熟茶）紧压茶因原料不同，主要由5种加工工艺流程。（　　）

5. 普洱茶（熟茶）紧压茶的内质审评项目不同于普洱茶（熟茶）散茶。（　　）

理论测验
答案7-2

技能实训

技能实训39　普洱茶的感官审评

总结普洱茶（熟茶、生茶）的品质特征和审评要点，根据黑茶感官审评方法完成不同类型和等级普洱茶的感官审评，提交感官审评报告，填写茶叶感官审评表（见附录）。

任务三　六堡茶的感官审评

任务目标

掌握六堡茶的感官品质特征及感官审评要点。

能够正确审评六堡茶产品。

知识准备

六堡茶因原产于广西壮族自治区苍梧县的六堡乡而得名，现除苍梧县主产以外，毗邻的贺州市、岭溪、横县、昭平、玉林、临桂、兴安等地也有生产。根据国家标准《黑茶　第4部分：六堡茶》(GB/T 32719.4—2016) 和地方标准《地理标志产品　六堡茶》(DB45/T 1114—2014)，六堡茶是指选用苍梧县群体种、大中叶种及其分离、选育的品种和品系茶树的鲜叶为原料，经初制加工和精制加工制成的具有独特品质特征的黑茶。

微课：六堡茶的感官审评

一、六堡茶的感官品质特征

六堡茶鲜叶采摘标准较高，多为一芽二至三叶到一芽三至四叶，在黑茶中属于原料较嫩的一种。六堡茶毛茶加工工艺流程为：鲜叶→杀青→初揉→堆闷→复揉→干燥→六堡茶毛茶。根据地方标准《地理标志产品　六堡茶》(DB45/T 1114—2014)，按照其品质特征分为特级、一级至四级共5个等级，其品质特征为外形条索粗壮、长整不碎，色泽黑褐油润；汤色红黄、明亮，香气纯正，滋味浓醇、尚青涩，叶底黄褐稍红、较嫩匀。各等级六堡茶毛茶的感官品质特征如表7-9所示。

表7-9　各等级六堡茶毛茶的感官品质特征

级别	外形				内质			
	条索	色泽	整碎	净度	香气	滋味	汤色	叶底
特级	紧细	黑褐、光润	匀整	净、稍含嫩茎	纯正	醇厚、稍青涩	橙黄明亮	红褐、嫩、匀
一级	紧结	黑褐、润	匀整	净、稍含嫩茎	纯正	浓醇、稍青涩	橙黄尚明亮	红褐、尚嫩、匀
二级	尚紧结	黑褐、尚润	较匀整	净、稍有嫩茎	纯正	浓醇、稍青涩	橙黄	黄褐、嫩、匀
三级	粗实、紧卷	黑褐	尚匀整	净、有嫩茎	纯正	醇正、稍青涩	尚橙黄	黄褐、壮、较匀
四级	粗实、尚紧卷	尚黑褐	尚匀整	净、有茎	尚纯正	醇正、稍青涩	微橙黄	黄褐、壮、尚匀

六堡茶精制加工工艺流程为：六堡茶毛茶→筛选→拼配→渥堆→汽蒸→压制成型或不压制成型→陈化→成品。六堡茶按其制作工艺和外观形态分为散茶和紧压茶。六堡茶的品质素以“红、浓、醇、陈”四绝而著称，且耐于久藏。其品质特征为条索肥壮或粗壮，长整尚紧，色泽黑褐润；汤色红浓明亮似琥珀、有深厚感，香气陈香纯正似槟榔香，滋味陈醇甘滑、清凉甘甜，叶底黑褐泛棕。

1. 六堡茶（散茶）　六堡茶（散茶）是指未经压制成型，保持了茶叶条索的自然形状，而且条索互不粘结的六堡茶。根据国家标准《黑茶　第4部分：六堡茶》(GB/T 32719.4—

2016)，六堡茶（散茶）按照其品质特征和理化指标分为特级、一级至六级共 7 个等级，其感官品质特征如表 7-10 所示。

表 7-10 各等级六堡茶（散茶）感官品质特征

级别	外形				内质			
	条索	色泽	整碎	净度	香气	滋味	汤色	叶底
特级	紧细	黑褐、黑、油润	匀整	净	陈香纯正	陈、醇厚	深红、明亮	褐、黑褐、细嫩柔软、明亮
一级	紧结	黑褐、黑、油润	匀整	净	陈香纯正	陈、尚醇厚	深红、明亮	褐、黑褐、尚细嫩柔软、明亮
二级	尚紧结	黑褐、黑、尚油润	较匀整	净、稍含嫩茎	陈香纯正	陈、浓醇	尚深红、明亮	褐、黑褐、嫩柔软、明亮
三级	粗实紧卷	黑褐、黑、尚油润	较匀整	净、有嫩茎	陈香纯正	陈、尚浓醇	红、明亮	褐、黑褐、尚柔软、明亮
四级	粗实	黑褐、黑、尚油润	尚匀整	净、有茎	陈香纯正	陈、醇正	红、明亮	褐、黑褐、稍硬、明亮
五级	粗松	黑褐、黑	尚匀整	尚净、稍有筋茎梗	陈香纯正	陈、尚醇正	尚红、尚明亮	褐、黑褐、稍硬、明亮
六级	粗老	黑褐、黑	尚匀	尚净、有筋茎梗	陈香尚纯正	陈、尚醇	尚红、尚亮	褐、黑褐、稍硬、尚亮

2. 六堡茶（紧压茶） 六堡茶（紧压茶）是指经汽蒸和压制后成型的各种形状的六堡茶，包括竹箩装紧压茶、砖茶、饼茶、沱茶、圆柱茶等，分别以对应等级的六堡茶（散茶）加工而成或以六堡茶毛茶加工而成。国家标准《黑茶 第 4 部分：六堡茶》(GB/T 32719.4—2016) 规定，六堡茶（紧压茶）按照其品质特征和理化指标分为特级、一级至六级共 7 个等级，其品质特征为外形形状端正匀称、松紧适度、厚薄均匀、表面平整，色泽、净度及内质等感官品质应符合六堡茶（散茶）相应等级的规定。

二、六堡茶的感官审评要点

六堡茶外形审评松紧、嫩度、色泽和净度等因子，内质审评注重“红、浓、陈、醇”的体现。

（一）外形审评要点

松紧看厚薄、大小、松紧程度，如果是紧压茶还要看压制的松紧是否适度；嫩度审评其条索的肥壮度和梗叶的老嫩程度；色泽看其黄褐或黑褐光润程度；净度看筋梗、片末、朴、籽等茶类夹杂物及非茶类夹杂物的含量。

（二）内质审评要点

内质审评以香气、滋味及汤色为主，叶底作为参考。

1. 香气 香气审评个性、纯正、高低，有无陈香纯正的品质特征，是否具有自身特点，如带槟榔香或松烟香等，香气的浓淡及高低程度，有无浊气或异气。

2. 滋味 滋味审评醇正、浓淡、纯异，有无陈醇、厚滑之感，有无青、涩、馊、霉等不正常味。

3. 汤色 汤色审评色度、深浅、亮度，是否具备红浓明亮的汤色特征。

4. 叶底 叶底评梗叶的嫩度及色泽的亮度。叶底色泽黑褐或深褐等为正常色。

理论测验

(一) 单选题

1.（　　）的品质特征为外形条索粗壮，长整不碎，色泽黑褐油润；汤色红黄明亮，香气纯正，滋味浓醇尚青涩，叶底黄褐稍红、较嫩匀。

A. 普洱茶　　B. 六堡茶毛茶　　C. 六堡茶散茶　　D. 六堡茶紧压茶

2.（　　）品质特征为条索肥壮或粗壮，长整尚紧，色泽黑褐润；汤色红浓明亮似琥珀、有深厚感，香气陈香纯正似槟榔香，滋味陈醇甘滑、清凉甘甜，叶底黑褐泛棕。

A. 六堡茶　　B. 安化黑茶　　C. 普洱茶　　D. 青砖茶

3.（　　）是指未经压制成型，保持了茶叶条索的自然形状，而且条索互不粘结的六堡茶。

A. 普洱茶　　B. 六堡茶毛茶　　C. 六堡茶散茶　　D. 六堡茶紧压茶

4.（　　）是指经汽蒸和压制后成型的各种形状的六堡茶，包括竹箩装紧压茶、砖茶、饼茶、沱茶、圆柱茶等。

A. 普洱茶　　B. 六堡茶毛茶　　C. 六堡茶散茶　　D. 六堡茶紧压茶

5. 以下（　　）是六堡茶特有的香型。

A. 花香　　B. 清香　　C. 槟榔香　　D. 果香

(二) 判断题

1. 六堡茶鲜叶采摘标准较高，多为一芽二至三叶到一芽三至四叶，在黑茶中属于原料较为粗老的一种。（　　）

2. 根据地方标准《地理标志产品　六堡茶》(DB45/T 1114—2014)，按照其品质特征分为特级、一级至四级共5个等级。（　　）

3. 六堡茶的品质素以“红、浓、醇、陈”四绝而著称，且耐于久藏。（　　）

4. 根据国家标准《黑茶　第4部分：六堡茶》(GB/T 32719.4—2016)，六堡茶（散茶）按照其品质特征和理化指标分为一级至六级共6个等级。（　　）

5. 六堡茶内质审评以香气、滋味及汤色为主，叶底作为参考。（　　）

理论测验
答案7-3

技能实训

技能实训 40　六堡茶的感官审评

总结六堡茶的品质特征和审评要点，根据黑茶感官审评方法完成不同等级六堡茶的感官审评，提交感官审评报告，填写茶叶感官审评表（见附录）。

任务四　湖南黑茶的感官审评

任务目标

掌握湖南黑茶的感官品质特征及感官审评要点。

能够正确审评湖南黑茶产品。

知识准备

湖南黑茶始于安化县，最早产于资江边上的苞芷园，后沿资江转到雅雀坪、黄沙坪、硒州等地，以高家溪、马家溪所产的黑茶品质最好。过去湖南黑茶集中在安化生成，现在产区已扩大到桃江、沅江、汉寿、宁乡、益阳和临湘等地。湖南黑茶分为毛茶和成品茶两类。

微课：湖南黑茶的感官品质特征

一、湖南黑茶的感官品质特征

湖南黑毛茶以种植在界定区域内的安化云台山大叶种、槠叶齐、安化群体种等适制安化黑茶的茶树品种鲜叶为原料，经过杀青、揉捻、渥堆、干燥等工艺制成黑毛茶。地方标准《安化黑茶　黑毛茶》（DB43/T 659—2011）规定，黑毛茶按照其原料老嫩及品质特征分为特级、一级至六级共7个等级，其感官品质特征如表7-11所示。

表7-11　各等级安化黑毛茶的感官品质特征

项目		级别						
		特级	一级	二级	三级	四级	五级	六级
外形		谷雨前后一芽二叶鲜叶为主，有嫩茎，条索紧直有锋苗，有毫，色泽乌黑油润	谷雨后或4月下旬一芽二至三叶鲜叶为主，带嫩茎，条索紧结、有锋苗，色泽乌黑油润	立夏前后或5月上旬一芽三叶鲜叶原料为主，带嫩梗，条索粗壮、肥实，色泽黑褐、尚润	以3～4叶鲜叶为主，有嫩梗、带红梗，外形呈泥鳅条，色泽黑褐、尚润、带竹青色	小满前后或5月下旬以5叶鲜叶为主，带红梗，外形部分泥鳅条，色泽黑褐	以5～6叶鲜叶为主，红梗，稍带麻梗，条索折皱叶、黄叶，色泽黄褐略花杂	芒种后加工以对夹叶驻梢为主，同等嫩度的鲜叶麻梗黄，外形以折叠叶为主，色泽黄褐
内质	汤色	橙红、明净	橙红、明亮	橙黄、明亮	橙黄、较亮	黄、尚亮	淡黄、稍暗	淡黄、稍暗
	香气	清香或带松烟香	清香尚浓或有松烟香	纯正	纯正	纯正	平正	平正
	滋味	浓醇、回甘	浓厚	纯厚	纯和	平和	粗淡	粗淡
	叶底	嫩、黄绿	嫩匀、柔软	肥厚、完整	肥厚、完整	摊张	摊张	摊张

湖南黑茶成品茶是以黑毛茶为原料，按照特定的加工工艺生产的具有独特品质特征的各类黑茶成品。地方标准《安化黑茶通用技术要求》（DB43/T 568—2010）规定，安化黑茶包括湘尖茶、茯砖茶、黑砖茶、花砖茶及千两茶，俗称“三尖、三砖、一花卷”。

（一）湘尖茶

湘尖茶生产始于清代乾隆时期，属于篓装高级安化黑茶产品，其加工工艺、品质特征独特，是典型的地理标志产品。湘尖茶加工工艺流程为：黑毛茶→筛分→烘焙→拣剔→拼堆→踩制压包→凉置干燥。国家标准《黑茶　第3部分：湘尖茶》（GB/T 32719.3—2016）和地方标准《安化黑茶　湘尖茶》（DB43/T 571—2010）规定，湘尖茶按照其原料等级分为天尖（湘尖1号）、贡尖（湘尖2号）及生尖（湘尖3号）。

1. 天尖（湘尖1号）　天尖（湘尖1号）以特级、一级黑毛茶为主要原料压制而成。其外形呈团块状，有一定的结构力，解散团块后条索紧结、扁直、乌黑油润；汤色红黄，香气纯浓或带松烟香，滋味浓厚，叶底黄褐夹带棕褐、叶张较完整、尚嫩匀。

2. 贡尖（湘尖2号）　贡尖（湘尖2号）以二级黑毛茶为主要原料压制而成。其外形呈团块状，有一定的结构力，解散团块后条索紧实、扁直、油黑带褐；汤色橙红，香气纯尚浓或带松烟香，滋味醇厚，叶底棕褐、叶张较完整。

3. 生尖（湘尖3号）　生尖（湘尖3号）以三级黑毛茶为主要原料压制而成。外形呈团块状，有一定的结构力，解散团块后条索粗壮尚紧、呈泥鳅条状、黑褐；汤色橙红，香气纯正或带松烟香，滋味醇和，叶底黑褐、叶宽大较肥厚。

（二）茯砖茶

茯砖茶已有近400年的产销历史，其加工工艺、品质特征独特，是典型的地理标志产品。茯砖茶一直是我国边销茶中的主要产品，近年来，随安化黑茶产业的迅速发展，茯砖茶的产品类型、产品质量和消费群体发生了较大的变化。茯砖茶加工工艺流程为：黑毛茶→筛分→拼配→渥堆→压制定型→发花干燥→成品包装。地方标准《安化黑茶　茯砖茶》（DB43/T 569—2010）规定，茯砖茶按照原料等级分为超级茯砖、特制茯砖、普通茯砖3个等级，按照压制方式分为手工压制茯砖茶（手筑茯砖）和机械压制茯砖茶（机制茯砖）。

1. 超级茯砖茶　超级茯砖茶是以一级以上黑毛茶为主要原料压制而成。其外形松紧适度，发花茂盛，规格一致；汤色红黄，香气菌花香纯正，滋味醇厚，叶底黄褐、尚嫩、叶片尚匀整。

2. 特制茯砖茶　特制茯砖茶是以二级、三级黑毛茶为主要原料压制而成。其外形砖面平整，边角分明，厚薄基本一致，压制松紧适度，发花普遍茂盛；汤色橙红，香气纯正带菌花香，滋味醇和，叶底黄褐、叶张尚完整、显梗。

3. 普通茯砖茶　普通茯砖茶是以四级黑毛茶及级外茶为主要原料压制而成。其外形砖面平整，边角分明，厚薄基本一致，压制松紧适度，发花普遍茂盛；汤色橙黄，香气纯正有菌花香，滋味醇和或纯和，叶底棕褐或黄褐、显梗。

（三）黑砖茶

黑砖茶创制于1939年，是我国边销茶中的重要产品，其加工工艺、品质特征独特，是典型的地理标志产品。近年来，随安化黑茶产业的迅速发展，黑砖茶的产品类型、产品质量和消费群体发生了较大的变化。黑砖茶加工工艺流程为：黑毛茶→筛分→拼配→渥堆→压制定型→干燥→成品包装。地方标准《安化黑茶　黑砖茶》（DB43/T 572—2010）规定，黑砖茶按照其品质特征分为特制黑砖、普通黑砖两个等级。

1. 特制黑砖茶　特制黑砖茶是以一级、二级黑毛茶为主要原料压制而成。其外形砖面平整，图案清晰，棱角分明，厚薄一致，色泽黑褐，无杂霉；汤色红黄，香气纯正或带高火香，滋味醇厚、微涩，叶底黄褐或带棕褐、叶张完整、带梗。

2. 普通黑砖茶 普通黑砖茶是以三级、四级黑毛茶及级外茶为主要原料压制而成。外形砖面平整，图案清晰，棱角分明，厚薄一致，色泽黑褐，无杂霉；汤色橙黄，香气纯正或带松烟香，滋味醇和、微涩，叶底棕褐、叶张匀整、有梗。

（四）花砖茶

花砖茶创制于1958年，是我国边销茶中的主要产品，其加工工艺、品质特征独特，是典型的地理标志产品。花砖茶加工工艺流程为：黑毛茶→筛分→拼配→压制定型→干燥→成品包装。地方标准《安化黑茶　花砖茶》（DB43/T 570—2010）规定，花砖茶按照其品质特征分为特制花砖、普通花砖两个等级。

1. 特制花砖茶 特制花砖茶是以一级、二级黑毛茶为主要原料压制而成。其外形砖面平整，花纹图案清晰，棱角分明，厚薄一致，乌黑油润，无霉菌；汤色红黄，香气纯正或带松烟香，滋味醇厚、微涩，叶底黄褐、叶张尚完整、带梗。

2. 普通花砖茶 普通花砖茶是以三级黑毛茶为主要原料压制而成。其外形砖面平整，花纹图案清晰，棱角分明，厚薄一致，色泽黑褐，无霉菌；汤色橙黄，香气纯正或带松烟香，滋味浓厚、微涩，叶底棕褐、有梗。

（五）千两茶

千两茶又称花卷茶，创制于清朝道光年间（1820—1874年），其加工工艺、品质特征和消费群体独特，具有鲜明的地域性，是典型的地理标志产品。千两茶加工工艺流程为：黑毛茶→筛分→拣剔→拼堆→汽蒸→装篓→压制→日晒干燥。地方标准《安化黑茶　千两茶》（DB43/T 389—2010）规定，按照其产品质量分为千两茶、五百两茶、三百两茶、百两茶、十六两茶等规格，或者经切割形成的各种规格的茶饼。

千两茶外形色泽黑褐，圆柱体形，压制紧密，无蜂窝巢状，茶叶紧结或有“金花”；汤色橙黄或橙红，香气纯正或带松烟香、菌花香（10年以上带有陈香味），滋味醇厚（新茶微涩，5年以上醇和甜润），叶底深褐、尚嫩匀、叶张较完整。

二、湖南黑茶的感官审评要点

（一）外形审评要点

1. 散茶 散茶外形审评以嫩度和条索为主，兼评含杂量、色泽和干香。

微课：湖南黑茶的感官审评方法

黑茶嫩度较其他茶类要求相对粗放些，有老化枝叶，嫩度看叶质的老嫩、叶尖多少以及下盘茶的比例是否过大；条索审评松紧、弯直、圆扁、皱平、轻重，以条索紧卷、圆直、身骨重为佳，以不成条、松泡、皱折、粗扁、轻飘为次。

色泽审评颜色纯杂及枯润度，以乌黑油润为佳，以黄绿花杂或铁板青色为次。

净度审评含梗量、浮叶以及其他夹杂物的含量；辅嗅干茶香，以有火候香或带松烟香为佳，以火候不足或烟气太浓为次，以粗老气或有日晒气、香低或香弱为差，以有沤烂气、霉气为劣。

2. 紧压茶 紧压茶因原料级别、加工工艺及造型的不同，其审评侧重点和方法略有不同，需对照紧压茶实物标准样，先看形状，再评条索、嫩度及净度3项因子，兼看质量、含梗量、色泽以及规格是否符合要求。对于分里面茶的黑砖、花砖，其外形审评匀整度、松紧度及洒面状况。

匀整度指砖面平整、棱角分明、压模纹理清晰与否；松紧度看大小、厚薄、压紧程度是否符合规格要求；洒面审评包心是否外露、有无起层落面。对于不分里面茶的茯砖，外形审评嫩度、色度，重点看发花程度，如发花是否茂盛、分布均匀以及颗粒大小。

篓装湘尖的审评可参考篓装六堡茶外形的审评要点。

（二）内质审评要点

内质审评以香气和滋味为主，汤色和叶底为辅。

1. 香气 香气要求与干香一致，审评香气的高低、纯异以及有无火候香和松烟香。以有火候香和松烟香为佳，以香低、香弱或有日晒气为次，以带酸、馊、霉、焦以及其他异气为差。

2. 滋味 滋味审评纯异、浓淡及粗涩程度。以纯正或入口微涩后砖甜润为佳，以苦涩或粗淡为次，以带酸、馊、霉、焦等异味为差。

3. 汤色 汤色审评色度、亮度及清浊度。以橙黄、橙红或红黄清澈明亮为佳，以深暗或带混浊为差。

4. 叶底 叶底评嫩度和色泽。以叶张开展完整、黄褐无乌暗条为佳，以夹杂红叶、绿叶花边为差。

理论测验

（一）单选题

1.（　　）是以特级、一级黑毛茶为主要原料压制而成。外形呈团块状，有一定的结构力，解散团块后条索紧结、扁直、乌黑油润；汤色红黄，香气纯浓或带松烟香，滋味浓厚，叶底黄褐夹带棕褐、叶张较完整、尚嫩匀。

A. 天尖　　B. 茯砖　　C. 黑砖　　D. 贡尖

2.（　　）外形审评比嫩度、色度，重点看发花程度，如发花是否茂盛、分布均匀以及颗粒大小。

A. 湘尖　　B. 茯砖　　C. 黑砖　　D. 花砖

3.（　　）是以一级、二级黑毛茶为主要原料压制而成。其外形砖面平整，图案清晰，棱角分明，厚薄一致，色泽黑褐，无杂霉；汤色红黄，香气纯正或带高火香，滋味醇厚、微涩，叶底黄褐或带棕褐、叶张完整、带梗。

A. 湘尖　　B. 茯砖　　C. 黑砖　　D. 花卷茶

4. 地方标准《安化黑茶　花砖茶》（DB43/T 570—2010）规定，花砖茶按照其品质特征将分为（　　）个等级。

A. 2　　B. 3　　C. 4　　D. 5

5.（　　）的外形色泽黑褐，圆柱体形，压制紧密，无蜂窝巢状，茶叶紧结或有“金花”。

A. 湘尖　　B. 茯砖　　C. 黑砖　　D. 花卷茶

（二）判断题

1. 安化黑毛茶按照其原料老嫩及品质特征分为特级、一级至六级共7个等级。（　　）

2. 地方标准《安化黑茶通用技术要求》（DB43/T 568—2010）规定，安化黑茶包括湘尖茶、茯砖茶、黑砖茶、花砖茶及千两茶，俗称“三尖、三砖、一花卷”。（　　）

3. 地方标准《安化黑茶　茯砖茶》（DB43/T 569—2010）规定，伏砖茶按照其原料等级分为特制茯砖、普通茯砖两个等级。（　　）

4. 对于分里面茶的黑砖、花砖及茯砖，其外形审评匀整度、松紧度及洒面状况。（　　）

5. 有火候香或带松烟香为湖南黑茶不正常香气。（　　）

理论测验
答案 7-4

技能实训

技能实训 41　湖南黑茶的感官审评

总结湖南黑茶的品质特征和审评要点，根据黑茶感官审评方法完成不同类型和等级湖南黑茶的感官审评，提交感官审评报告，填写茶叶感官审评表（见附录）。

任务五　湖北黑茶的感官审评

任务目标

掌握湖北青砖茶、米砖茶的感官品质特征。

能够正确审评湖北青砖茶、米砖茶产品。

知识准备

湖北黑茶产品包括青砖茶和米砖，主产于湖北省咸宁市的赤壁、通山、崇阳、通城等地区。

一、青砖茶的感官品质特征

（一）老青茶的感官品质特征

老青茶是压制青砖茶的原料，分面茶和里茶，面茶较精细，里茶较粗放。鲜叶采割后先加工成老青茶毛茶，面茶分杀青、初揉、初晒、复炒、复揉、渥堆、晒干等工序，里茶分杀青、揉捻、渥堆、晒干等工序。老青茶毛茶采割标准和外形品质要求如表 7－12 所示。

表 7－12　老青茶采割标准与外形品质要求

项目		一级	二级	三级
采割标准		以青梗为主，基部稍带红梗	以红梗为主，顶部稍带青梗	当年生红梗，不带麻梗
外形	条索	条较紧、带白梗	叶子成条，红梗为主	叶面卷皱、红梗
	色泽	乌绿	乌绿微黄	乌绿带花
用途		洒面	二面	里茶

（二）青砖茶的感官品质特征

根据国家标准《紧压茶　第 9 部分：青砖茶》（GB/T 9833.9—2013），青砖茶以老青茶为主要原料，经蒸汽压制、定型、干燥、成品包装等加工工艺制作而成。青砖茶不分等级，规格为 340mm×170mm×40mm。最外一层称“洒面”，以青梗为主，基部稍带红梗，条较紧、色泽乌绿；最里面的一层称“二面”，以红梗为主，顶部稍带青梗，叶子成条，色泽乌绿微黄；洒面和二面之间的一层称“里茶”，原料为当年生红梗，不带麻梗，叶面卷皱、色泽乌绿带花。青砖茶的感官品质特征如表 7－13 所示。

表 7－13　青砖茶的感官品质特征

项目	青砖茶的感官品质特征
外形	砖面光滑，棱角整齐，紧结平整，色泽青褐，压印纹理清晰，砖内无黑霉、白霉、青霉等霉菌
香气	纯正
汤色	橙红
滋味	醇和
叶底	暗褐

二、米砖的感官品质特征

根据国家标准《紧压茶　第 8 部分：米砖茶》（GB/T 9833.8—2013）规定，米砖茶是以红茶粉末为原料，经过筛分、蒸汽压制定型、干燥、成品包装等工艺过程制成的。米砖茶的规格为 237mm×187mm×20mm，外形美观，印有“牌楼牌”“凤凰牌”“火车头牌”等牌号。米砖茶洒面及里茶均用红茶茶末，品质均匀一致，产品分为特级米砖茶和普通米砖茶，其感官品质特征如表 7 - 14 所示。

表 7 - 14　米砖茶的感官品质特征

等级	外形		内质			
	形状	色泽	汤色	香气	滋味	叶底
特级	砖面平整，棱角分明，厚薄一致，图案清晰，砖内无黑霉、白霉、青霉等霉菌	乌黑、油润	深红	纯正	浓醇	红匀
普通		黑褐、稍泛黄	深红	平正	尚浓醇	红暗

理论测验

（一）单选题

1. 用于压制青砖茶的原料是（　　）。

A. 烘青　B. 老青茶　C. 蒸青　D. 炒青

2. 外形以青梗为主，基部稍带红梗，条较紧、带白梗，色泽乌绿是（　　）老青茶的品质特征。

A. 一级　B. 二级　C. 三级　D. 四级

3. 外形以红梗为主，顶部稍带青梗，叶子成条，红梗为主，色泽乌绿微黄是（　　）老青茶的品质特征。

A. 一级　B. 二级　C. 三级　D. 四级

4. （　　）是以红茶粉末为原料，经过筛分、蒸汽压制定型、干燥、成品包装等工艺过程制成的。

A. 青砖茶　B. 黑砖茶　C. 米砖茶　D. 花砖茶

5. 青砖茶的最外一层称（　　）。

A. 二面　B. 洒面　C. 里茶　D. 包心

（二）判断题

1. 青砖茶以老青茶为主要原料，经蒸汽压制、定型、干燥、成品包装等加工工艺制作而成。（　　）

2. 青砖茶外形要求砖面光滑，棱角整齐，紧结平整，色泽青褐，压印纹理清晰，砖内无黑霉、白霉、青霉等霉菌。（　　）

3. 青砖茶不分里茶和面茶。（　　）

4. 米砖茶要求砖面平整、棱角分明、厚薄一致、图案清晰，砖内无黑霉、白霉、青霉等霉菌。

5. 米砖茶产品分为特级米砖茶和普通米砖茶。 (　　)

理论测验
答案7-5

技能实训

技能实训42　湖北黑茶的感官审评

总结湖北黑茶的品质特征和审评要点，根据黑茶感官审评方法完成不同类型湖北黑茶的感官审评，提交感官审评报告，填写茶叶感官审评表（见附录）。

任务六　四川边茶的感官审评

任务目标

掌握四川边茶的感官品质特征。
能够正确审评四川边茶产品。

知识准备

四川边茶因销路不同，分为南路边茶和西路边茶。

南路边茶以雅安为制造中心，产地包括雅安、荥经、天全、名山等地，主要销往西藏、青海和四川甘孜藏族自治州等地，主要产品有康砖和金尖茶。南路边茶制法是用割刀采割来的较粗老的鲜枝叶经杀青、多次渥堆、蒸、揉后晒干成毛茶，再将毛茶整理、拼配、蒸压、包装成型茶。康砖比金尖茶品质高。

西路边茶以都江堰为制造中心，产地包括邛崃、灌县、崇庆、北川等地，主要产品为方包茶和茯砖茶，主要销往四川、甘肃等地，主要产品有茯砖茶和方包茶。西路边茶鲜叶较南路边茶更为粗老，制法是将采割来的枝叶直接晒干成毛茶，茯砖茶再将毛茶整理、筑砖、发花、干燥后成型；方包茶则将毛茶整理、蒸茶渥堆、炒茶、筑包、封包、烧包及晾包后制成。

一、康砖茶的感官品质特征

康砖茶产于四川雅安及周边地区，以晒青毛茶为主要原料，经过毛茶整理、半成品拼配、蒸汽压制定型、干燥、成品包装等工艺制成。康砖茶分为特制康砖和普通康砖两个等级，标准实物样为品质的最低界限，每5年更换一次。其感官品质特征如表7-15所示。

表7-15　康砖茶的感官品质特征

等级	外形		内质			
	形状	色泽	汤色	香气	滋味	叶底
特制康砖	圆角长方体，表面平整紧实，洒面明显，砖内无黑霉、白霉、青霉等霉菌	棕褐、油润	红亮	纯正、陈香显	醇厚	棕褐、稍花杂
普通康砖	圆角长方体，表面尚平整紧实，洒面尚明显，砖内无黑霉、白霉、青霉等霉菌	棕褐	尚明	较纯正	醇和	棕褐花杂、带梗

二、金尖茶的感官品质特征

金尖茶产于四川雅安及周边地区，以晒青毛茶为主要原料，经过毛茶整理、半成品拼配、蒸汽压制定型、干燥、成品包装等工艺制成。金尖茶分为特制金尖茶和普通金尖茶两个等级，标准实物样为品质的最低界限，每5年更换一次。其感官品质特征如表7-16所示。

表7-16 金尖茶的感官品质特征

等级	外形		内质			
	形状	色泽	汤色	香气	滋味	叶底
特制金尖茶	圆角长方体，较紧实，无脱层，砖内无黑霉、白霉、青霉等霉菌	棕褐、尚油润	红亮	纯正、陈香显	醇正	棕褐花杂、带梗
普通金尖茶	圆角长方体，稍紧实，砖内无黑霉、白霉、青霉等霉菌	黄褐	红褐、尚明	较纯正	纯和	棕褐花杂、多梗

三、茯砖茶的感官品质特征

根据国家标准《紧压茶　第3部分：茯砖茶》（GB/T 9833.3—2013）规定，茯砖茶不分等级，标准实物样为品质的最低界限，每5年更换一次。

茯砖茶品质要求如下：

1. 外形　砖面平整，棱角分明，厚薄一致，色泽黄褐色，发花普遍，砖内无黑霉、白霉、青霉、红霉等杂菌。

2. 内质　香气纯正，汤色橙黄，滋味纯和，无涩味。.

四、方包茶的感官品质特征

方包茶又称马茶，产于四川省，属西路边茶，是将原料茶筑制在长方形蔑包中，大小规格为66cm×50cm×32cm，重35kg。其感官品质特征是梗多叶少，色泽黄褐；汤色深红略暗，香味带强烈的烟焦味，滋味和淡，叶底粗老、黄褐。

理论测验

（一）单选题

1. 下列茶叶不属于四川黑茶的是（　　）
   A. 金尖茶　　B. 康砖　　C. 方包茶　　D. 花砖
2. 四川南路边茶主要产品有康砖和（　　）。
   A. 金尖茶　　B. 黑砖　　C. 方包茶　　D. 茯砖
3. 下列黑茶产品中，（　　）产自四川。
   A. 黑砖　　B. 青砖　　C. 康砖　　D. 六堡茶
4. 特制康砖茶外形（　　），砖内无黑霉、白霉、青霉等霉菌。
   A. 圆角长方体，表面平整紧实，洒面明显
   B. 圆角长方体，表面平整稍紧实，洒面尚明显
   C. 圆角长方体，稍紧实，洒面明显
   D. 圆角正方体，稍紧实，洒面明显

5. 普通金尖茶要求滋味（　　）。

A. 浓醇　　B. 纯和　　C. 醇厚　　D. 浓厚

（二）判断题

1. 四川南路边茶主要产品有康砖和茯砖。（　　）
2. 四川西路边茶主要产品主要产品有茯砖茶和方包茶。（　　）
3. 金尖茶分为特制金尖茶和普通金尖茶。（　　）
4. 康砖茶分为特制康砖和普通康砖。（　　）
5. 茯砖茶分特制茯砖和普通茯砖。（　　）

理论测验
答案 7-6

技能实训

技能实训 43　四川边茶感官审评

总结四川边茶的品质特征和审评要点，根据黑茶感官审评方法完成不同类型四川边茶的感官审评，提交感官审评报告，填写茶叶感官审评表（见附录）。

项目八　黄茶的感官审评

项目提要

黄茶属于六大茶类之一，主要生产于浙江、湖南、安徽、四川、广东等地。黄茶属轻发酵茶，其品质特点是“黄叶黄汤”。黄茶根据鲜叶原料和加工工艺的不同，产品分为芽型（单芽或一芽一叶初展）、芽叶型（一芽一叶、一芽二叶初展）、多叶型（一芽多叶和对夹叶）和紧压型（采用上述原料经蒸压成型）4种。本项目主要介绍了黄茶的感官审评方法、评茶术语、评分原则、品质形成及常见品质问题，黄芽茶、黄小茶和黄大茶等黄茶的感官品质特征及感官审评要点等内容。

任务一　黄茶的感官审评准备

任务目标

掌握黄茶的感官审评方法、评茶术语与评分原则；理解黄茶的品质形成原因及常见品质问题。

能够独立、规范、熟练地完成黄茶审评操作；能够识别常见的黄茶产品。

部分黄茶图谱

知识准备

根据国家标准《黄茶》（GB/T 21726—2018）规定，黄茶是以茶树的芽、叶、嫩茎为原料，经摊青、杀青、揉捻（做形）、闷黄、干燥、精制或蒸压成型的特定工艺制成的。

一、黄茶的感官审评方法

黄茶审评采用柱形杯方法。黄茶审评内容详见项目二中的任务一（茶叶感官审评项目），审评方法详见项目二中的任务二（茶叶感官审评方法）。

取有代表性茶样3.0g，置于150mL的审评杯中，茶水比（质量体积比）1∶50，注满沸水，加盖，冲泡计时5min。时间到，先关掉计时器，依次等速沥出茶汤，留叶底于杯中，按汤色、香气、滋味、叶底的顺序逐项审评，并做好审评记录。

二、黄茶的感官审评术语

根据《茶叶感官审评术语》（GB/T 14487—2017），茶类通用审评术语适用于黄茶，详见项目二中的任务三（感官审评术语与运用）。此外，黄茶常用的审评术语如下。

（一）干茶形状

1. 细紧　条索细长，紧卷完整，有锋苗。

2. 肥直　全芽芽头肥壮挺直，满披茸毛，形状如针。

3. 梗叶连枝　叶大梗长而相连，为霍山黄大茶外形特征。

4. 鱼子泡　干茶有如鱼子大的烫斑。

（二）干茶色泽

1. 金镶玉　专指君山银针。金指芽头呈黄的底色，玉指满披白色的银毫。金镶玉是特级君山银针的特色。

2. 金黄光亮　芽头肥壮，芽色金黄，油润光亮。

3. 嫩黄　叶质柔嫩色浅黄，光泽好。

4. 褐黄　黄中带褐，光泽稍差。

5. 黄褐　褐中带黄。

6. 黄青　青中带黄。

（三）汤色评语

1. 杏黄　浅黄略带绿，清澈明净。

2. 黄亮　黄而明亮。

3. 浅黄　汤色黄较浅、明亮。

4. 深黄　色黄较深，但不暗。

5. 橙黄　黄中微泛红，似橘黄色。

（四）香气评语

1. 清鲜　清香鲜爽，细而持久。

2. 嫩香　清爽细腻，有毫香。

3. 清高　清香高而持久。

4. 清纯　清香纯和。

5. 板栗香　似熟栗子香。

6. 锅巴香　似锅巴的香，为黄大茶的香气特征。

（五）滋味评语

1. 甜爽　爽口而有甜感。

2. 醇爽　醇而可口，回味略甜。

3. 鲜醇　鲜洁爽口，甜醇。

（六）叶底评语

1. 肥嫩　芽头肥壮，叶质厚实。

2. 嫩黄　黄里泛白，叶质柔嫩，明亮度好。

3. 黄亮　叶色黄而明亮，按叶色深浅程度不同有浅黄色和深黄色之分。

4. 黄绿　绿中泛黄。

三、黄茶的品质评分原则

黄茶品质评语与各品质因子评分原则如表 8－1 所示。

表 8-1 黄茶品质评语与各品质因子评分原则

因子	级别	品质特征	给分	评分系数/%
外形（a）	甲	细嫩，以单芽到一芽二叶初展为原料，造型美，有特色，色泽嫩黄或金黄，油润，匀整，净度好	90～99	25
	乙	较细嫩，造型较有特色，色泽褐黄或绿带黄，较油润，尚匀整，净度较好	80～89	
	丙	嫩度稍低，造型特色不明显，色泽暗褐或深黄，欠匀整，净度尚好	70～79	
汤色（b）	甲	嫩黄明亮	90～99	10
	乙	尚黄明亮或黄明亮	80～89	
	丙	深黄或绿黄欠亮或混浊	70～79	
香气（c）	甲	嫩香或嫩栗香，有甜香	90～99	25
	乙	高爽，较高爽	80～89	
	丙	尚纯，熟闷，老火	70～79	
滋味（d）	甲	醇厚甘爽，醇爽	90～99	30
	乙	浓厚或尚醇厚，较爽	80～89	
	丙	尚醇或浓涩	70～79	
叶底（e）	甲	细嫩多芽或嫩厚多芽，嫩黄明亮，匀齐	90～99	10
	乙	嫩匀有芽，黄明亮，尚匀齐	80～89	
	丙	尚嫩，黄尚明，欠匀齐	70～79	

四、黄茶的品质形成

黄茶属轻发酵茶，其初制工艺为：鲜叶→杀青→揉捻→闷黄→干燥。黄茶的工艺近似绿茶，与绿茶又有区别：①在初制过程中，黄茶均有闷黄、渥闷或堆闷工序；②黄茶的品质特点是黄汤黄叶，称为“三黄”（干茶色泽黄亮，汤色和叶底也黄），香气清悦，滋味醇厚爽口。

1. 黄茶色泽的形成 黄茶色泽的形成受叶绿素变化的影响。叶绿素在杀青、闷黄过程中被大量破坏，叶黄素显露。①加工中的热化作用引起叶绿素氧化，使绿色变浅，黄色更加显露，这是黄茶呈现黄色的主要原因；②闷堆或闷黄过程中因时间较长、氧化量大，叶绿素减少量更多，叶片进一步变黄。

此外，在黄茶制造中，多酚类总量呈减少的趋势。儿茶素氧化的产物有茶黄素和茶红素等，但茶黄素比茶红素的量要多，故黄茶的汤色和叶底呈黄色。

2. 黄茶香味的形成 形成黄茶香味品质的主导因素是热化作用。①湿热作用，即在茶叶含水分较多的情况下辅以一定温度的作用，引起叶内一系列自动氧化（非酶促氧化）和水解反应，这是形成黄汤黄叶、滋味醇浓的主导方面；②干热作用，即在茶叶含水分较少的情况下，以一定的温度作用固定已形成的黄茶品质，发展黄茶的茶香。

黄茶加工工艺有其独特之处。采用适度低温或多闷少抛的杀青方式，使叶绿素受到较多的破坏，儿茶素类化合物在湿热的条件下会自动氧化和异构化，多糖类和蛋白质等的水解，这都为黄茶形成浓醇的滋味和黄色的汤色创造了条件。尤其是闷黄工序，它是形成黄茶品质的关键，是在杀青的基础上进行的，使儿茶素类化合物的自动氧化量大增，从而改善了茶汤的苦涩味，并形成黄茶特有的金黄色泽和较绿茶醇和的滋味。

五、黄茶常见品质问题

（一）外形常见品质问题

黄茶外形常见品质弊病及形成原因如表 8-2 所示。

表 8-2　黄茶外形常见弊病及原因分析

品质问题	原因分析
色泽枯褐	芽身色褐，毫色灰枯，不新鲜油润，一般香低味淡或者储存太久的陈茶才存在此品质问题
色泽青杂	色泽黄泛青绿，内质欠醇，由闷黄温湿度偏低或者堆温不均匀引起
色泽暗杂	色泽变黑，滋味欠爽口，由揉捻过重引起

（二）内质常见品质问题

黄茶内质常见品质弊病及形成原因如表 8-3 所示。

表 8-3　黄茶内质品质弊病及形成原因

项目	品质问题	形成原因
香味	香味低闷	香味低，不通透，无清悦感，可能由闷黄时间太久或干燥不及时引起
	香味青涩	香气带青气，茶味甘醇度不足，略带青涩，由闷黄不够所致
	香味闷熟	新鲜爽度差，欠清爽，由闷黄时间过长、透气不及时造成
汤色	泛绿	由闷黄不足所致
	黄红	由杀青温度偏低所致
叶底	绿暗	由闷黄不足和干燥不及时所致
	青绿	叶底色黄泛青绿色，闷黄不匀的青绿叶，由闷黄时间不足所致
	黄暗	由闷黄过度所致

理论测验

（一）单选题

1. 以下（　　）是黄茶品质形成的关键工艺。

A. 萎凋　　B. 干燥　　C. 闷黄　　D. 揉捻

2. 干茶有如鱼子大的烫斑，称为（　　）。

A. 鱼子泡　　B. 焦点　　C. 烫斑　　D. 爆点

3. 黄茶香气项目的品质系数为（　　）。

A. 30%　　B. 25%　　C. 20%　　D. 15%

4. 黄茶审评采用柱形杯方法，浸泡时间为（　　）。

A. 3min　　B. 4min　　C. 5min　　D. 8min

5. 黄茶滋味“醇厚甘爽”给分（　　）。

A. 90～99　　B. 80～89　　C. 70～79　　D. 其他

（二）判断题

1. 黄茶的品质特征为“黄汤绿叶”。（　　）
2. 黄茶的工艺近似绿茶，品质与绿茶一样。（　　）
3. 黄茶闷黄不够会造成滋味青涩。（　　）
4. 黄茶闷黄过度会造成叶底黄暗。（　　）
5. 黄茶外形审评的品质系数为25%。（　　）

理论测验
答案8-1

技能实训

技能实训44　黄茶产品辨识

根据提供的茶样，通过外形辨别茶样，写出茶样名称，并使用审评术语描述茶样外形，填写黄茶产品辨识记录表（表8-4）。

表8-4　黄茶产品辨识记录

样号	茶名	外形描述

任务二　黄茶的感官审评

任务目标

掌握黄茶的感官品质特征及感官审评要点。

能够正确审评黄茶产品。

知识准备

国家标准《黄茶》（GB/T 21726—2018）规定，黄茶因鲜叶原料和加工工艺不同，产品可分为芽型、芽叶型、多叶型和紧压型4种。不同类型黄茶的感官品质特征如表8-5所示。

表8-5　黄茶的感官品质特征

级别	外形				内质			
	形状	色泽	整碎	净度	汤色	香气	滋味	叶底
芽型	针形、雀舌形	嫩黄	匀齐	净	杏黄明亮	清鲜	鲜醇、回甘	肥嫩、黄亮
芽叶型	条形、扁形、兰花形	黄青	较匀齐	净	黄、明亮	清高	醇厚、回甘	柔嫩、黄亮
多叶型	卷略松	黄褐	尚匀	有茎梗	深黄、明亮	纯正、有锅巴香	醇和	尚软、黄尚亮、有茎梗
紧压型	规整	褐黄	紧实	—	深黄	纯正	醇和	尚匀

一、黄茶的感官品质特征

黄芽茶可分为银针和黄芽两种，前者如君山银针，后者如蒙顶黄芽、莫干黄芽等。

微课：黄茶的感官审评

（一）黄芽茶

1. 君山银针　君山银针产于湖南省岳阳君山，是采用早春茶树单芽制成的针形黄茶。

君山银针外形芽头肥壮、挺直，匀齐，满披茸毛，色泽金黄光亮，称“金镶玉”；香气清鲜，汤色浅黄，滋味甜爽。君山银针冲泡后芽尖冲向水面，悬空竖立，继而徐徐下沉杯底，状如群笋出土，又似金枪直立，汤色茶影，交相辉映，极为美观。各等级岳阳君山银针的感官品质特征如表8-6所示。

表8-6　各等级岳阳君山银针感官品质特征

级别	外形				内质			
	形状	整碎	净度	色泽	香气	汤色	滋味	叶底
特级	针形、肥壮、芽头饱满、金毫显露	匀齐	净	黄、润	清鲜持久	杏黄、明净	鲜醇、回甘	嫩黄、明亮
一级	针形、芽头较饱满、有金毫	较匀齐	净	黄、较润	清香持久	绿黄、较亮	鲜醇、回甘	绿黄、较亮

2. 蒙顶黄芽 蒙顶黄芽产于四川名山区，鲜叶采摘标准为一芽一叶初展。其初制工艺为：鲜叶摊放→杀青→摊凉→炒二青→包黄→炒三青→堆黄→四炒→干燥提毫→烘干→整理→拼配→烘焙提香等。根据国家标准《地理标志产品 蒙山茶》（GB/T 18665—2008），蒙顶黄芽外形芽叶整齐，形状扁平、挺直，肥嫩多毫，色泽嫩黄油、润；香气甜香馥郁，汤色浅杏绿、明亮，滋味甘醇、新鲜爽口，叶底嫩匀，黄亮鲜活。

3. 莫干黄芽 莫干黄芽产于浙江德清县莫干山，鲜叶采摘标准为一芽一叶初展。其初制工艺：鲜叶摊青→杀青→揉捻→闷黄→初烘→理条→足干→干茶整理等。莫干黄芽外形紧细、匀齐，茸毛显露，色泽黄绿、油润；香气嫩香持久，汤色黄、明亮，滋味醇爽可口，叶底幼嫩似莲心。

4. 霍山黄芽 霍山黄芽产自霍山县境内茶区，经特殊工艺精制而成。霍山黄芽茶分为特一级、特二级、一至三级共5个级别，其中特一级、特二级为芽型黄茶，一级、二级、三级为芽叶型黄茶。各等级芽型霍山黄芽的感官品质特征如表8-7。

表8-7 各等级霍山黄芽感官品质特征

级别	外形				内质			
	形状	整碎	净度	色泽	香气	汤色	滋味	叶底
特一级	雀舌	匀齐	净	嫩绿微黄、披毫	清香持久	嫩绿、鲜亮	鲜爽、回甘	嫩黄绿、鲜明
特二级	雀舌	匀齐	净	嫩绿微黄、显毫	清香持久	嫩绿、明亮	鲜醇、回甘	嫩黄绿、明亮

（二）黄小茶

黄小茶的鲜叶采摘标准为一芽一至二叶，有湖南的沩山毛尖和北港毛尖，湖北的远安鹿苑茶、浙江的平阳黄汤、皖西的黄小茶等。

1. 沩山毛尖 沩山毛尖产于湖南省宁乡市沩山。其外形叶边微卷成条块状，金毫显露，色泽嫩黄、油润；香气有浓厚的松烟香，汤色杏黄、明亮，滋味甜醇、爽口，叶底芽叶肥厚。形成沩山毛尖黄亮色泽和松烟味品质特征的关键是杀青后采用了“闷黄”和烘焙时采用了“烟薰”两道工序。

2. 北港毛尖 北港毛尖产于湖南岳阳北港，初制分为杀青、锅揉、闷黄、复炒、复揉、烘干6道工序。其外形条索紧结、重实、卷曲，白毫显露，色泽金黄；香气清高，汤色杏黄、明亮，滋味醇厚，耐冲泡，冲三四次后尚有余味。

3. 远安鹿苑茶 远安鹿苑茶产于湖北远安县鹿苑寺一带，初制分杀青、炒二青、闷堆和炒干4道工序。闷堆工序是形成干茶色泽金黄、汤色杏黄、叶底嫩黄（亦称“三黄”）品质特征的关键。其外形条索紧结卷曲呈环状，略带“鱼子泡”，锋毫显露；香高持久，有熟栗子香，汤色黄亮，滋味鲜醇、回甘，叶底肥嫩、匀齐、明亮。

4. 平阳黄汤 平阳黄汤也称温州黄汤，产于浙江泰顺、平阳、瑞安、永嘉、苍南等地。其初制分杀青、揉捻、闷堆、干燥4道工序。平阳黄汤的外形条索紧结、匀整，锋毫显露，色泽绿中带黄、油润；香高持久，汤色浅黄、明亮，滋味甘醇，叶底匀整、黄明亮。

5. 霍山黄茶 霍山黄茶产自霍山县境内茶区。霍山黄芽茶分为特一级、特二级、一至三级共5个等级，其中一级、二级、三级为芽叶型黄茶。芽叶型霍山黄茶感官品质特征如表8-8所示。

表 8-8 各等级霍山黄茶感官品质特征

项目	级别		
	一级	二级	三级
外形	形直、尚匀齐	形直、微展	尚直、微展
色泽	色泽微黄、白毫尚显	色绿微黄、有毫	色绿微黄
香气	清香尚持久	清香	有清香
滋味	醇、尚甘	尚鲜醇	醇和
汤色	黄绿、清明	黄绿、尚明	黄绿
叶底	绿微黄、明亮	黄绿尚匀	黄绿

6. 岳阳黄茶 岳阳黄茶产自湖南省岳阳市，根据鲜叶原料和加工工艺的不同，其产品分为岳阳君山银针、岳阳黄芽、岳阳黄叶和岳阳紧压黄茶 4 种。岳阳黄芽由茶树单芽或一芽一叶原料制成；岳阳黄叶由茶树一芽二叶到一芽多叶或对夹叶原料制成；岳阳紧压黄茶采用岳阳黄芽或岳阳黄叶经蒸压成型而制得；紧压金花黄茶采用岳阳黄芽或岳阳黄叶经蒸压、发花、干燥等工序加工而成的。岳阳黄茶的感官品质特征如表 8-9 所示。

表 8-9 岳阳黄茶感官品质特征

名称	外形				内质			
	形状	整碎	净度	色泽	香气	汤色	滋味	叶底
岳阳黄芽特级	芽头饱满、肥壮	较匀齐	净	黄、较润	清高	醇厚、回甘	绿黄明亮	肥壮、匀整、绿黄亮
岳阳黄芽一级	芽头饱满、较肥壮	较匀齐	较净	绿黄、较亮	清高	醇厚、回甘	绿黄较亮	较肥壮、较匀整、绿黄较亮
岳阳黄叶特级	条索紧细	较匀齐	较净	绿黄、较亮	清香、较高长	醇厚、较爽	绿黄较亮	尚软、尚匀整、绿黄较亮
岳阳黄叶一级	条索紧结	尚匀整	尚净	黄、较亮	清香、尚高长	醇厚	黄较亮	尚匀、绿黄尚亮、有嫩梗

(三) 黄大茶

黄大茶的鲜叶采摘标准为一芽三至四叶或一芽四至五叶，产量较大，主要有安徽霍山黄大茶和广东大叶青。

1. 霍山黄大茶 霍山黄大茶的鲜叶采摘标准为一芽四至五叶。其初制分为杀青、揉捻、初烘、堆积、烘焙等过程。堆积时间较长（5～7d）、烘焙火功较足、下烘后趁热踩篓包装是形成霍山黄大茶品质特征的主要原因。霍山黄大茶的外形叶大梗长，梗叶相连，色泽金黄、鲜润；香气有突出的高爽焦香，似锅巴香，汤色深黄、明亮，滋味浓厚，耐冲泡，叶底黄亮。

2. 广东大叶青 广东大叶青以大叶种茶树的鲜叶为原料，采摘标准为一芽三至四叶。其初制时经过堆积，形成了黄茶品质特征。广东大叶青的外形条索肥壮、卷壮、重实，老嫩均匀，显毫，色泽青润带黄或青褐色；香气纯正，汤色深黄、明亮，滋味浓醇、回甘，叶底浅黄色、芽叶完整。

二、黄茶的感官审评要点

（一）黄芽茶的感官审评要点

1. 外形审评要点 黄芽茶的外形审评以芽形完整、嫩匀，色泽嫩黄、油润为佳；芽形细瘦、干瘪，不饱满，色泽黄暗、暗褐为次。

2. 内质审评要点

（1）汤色。审评深浅和亮度。黄芽茶色浅黄、嫩黄，以明亮为佳；绿色、褐色、橙色都不是正常色。

（2）香气。审评纯异、香型、持久性。黄芽茶香气以高爽带嫩香、清鲜、清香为佳；以有闷浊气为次。

（3）滋味。以醇厚回甘、鲜醇回甘、鲜爽回甘为佳；以醇和、平和，带青涩味、闷味等为次。

（4）叶底。以芽头匀整，色泽嫩黄、明亮为佳。

（二）黄小茶的感官审评要点

1. 外形审评要点 黄小茶的外形主要有条形、扁形、兰花形，以紧结（条形）、显芽毫、匀整为佳，以松散、短碎为次；色泽以黄、绿黄油润为佳，以黄暗、暗褐为次。

2. 内质审评要点

（1）汤色。以杏黄或绿黄、明亮为佳；以绿色、橙色或红色，欠明亮为次。

（2）香气。以清高、高爽持久、清香持久为佳；以闷浊、烟焦、青气为次。

（3）滋味。以醇厚回甘、醇爽为佳；以粗涩、青涩、闷味等为次。

（4）叶底。以芽叶匀整、柔嫩，色泽黄亮或黄绿、明亮为佳；以芽叶瘦薄、黄暗，色泽暗黄、暗褐为次。

理论测验

（一）单选题

1. 以下符合君山银针的感官品质特征的是（ ）。

A. 条索紧细　B. 条索粗壮

C. 针形、芽头饱满　D. 颗粒紧实

2. 黄茶属于（ ）。

A. 轻发酵茶　B. 重发酵茶　C. 不发酵茶　D. 后发酵茶

3. 下列茶叶中，属于黄芽茶的是（ ）。

A. 广东大叶青　B. 霍山黄大茶　C. 平阳黄汤　D. 蒙顶黄芽

4. 黄茶与绿茶加工工艺不同之处的是（ ）。

A. 杀青　B. 揉捻　C. 闷黄　D. 干燥

5. 下列茶叶中，不属于黄茶类的是（ ）。

A. 黄金桂　B. 沩山毛尖　C. 远安鹿苑茶　D. 霍山黄芽

（二）判断题

1. 芽叶型黄茶采摘嫩度为一芽一叶、一芽二叶初展。 （ ）

2. 君山银针产于四川省。（　　）
3. 黄茶的品质特征为“三黄”，即干茶黄色、茶汤黄色、叶底黄色。（　　）
4. 黄茶的品质特点为“黄汤绿叶”。（　　）
5. “鱼子泡”是黄茶品质差的表现。（　　）

理论测验
答案 8-2

技能实训

技能实训 45　黄茶的感官审评

总结黄茶的品质特征和审评要点，根据黄茶感官审评方法完成不同类型和等级黄茶的感官审评，提交感官审评报告，填写茶叶感官审评表（见附录）。

项目九　花茶的感官审评

项目提要

花茶又称熏制茶或香片，属再加工茶类，是毛茶经过精制后配以香花窨制而成的，既保持了纯正的茶香，又兼具鲜花的馥郁香气，花香茶味，别具风韵，深受消费者喜爱。目前，花茶的主产区有广西、福建、广东、湖南、四川、云南、重庆等地。本项目主要介绍了花茶的感官审评方法、评茶术语、评分原则、品质形成及常见品质问题，茉莉花茶、桂花茶、珠兰花茶等花茶的感官品质特征及感官审评要点等内容。

任务一　花茶感官审评准备

任务目标

掌握花茶的感官审评方法、评茶术语与评分原则；理解花茶的品质形成原因及常见品质问题。

能够独立、规范、熟练地完成花茶审评操作；能够识别常见花茶产品。

知识准备

花茶加工历史悠久，种类很多，一般以所用香花命名，香味各具特色。茉莉花茶香气纯正、浓郁芬芳、鲜灵持久，珠兰花茶香气清纯优雅，白兰花茶香气浓郁强烈，柚子花茶香气浓郁持久，玫瑰花茶香气清雅纯正。各类花茶均要求香气纯正、鲜浓、持久。

部分花茶图谱

一、花茶的感官审评方法

花茶外形审评与素茶相同，但内质审评可分为单杯审评和双杯审评。

（一）单杯审评

单杯审评又分为单杯一次冲泡法和单杯二次冲泡法。

1. 单杯一次冲泡法　拣除茶样中的花瓣、花萼、花蒂等花类夹杂物，称取有代表性茶样 3.0g，置于 150mL 精致茶评茶杯中，注满沸水，加盖浸泡 5min。开汤后快看汤色，接着趁热嗅香气，审评香气的鲜灵度，温嗅香气浓度和纯度，滋味审评鲜爽度、浓醇度，要求花香明显、爽口感好，最后冷嗅评香气持久性。正常情况下此种方法适用于审评技术较为娴熟的评茶员。

2. 单杯二次冲泡法 单杯二次冲泡法是《茶叶感官审评方法》（GB/T 23776—2018）中的规定方法，是指一杯茶样分两次冲泡，第一次浸泡 3min，按照冲泡次序依次等速将茶汤沥入审评碗，审评汤色、香气（鲜灵度和纯度）、滋味（鲜爽度）；第二次浸泡 5min，沥出茶汤，依次审评汤色、香气（浓度和持久性）、滋味（浓、醇度）、叶底。最终将两次冲泡审评结果综合评判。

（二）双杯审评

双杯审评又分双杯一次冲泡法和双杯二次冲泡法。

1. 双杯一次冲泡法 同一茶样称取两份，两杯同时冲泡一次，浸泡 5min，把茶汤沥入审评碗，然后热嗅香气的鲜灵度和纯度，冷嗅香气的持久性。

2. 双杯二次冲泡法 同一茶样称取两份，一杯只审评香气，分两次冲泡，第一次浸泡 3min，审评香气的鲜灵度，第二次浸泡 5min，审评香气的浓度和纯度。另一杯审评汤色、滋味和叶底，原则上仅冲泡一次，浸泡 5min。具体操作为两杯同时冲泡，第一杯浸泡 3min 后先嗅香气的鲜灵度，嗅得差不多时，第二杯浸泡时间刚好到，沥出第二杯茶汤，如果第一杯没有评好，可以继续审评，评完再进行第二次冲泡，并立即审评第二杯的汤色、滋味和叶底。如果此时第一杯第二次冲泡时间已到，则快速沥出茶汤，仍继续完成第二杯的汤色、滋味和叶底审评，待第一杯第二次冲泡杯温稍冷后，温嗅香气的浓度和纯度。两杯交叉进行，直至审评结束，如遇分歧，可将第二杯进行第二次冲泡，浸泡 5min。此种方法较前三种方法更为准确，但操作较为烦琐、花费时间较长，适合茶样品质差异较小或审评意见有分歧时使用。

二、花茶的感官审评术语

花茶的外形、汤色、滋味及叶底术语同素坯术语，此部分重点介绍绿茶坯花茶香气常用术语。

1. 鲜灵 花香新鲜充足，一嗅即有愉快之感，为高档茉莉花茶的香气。

2. 鲜浓 香气物质含量丰富、持久，花香浓，但新鲜悦鼻程度不如鲜灵。

3. 鲜纯 茶香、花香纯正、新鲜，花香浓度稍差。

4. 幽香 花香细腻、幽雅，柔和持久。

5. 纯 茶香或花香正常，无其他异杂味。

6. 香薄、香弱及香浮 花香短促、薄弱、浮于表面，一嗅即逝。

7. 透素 花香薄弱，茶香突出。

8. 透兰 茉莉花香中透露着白兰花香。

9. 闷气 花香不鲜，带有水闷气。

三、花茶的品质评分原则

花茶品质评语与各品质因子评分原则如表 9 - 1 所示。

表 9-1 花茶品质评语与各品质因子评分原则

因子	级别	品质特征	给分	评分系数
外形（a）	甲	细紧或壮结，多毫或锋苗显露，造型有特色，色泽尚嫩绿或嫩黄、油润，匀整，净度好	90～99	20%
	乙	较细紧或较紧结，有毫或有锋苗，造型较有特色，色泽黄绿、较油润，匀整，净度较好	80～89	
	丙	紧实或壮实，造型特色不明显，色泽黄或黄褐，较匀整，净度尚好	70～79	
汤色（b）	甲	嫩黄明亮或尚嫩绿明亮	90～99	5%
	乙	黄明亮或黄绿明亮	80～89	
	丙	深黄或黄绿欠亮或混浊	70～79	
香气（c）	甲	鲜灵，浓郁，纯正，持久	90～99	35%
	乙	较鲜灵，较浓郁，较纯正，尚持久	80～89	
	丙	较浓郁，尚鲜，较纯正	70～79	
滋味（d）	甲	甘醇或醇厚，鲜爽，花香明显	90～99	30%
	乙	浓厚或较醇厚	80～89	
	丙	熟，浓涩，青涩	70～79	
叶底（e）	甲	细嫩多芽或嫩厚多芽，黄绿明亮	90～99	10%
	乙	嫩匀有芽，黄明亮	80～89	
	丙	尚嫩，黄明	70～79	

四、花茶的品质形成

花茶窨制过程产生了一系列较为复杂的化学变化，形成了花茶的品质风味。窨制原理是利用茶叶吸香和鲜花吐香的两大特性。

（一）茶坯的吸香原理

茶坯的吸香特性与茶叶的物理性质、化学成分以及吸香工艺等有关，主要体现在表面吸附作用、化学吸附作用、毛细管吸附作用以及扩散作用等方面。

1. 表面吸附作用 茶叶在加工过程中经揉捻造型、烘炒固型等作用下形成特有的外形，成为具有表面凹凸不平的、疏松多孔的物质，即形成很多毛细孔隙。这些孔隙的存在使茶叶比表面积增大。窨花过程中，鲜花释放的香气物质不断进入孔隙中，与茶叶表面接触，很快就被吸附在茶叶上面，形成表面吸附作用。

表面吸附作用与加工方式和原料嫩度有关。细嫩茶坯孔径小、孔隙短，吸附能力强，吸收香气物质较多，但吸香速度较慢，粗老茶坯则呈相反趋势。因此在工艺处理上，嫩度好的高档茶坯适合多窨次、多下花量。茶坯的比表面积因烘干方式不同而不同，表现为：炒青＞半烘炒＞烘青。炒青茶坯吸附速度较快，但脱附速度也较快。因此，花茶最佳素坯原料选择上认为烘青的吸香能力和保香效果较好。

2. 化学吸附作用 茶叶中含有烯萜类、棕榈酸等成分，这些物质本身没有香气，但具有很强的吸附性能，可以吸附花香和其他异气，且能保持相对稳定，具有定香剂的作用。细嫩茶坯烯萜类、棕榈酸等成分含量较高，吸附作用较强，粗老茶坯相反，这也说明嫩度好的高档茶坯适合多窨次、多下花量。

3. 毛细管吸附作用 茶叶是疏松多孔的物质，具有很多细小的孔隙，形成很多毛细管孔道，因此具有毛细管吸附作用。毛细管吸水的同时产生吸香特性。因此，传统花茶加工工艺认为茶坯愈干吸香能力愈强。窨花前必须烘干茶坯，茶坯含水量在4.5%～5.5%才能达到正常的吸香效果。但茶叶吸香特性的研究和试验表明，当茶坯含水量为2.1%～47%时，茶坯均有吸香能力，并且茶坯含水量在15%～25%的吸香效果较好，因为窨花过程中较高含水量的茶坯会使鲜花保持活力，提高鲜花的吐香性能，这是花茶窨制的新工艺原理。

4. 扩散作用 温度对香气物质的扩散作用有直接影响。温度高，扩散速度快，香气浓度大，茶坯的吸香能力较好。但不同鲜花的香气物质扩散作用受温度影响不同，如茉莉花茶的坯温要求在30～40℃。温度的影响是多方面的，既影响鲜花的生理过程，也影响茶坯的吸香作用，比如化学吸附速率。

（二）鲜花的吐香原理

鲜花的吐香性能与鲜花的吐香习性以及所处环境有关，如温湿度、供氧量等。

1. 鲜花的吐香习性 茶用香花因芳香物质形成和挥发的特性差异，被分为气质花和体质花。

（1）气质花。气质花是指香精油以甙类的形式存在于花中，香精油须通过酶的水解作用释放出来，并随香气不断向周围扩散而不断释放。即花不开不香，微开微香，刚开时香气最浓，花开后就不再放香，如茉莉花。因此茉莉花茶加工时，要在花开始开放到盛开过程中迅速完成茶花拌合，有利于香气的吸收。

（2）体质花。体质花是指花中芳香油以游离状态存在于花瓣当中，未开或开放都有香气，如珠兰花、白兰花、玳玳花及桂花等。体质花则无需采取气质花的促进开放等措施，但要注意防止香气的散失。

2. 窨花环境的温、湿度 窨花环境的温、湿度是指气温和空气相对湿度。各种鲜花香气的挥发均需要一定的温度，随着鲜花养护及窨花过程中释放的鲜花呼吸热，堆温不断升高，但温度升高要有限度，要考虑香气的类型、特征及茶叶品质的变化。环境湿度也会影响鲜花吐香，环境湿度太低鲜花吐香受抑制，太高难以吐香，一般适宜的空气相对湿度为80%～85%。

3. 窨花过程的供氧情况 芳香物质随花朵生理成熟增多，通过细胞的小腺体而挥发逸散出来，谓之开放吐香。此过程完成的快慢与好坏，取决于花朵呼吸作用所产生的能量供应状况。供氧充足，花朵呼吸强度大，生理成熟快，开放吐香早；供氧不足，花朵不能顺利完成生理成熟和开放吐香，会出现无氧呼吸，产生酒精味。因此，窨花不能完全封闭，但密闭窨花可防止花香向空气逸散，有利于茶坯的吸收，故生产上多采取半封闭状态。

五、花茶常见品质问题

(一) 外形常见品质问题

茉莉花茶外形常见品质弊病及形成原因如表 9-2 所示。

表 9-2 花茶外形常见弊病及原因分析

品质问题	原因分析
造型松散	窨花时堆放时间过长，茶坯含水量高，造成茶坯松散
色泽偏黄	窨花时堆温过高、通花时间迟、温坯堆放时间过长或烘干温度过高
色泽深暗	选用的品种不合适或窨制次数过多
有夹杂物	加工场所卫生条件差

(二) 汤色常见品质问题

1. 黄汤 同外形色泽偏黄产生原因。

2. 汤色泛红 素坯为陈茶，茶汤已陈变；毛茶贮存水分偏高，引起色变；窨制过程有热堆和闷堆现象。

(三) 香气常见品质问题

1. 闷浊气 窨制中容易出现“两闷”，即“湿坯闷堆，发热变质”和“热茶闷袋，火气耗鲜”。出现闷浊气的原因可能是通花散热不透，收堆过早，续窨被茶坯所吸收；热茶闷袋过久，窨后或烘后茶坯未及时摊晾散热；复窨茶坯的坯温过高，使鲜花闷热；窨堆过高，透气性差。

2. 水闷气 通花不及时，堆温过高，湿坯在湿热情况下产生水闷气或其他气味；湿坯堆放过久，待烘的湿坯含水量较高，加上夏季高温，摊放偏厚容易出现水闷气；出花不及时，花朵在水热情况下，内含物转化，失去鲜灵度，易产生水闷气；鲜花质量差，如雨水花；烘干温度过低而形成水闷气。

3. 透素 窨花时下花量太少，通花时间过早，窨制时间不够，花香压不住茶味都会造成透素。

4. 透兰 打底时兰花用量过多，窨制时茉莉花用量过少，或审评时未拣除残留的兰花瓣都会造成透兰。

5. 香浮、香薄 下花量不足，鲜花质量差，鲜花养护不当都会造成香浮、香薄。

6. 霉气 提花后水分超标或包装不当会产生霉气。

(四) 滋味常见品质问题

1. 粗淡 茶叶原料粗老或过嫩，不耐泡；茶叶陈化不新鲜。

2. 水闷味 与水闷气产生的原因相同。

3. 烟焦味 由烘干温度过高或漏烟所致。

4. 不纯正 夹杂有油墨味、木材、塑料等其他异味，与存放条件及包装有关。

(五) 叶底常见品质问题

色泽偏黄与外形色泽偏黄产生的原因相同。

理论测验

(一) 单选题

1. 花茶又称熏制茶或香片，属（　　）类。

A. 绿茶　　B. 红茶　　C. 乌龙茶　　D. 再加工茶

2. 以下（　　）是《茶叶感官审评方法》（GB/T 23776—2018）中介绍的花茶感官审评方法。

A. 单杯一次冲泡法　　B. 单杯二次冲泡法

C. 双杯一次冲泡法　　D. 双杯二次冲泡法

3. 花茶香气评语为“较鲜灵，较浓郁，较纯正，尚持久”，应给予（　　）级别。

A. 甲级　　B. 乙级　　C. 丙级　　D. 丁级

4. （　　）指花茶嗅香时，花香新鲜充足，一嗅即有愉快之感。属于形容。

A. 鲜灵　　B. 馥郁　　C. 幽香　　D. 香浮

5. 以下鲜花中不属于体质花的是（　　）。

A. 桂花　　B. 玳玳花　　C. 茉莉花　　D. 珠兰花

(二) 判断题

1. 透素是指花香薄弱、茶香突出。（　　）

2. 花茶窨制的原理是利用茶叶吸香和鲜花吐香的两大特性。（　　）

3. 茶叶中含有烯萜类、棕榈酸等成分，这些物质本身具有花香，而且有很强的吸附性能，可以吸附花香和其他异气，且能保持相对稳定，具有定香剂的作用。（　　）

4. 窨花时供氧不足，花朵不能顺利完成生理成熟和开放吐香，会出现无氧呼吸，产生酒精味。（　　）

5. 窨制中容易出现“两闷”，即“湿坯闷堆，发热变质”和“热茶闷袋，火气耗鲜”。（　　）

理论测验
答案 9-1

技能实训

技能实训 46　花茶产品辨识

根据提供的茶样，通过外形辨别茶样，写出茶样名称，并使用审评术语描述茶样外形，填写花茶产品辨识记录表（表 9-3）。

表9-3 花茶产品辨识记录

样号	茶名	外形描述

任务二　茉莉花茶的感官审评

任务目标

掌握茉莉花茶的感官品质特征及感官审评要点。

能够正确审评茉莉花茶产品。

知识准备

茉莉花茶是我国花茶中最主要的产品，主产于广西、福建、广东、四川等地，具有香气清高芬芳、浓郁、鲜灵，香而不浮，鲜而不浊，滋味醇厚的品质特点。

一、茉莉花茶的感官品质特征

微课：茉莉花茶的感官审评

茉莉花茶窨制工艺为：茶坯与鲜花处理→窨花拌合→静置窨花（或堆窨）→通花→收堆续窨→起花→（烘焙）→冷却→转窨或提花→匀堆装箱。茉莉花茶因所采用窨制的茶坯原料不一，国家标准《茉莉花茶》（GB/T 22292—2017）规定，茉莉花茶分为特种烘青茉莉花茶、烘青茉莉花茶、炒青（含半烘炒）茉莉花茶及茉莉花碎茶和片茶。

（一）特种茉莉花茶

特种茉莉花茶采用的原料明显高于特级茶坯，加工特别精细，需经过“五窨一提”至“七窨一提”窨制而成。国家标准《茉莉花茶》（GB/T 22292—2017）规定，特种烘青茉莉花茶以单芽或一芽一叶、一芽二叶等鲜叶为原料，经加工后呈芽针形、兰花形、肥嫩或细秀条形及其他特殊造型。有特殊品名的烘青坯茉莉花茶也属于特种烘青茉莉花茶。特种烘青茉莉花茶的感官品质特征如表 9-4 所示。

表 9-4　特种烘青茉莉花茶的感官品质特征

项目		类别						
		造型茶	大白毫	毛尖	毛峰	银毫	春毫	香毫
外形	条索	针形、兰花形或其他特殊造型	肥壮、紧直、重实、满披白毫	毫芽细秀、紧结、平伏、白毫显露	紧结肥壮、锋毫显露	紧结、肥壮、平伏、毫芽显露	紧结、细嫩、平伏、毫芽较显	紧结、显毫
	色泽	黄褐润	黄褐银润	黄褐油润	黄褐润	黄褐油润	黄褐润	黄润
	整碎	匀整	匀整	匀整	匀整	匀整	匀整	匀整
	净度	洁净	洁净	洁净	洁净	洁净	洁净	净
内质	汤色	嫩黄、清澈明亮	浅黄或杏黄、鲜艳明亮	浅黄或杏黄、清澈明亮	浅黄或杏黄、清澈明亮	浅黄或黄、清澈明亮	黄、明亮	黄、明亮
	香气	鲜灵、浓郁、持久	鲜灵、浓郁持久、幽长	鲜灵、浓郁、持久、清幽	鲜灵、浓郁、高长	鲜灵、浓郁	鲜灵、浓纯	鲜灵、纯正
	滋味	鲜浓、醇厚	鲜爽、醇厚、甘滑	鲜爽、甘醇	鲜爽、浓醇	鲜爽、醇厚	鲜爽、浓纯	鲜、浓醇
	叶底	嫩黄绿、明亮	肥嫩多芽、嫩黄绿、匀亮	细嫩显芽、嫩黄绿、匀亮	肥嫩显芽、嫩绿、匀亮	肥嫩、黄绿、匀亮	嫩匀、黄绿、匀亮	嫩匀、黄绿、明亮

特种炒青茉莉花茶以单芽或一芽一至二叶等鲜叶为原料，经加工后呈扁平、卷曲、圆珠或其他特殊造型。有特定品名的炒青坯茉莉花茶也属于特种炒青茉莉花茶。

（二）级别型茉莉花茶

根据国家标准《茉莉花茶》（GB/T 22292—2017）规定，茉莉花茶分为茉莉烘青与茉莉炒青（半烘炒），包括特级、一至五级共6级。茉莉烘青是茉莉花茶的主要产品，其感官品质特征如表9-5所示。

表9-5 各等级烘青茉莉花茶的感官品质特征

项目		级别					
		特级	一级	二级	三级	四级	五级
外形	条索	细紧或肥壮、有锋苗、有毫	紧结、有锋苗	尚紧结	尚紧	稍松	稍粗松
	色泽	绿黄、润	绿黄、尚润	绿黄	尚绿黄	黄、稍暗	黄、稍枯
	整碎	匀整	匀整	尚匀整	尚匀整	尚匀	尚匀
	净度	净	尚净	稍有嫩茎	有嫩茎	有茎梗	有梗朴
内质	汤色	黄、亮	黄、明	黄、尚亮	黄、尚明	黄、欠亮	黄、较暗
	香气	鲜浓持久	鲜浓	尚鲜浓	尚浓	香薄	香弱
	滋味	浓醇爽	浓醇	尚浓醇	醇和	尚醇和	稍粗
	叶底	嫩软匀齐黄绿明亮	嫩匀、黄绿明亮	嫩尚匀、黄绿亮	尚嫩匀、黄绿	稍有摊张、绿黄	稍粗大、黄稍暗

炒青（含半烘炒）茉莉花茶的感官品质特征如表9-6所示。

表9-6 各等级炒青（含半烘炒）茉莉花茶的感官品质特征

项目		级别						
		特种	特级	一级	二级	三级	四级	五级
外形	条索	扁平、卷曲、圆珠或其他特殊造型	紧结、显锋苗	紧结	紧实	尚紧实	粗实	稍粗松
	色泽	黄绿或黄绿润	绿黄润	绿黄尚润	绿黄	尚绿黄	黄稍暗	黄稍枯
	整碎	匀整	匀整	匀整	匀整	尚匀整	尚匀整	尚匀
	净度	净	洁净	净	稍有嫩茎	有筋梗	带梗朴	多梗朴
内质	汤色	浅黄或黄明亮	黄亮	黄明	黄尚亮	黄尚明	黄欠亮	黄较暗
	香气	鲜灵浓郁持久	鲜浓纯	浓尚鲜	浓	尚浓	香弱	香浮
	滋味	鲜浓醇厚	浓醇	浓尚醇	尚浓醇	尚浓	平和	稍粗
	叶底	细嫩或肥嫩匀、黄绿明亮	嫩匀黄绿明亮	尚嫩匀、黄绿尚亮	尚匀、黄绿	欠匀、绿黄	稍有摊张黄	稍粗、黄稍暗

（三）茉莉花碎茶和片茶

茉莉花碎茶和片茶外观形状较小，有颗粒状、片状、末状，大多作为袋泡茶原料，也有的作为深加工原料，如制成花茶水等，其感官品质特征如表9-7所示。

表 9-7　茉莉花碎茶和片茶感官品质特征

种类	感官品质特征
碎茶	通过紧门筛（筛网孔径 0.8～1.6mm）的洁净重实的颗粒茶，有花香，滋味尚醇
片茶	通过紧门筛（筛网孔径 0.8～1.6mm）的轻质片状茶，有花香，滋味尚纯

二、茉莉花茶的感官审评要点

茉莉花茶外形审评条索、整碎、色泽、净度，内质审评香气、滋味和叶底，汤色仅作参考因子。

（一）外形审评要点

1. 条索　审评紧结度、有无锋苗及长秀短钝、有无毫芽等。以肥嫩（大叶种）、细嫩（中小叶种）、紧结、多锋苗为佳，以粗松、欠紧结、无锋苗为次。窨制后的茉莉花茶条索比素坯略松，属正常现象。

2. 色泽　审评枯润、匀杂、颜色。以黄绿润为佳，以黄暗、黄枯为次。绿茶坯经窨制后会稍黄，属正常现象。

3. 整碎　审评上段茶、中段茶及下段茶的相对密度和筛号茶拼配匀称情况，看上段茶是否平伏和筛档的匀称情况，特别要注意下段茶是否超过标准要求。以匀整为佳。

4. 净度　审评梗、筋、片、籽等含量以及非茶类夹杂物的含量。以洁净为佳。

（二）内质审评要点

1. 汤色　审评明亮程度，汤色一般比素坯要深。以浅黄、黄亮为佳，以黄欠亮、黄暗等为次。

2. 香气　审评鲜灵度、浓度和纯度。鲜灵度为嗅之花香明显，香气感觉越明显越敏锐表明鲜灵度越好。浓度不但反映在香气的浓淡，还表明持久耐嗅和耐泡。乍嗅尚香、二嗅香微、三嗅香尽说明浓度低。遇到不易区别时，可采用二次冲泡法。纯度用于鉴别香气是否纯正、是否杂有其他花香型香气或其他气味。以鲜灵、浓郁持久为佳，以透兰、透素、香弱、香浮、香薄、闷气等为次。

3. 滋味　审评浓度、鲜爽等。花茶茶汤要求醇而不苦不涩，鲜爽而不闷不浊。以浓醇爽口、鲜浓等为佳，以显绿茶的生青与涩味为次。

4. 叶底　审评叶底嫩度、匀整度，色泽审评颜色、亮暗、匀杂。以肥嫩多芽、细嫩多芽、嫩黄绿明亮为佳，以有摊张、黄暗、欠匀等为次。

理论测验

（一）单选题

1. 特种烘青茉莉花茶以（　　）等鲜叶为原料，经加工后呈芽针形、兰花形、肥嫩或细秀条形及其他特殊造型。

A. 单芽或一芽一至二叶　　B. 一芽三至四叶

C. 二至三叶驻芽　　D. 嫩茎

2.（　　）外观形状较小，有颗粒状、片状、末状，大多作为袋泡茶原料，也有的作

为深加工原料。

A. 特种茉莉花茶　B. 茉莉烘青　C. 茉莉炒青　D. 碎茶和片茶

3. 根据国家标准《茉莉花茶》(GB/T 22292—2017)，茉莉炒青（半烘炒）被分为(　　)级别。

A. 4个　B. 5个　C. 6个　D. 7个

4. 花茶感官审评内质审评时，(　　)仅作参考因子。

A. 汤色　B. 香气　C. 滋味　D. 叶底

5. 香气的(　　)不但反映在香气的浓淡，还表明持久耐嗅和耐泡。

A. 鲜灵度　B. 浓度　C. 纯度　D. 持久度

(二) 判断题

1. 特种茉莉花茶所用原料明显低于特级茶坯，加工特别精细，需经过“五窨一提”至“七窨一提”窨制而成。(　　)

2. 高档茉莉炒青（含半烘炒）条索紧结、匀整、平伏，色泽黄绿油润；内质香气鲜灵、浓郁持久，滋味鲜浓醇厚，汤色浅黄或黄明亮，叶底细嫩或肥嫩。(　　)

3. 乍嗅尚香、二嗅香微、三嗅香尽说明浓度低。(　　)

4. 花茶茶汤要求醇和而不苦不涩，鲜爽而不闷不浊，不忌显绿茶的生青与涩味。(　　)

5. 花茶干茶色泽审评枯润、匀杂、颜色。绿茶坯经窨制后会稍黄，属正常现象。(　　)

理论测验
答案 9-2

技能实训

技能实训 47　茉莉花茶的感官审评

总结茉莉花茶的品质特征和审评要点，根据花茶感官审评方法完成不同类型和等级茉莉花茶的感官审评，提交感官审评报告，填写茶叶感官审评表（见附录）。

任务三　其他花茶的感官审评

任务目标

掌握桂花茶、珠兰花茶以及其他花茶的感官品质特征。

能够正确审评桂花茶、珠兰花茶、玫瑰红茶等花茶产品。

知识准备

花茶种类很多，一是用于窨制的茶坯不同，主要是烘青绿茶，还有部分炒青或半烘炒绿茶，少量珠茶、红茶、乌龙茶；二是用于窨制的鲜花种类不同，主要是茉莉花，还有桂花、珠兰花、白兰花、玳玳花、玫瑰花、栀子花、柚子花等。

一、桂花茶的感官品质特征

行业标准《桂花茶》（GH/T 1117—2015）规定，桂花茶是指以绿茶、红茶、乌龙茶为原料，经原料整形、桂花鲜花窨制、干燥等加工工艺制作而成的花茶。桂花茶主要产区包括广西桂林、湖北咸宁、四川成都、浙江杭州、重庆等地。根据原料的不同，桂花茶产品分为扁形桂花绿茶、条形桂花绿茶、桂花红茶和桂花乌龙茶。桂花茶香气浓郁而高雅、持久。

1. 扁形桂花绿茶　扁形桂花绿茶分为特级、一至三级共 4 级。高档扁形桂花绿茶条索扁平光直、匀齐，色泽嫩绿润；香气浓郁持久，滋味醇厚，汤色嫩绿明亮，叶底嫩绿成朵、匀齐明亮。各等级扁形桂花绿茶的感官品质特征如表 9－8 所示。

表 9－8　各等级扁形桂花绿茶的感官品质特征

项目		级别			
		特级	一级	二级	三级
外形	条索	扁平、光直	扁平、挺直	扁平、尚挺直	尚扁平、挺直
	色泽	嫩绿润	嫩绿尚润	绿润	尚绿润
	整碎	匀齐	较匀齐	匀整	较匀整
	净度	匀净	洁净	较洁净	尚洁净
内质	汤色	嫩绿明亮	尚嫩绿明亮	绿明亮	尚绿明亮
	香气	浓郁持久	浓郁尚持久	浓	尚浓
	滋味	醇厚	较醇厚	尚浓醇	尚浓
	叶底	嫩绿成朵、匀齐明亮	成朵、尚匀齐明亮	尚成朵、绿明亮	有嫩单片、绿尚明亮

2. 条形桂花绿茶　条形桂花绿茶分为特级、一至三级共 4 级。高档条形桂花绿茶条索

细紧、匀齐，色泽嫩绿润；香气浓郁持久，滋味醇厚，汤色嫩绿明亮，叶底嫩绿成朵、匀齐明亮。各等级条形桂花绿茶的感官品质特征如表 9－9 所示。

表 9－9　各等级条形桂花绿茶的感官品质特征

项目		级别			
		特级	一级	二级	三级
外形	条索	细紧	紧细	较紧细	尚紧细
	色泽	嫩绿润	嫩绿尚润	绿润	尚绿润
	整碎	匀齐	较匀齐	匀整	较匀整
	净度	匀净	净稍、有嫩茎	尚净、有嫩茎	尚净、稍有筋梗
内质	汤色	嫩绿明亮	尚嫩绿明亮	绿明亮	尚绿明亮
	香气	浓郁持久	浓郁尚持久	浓	尚浓
	滋味	醇厚	较醇厚	浓醇	尚浓
	叶底	嫩绿成朵、匀齐明亮	成朵、尚匀齐明亮	尚成朵、绿明亮	有嫩单片、绿尚明亮

3. 桂花红茶　桂花红茶分为特级、一至三级共 4 级。高档桂花红茶条索细紧、匀齐，色泽乌润；香气浓郁持久，滋味醇厚甜香，汤色橙红明亮，叶底细嫩、红匀明亮。各等级桂花红茶的感官品质特征如表 9－10 所示。

表 9－10　各等级桂花红茶的感官品质特征

项目		级别			
		特级	一级	二级	三级
外形	条索	细紧	紧细	较紧细	尚紧细
	色泽	乌润	乌较润	乌尚润	尚乌润
	整碎	匀齐	较匀齐	匀整	较匀整
	净度	匀净	较匀净	尚匀净	尚净
内质	汤色	橙红明亮	橙红尚明亮	橙红明	红明
	香气	浓郁持久	浓郁尚持久	浓	尚浓
	滋味	醇厚甜香	较醇厚甜香	醇和	醇正
	叶底	细嫩、红匀明亮	嫩匀、红亮	嫩匀、尚红亮	尚嫩匀、尚红亮

4. 桂花乌龙茶　桂花乌龙茶分为特级、一级、二级共 3 级。高档桂花乌龙茶条索肥壮、紧结、重实、匀齐，色泽乌润；香气浓郁持久、桂花香明，滋味醇厚回甘，汤色橙黄清澈，叶底肥厚、软亮匀整。各等级桂花乌龙茶的感官品质特征如表 9－11 所示。

表 9-11 各等级桂花乌龙茶的感官品质特征

项目		级别		
		特级	一级	二级
外形	条索	肥壮、紧结、重实	较肥壮、结实	较肥壮、略结实
	色泽	乌润	较乌润	尚乌绿
	整碎	匀齐	较匀齐	匀整
	净度	洁净	净	尚净、稍有嫩幼梗
内质	汤色	橙黄、清澈	深橙黄、清澈	橙黄、深黄
	香气	浓郁持久、桂花香明	清高持久、桂花香明	桂花香、尚清高
	滋味	醇厚回甘、桂花香明	醇厚、带有桂花香	醇和、带有桂花香
	叶底	肥厚、软亮匀整	尚软亮匀整	较软亮略匀整

二、珠兰花茶的感官品质特征

《珠兰花茶》（DB34/T 1355—2018）规定，珠兰花茶是指将适宜窨制花茶的毛茶加工制成茶坯，配以珠兰鲜花，通过特定窨花工艺精制而成的具有“兰香幽雅，浓而不烈，清而不淡”香气特点的花茶。根据茶坯原料不同，珠兰花茶分为特种珠兰花茶和烘青珠兰花茶，主产于安徽歙县、福建漳州、广东广州等地。

1. 特种珠兰花茶 特种珠兰花茶分为特种绿茶类珠兰花茶和特种红茶类珠兰花茶。因素坯种类不同，特种绿茶类珠兰花茶又分为珠兰黄山毛峰（表 9-12）、珠兰大方、珠兰黄山芽和珠兰特型绿茶（表 9-13）。特种红茶类珠兰花茶又分为珠兰红螺茶、珠兰红毛峰和珠兰特型红茶（表 9-14）。

表 9-12 各等级特种珠兰花茶（黄山毛峰）的感官品质特征

项目		级别					
		特级一等	特级二等	特级三等	一级	二级	三级
外形		芽头肥壮、匀齐，形似雀舌，毫显，嫩绿泛象牙色，有金黄片	芽头较肥壮、较匀齐，形似雀舌，毫显，嫩黄绿润	芽头尚肥壮、尚匀齐，毫显，黄绿润	芽叶肥壮、匀齐隐毫，条微卷，黄绿润	芽叶较肥壮、较匀整，条微卷，显芽毫，较黄绿润	芽叶尚肥壮、条略卷，尚匀，较尚黄绿润
内质	汤色	嫩黄绿、清澈鲜亮	嫩黄绿、清澈明亮	嫩黄绿、明亮	黄绿清亮	黄绿明亮	黄绿较亮
	香气	嫩香馥郁、兰香幽雅持久	嫩清香、兰香幽长	清香、兰香幽雅	香气纯正、兰香较幽雅	香气较纯正、兰香尚幽	兰香尚显
	滋味	鲜醇甘爽	鲜醇爽	鲜醇较爽	鲜醇	醇厚	较醇厚
	叶底	嫩黄、匀亮鲜活	嫩黄明亮	嫩黄明亮	较嫩匀、黄绿亮	尚嫩匀、黄绿亮	尚匀黄绿

表 9-13　各等级特种珠兰花茶（绿茶类）的感官品质特征

项目		珠兰大方（级别）			珠兰黄山芽	珠兰特型绿茶
		特级	一级	二级		
外形		扁伏齐整，挺直饱满，色绿微黄，毫稍显	扁平匀整、挺直，浅黄绿，毫隐	扁平、尚挺直，黄绿	条索紧细、锋苗挺秀、匀整，黄绿光润，毫显	呈针形、卷曲形、螺形或其他特殊造型，匀整，洁净，绿润
内质	汤色	嫩黄绿明亮	黄绿明亮	黄绿较亮	清澈黄亮	嫩黄清亮
	香气	香气高长、兰香幽雅持久	香气纯正、兰香幽长	香气纯正、兰香较幽长	兰香幽雅持久	兰香
	滋味	醇厚甘爽	鲜醇回甘	醇厚	醇爽回甘	醇爽回甘
	叶底	芽头壮实、嫩黄匀亮	嫩匀成朵、黄绿明亮	芽叶柔软、黄绿亮	细嫩明亮	黄绿明亮

表 9-14　各等级特种珠兰花茶（红茶类）感官品质特征

项目		珠茶红香螺（级别）			珠茶红毛峰（级别）			珠兰特型红茶
		特级	一级	二级	特级	一级	二级	
外形		细嫩卷曲、金毫显露，色泽乌黑油润，匀整，净度好	紧结卷曲、显毫，色泽乌黑较油润，较匀整，净度较好	紧结卷曲、尚显毫，色泽乌润，尚匀整，净度尚好	紧结弯曲、露毫、显锋苗，色泽乌润，匀整，净度好	紧结弯曲、显锋苗，色泽乌较润，较匀整，净度较好	紧结弯曲、有锋苗，色泽乌尚润，尚匀整，净度尚好	呈针形、卷曲形、螺形或其他特殊造型，匀整，洁净，乌润
内质	汤色	红艳明亮	红亮	红较亮	红艳明亮	红亮	红较亮	红亮
	香气	嫩甜香高鲜、兰香幽雅持久	鲜甜香、兰香幽长	甜香、兰香幽雅	甜香高鲜、兰香幽雅持久	鲜甜香、兰香幽长	甜香、兰香幽雅	甜香、兰香协调
	滋味	甜醇鲜爽	甜醇尚鲜	甜醇尚厚	鲜甜醇	甜醇尚鲜	甜醇尚厚	甜醇
	叶底	红亮匀齐、细嫩显芽	红亮、嫩匀	红亮、较嫩匀	红亮、匀齐柔嫩	红亮、嫩匀	红亮、较嫩匀	红亮匀

2. 珠兰烘青　珠兰烘青是珠兰花茶产品中主要产品，品质特征为条索紧细匀整，锋苗显露，色泽深绿润；内质兰香幽雅持久，滋味醇爽较鲜，汤色嫩黄清亮，叶底嫩匀柔软明亮。珠兰烘青的感官品质特征如表 9-15 所示。

表 9-15 各等级珠兰烘青的感官品质特征

项目		级别							
		特级	一级	二级	三级	四级	五级	碎茶	片茶
外形		条索紧细、锋苗显露，匀整，匀净，深绿润	条索紧细、显锋苗，匀整平伏，绿润	条索紧结，尚匀整，尚净，黄绿润	条索尚紧结、平伏，尚匀整，尚净，稍含嫩茎，黄绿稍润	条索壮实、稍露筋梗，尚匀整，尚净，有茎梗，黄绿稍润	条索稍粗、略扁含梗片，尚匀，有梗朴，黄稍枯暗	通过紧门筛（筛网孔径 0.8 ～ 1.6mm）洁净重实的颗粒茶，有兰香，滋味尚醇	通过紧门筛（筛网孔径 0.8 ～ 1.6mm）的轻质片状茶，有兰香，滋味尚纯
内质	汤色	嫩黄、清亮	黄绿、清澈明亮	绿黄亮	绿黄、尚亮	黄尚亮	黄稍暗		
	香气	兰香幽雅持久	兰香幽长	兰香幽雅	兰香较幽雅	兰香显	兰香尚显		
	滋味	醇爽较鲜	醇浓甘爽	浓醇带鲜	醇厚	尚醇厚	尚纯		
	叶底	嫩匀、柔软明亮	细嫩、匀整明亮	嫩、尚匀亮	尚嫩亮	尚软、有摊长	稍粗老		

三、其他花茶的感官品质特征

1. 玫瑰花茶 玫瑰花茶产于广东、福建、浙江等地，产品分玫瑰红茶和玫瑰绿茶，具有香气浓郁、甜香扑鼻，滋味甘美、口鼻清新的品质特征。其中，玫瑰红茶生产较多，具有外形条索较细紧、有锋苗，可见干玫瑰花瓣；香气甜香、玫瑰花香较显，滋味甘醇爽口，汤色红明亮，叶底嫩尚匀、红明亮的品质特征。

2. 玉兰花茶 玉兰花茶产于海南、广东、福建等地。玉兰花茶采用优质绿茶与优质白玉兰鲜花为原料窨制而成，品质特征为外形条索紧结，色泽黄绿尚润；香气鲜浓持久，滋味浓厚尚醇，汤色黄绿明亮，叶底嫩尚匀，黄绿明亮。兰花茶香气浓郁，窨制时一般下花量较少，无须通花、起花和复火。

3. 工艺花茶 工艺花茶以茶叶和可食用花卉为原料，经整形、捆扎等工艺制成外观造型各异，冲泡时可在水中开放出不形态的造型花茶。根据产品冲泡时的动态艺术感，产品分为：①绽放型工艺花茶，冲泡时茶中内饰花卉缓慢绽放的工艺花茶；②跃动型工艺花茶，冲泡时茶中内饰花卉有明显跃动升起的工艺花茶；③飘絮型工艺花茶，冲泡时有细小花絮从茶中飘起再缓慢下落的工艺花茶。其香气清爽、显花香，汤色清澈明亮，滋味鲜爽、醇、花味显，叶底匀整、软嫩、明亮。

理论测验

（一）单选题

1. 行业标准《桂花茶》（GH/T 1117—2015）规定，（　　）是指以绿茶、红茶、乌龙茶为原料，经原料整形、鲜花窨制、干燥等工艺制作而成。

A. 茉莉花茶 B. 玫瑰花茶 C. 桂花茶 D. 珠兰花茶

2.（ ）是珠兰花茶产品中主要产品。

A. 珠兰烘青 B. 珠兰大方 C. 珠兰红毛峰 D. 珠兰黄山芽

3. 珠兰花茶主产于（ ）歙县。

A. 广西 B. 安徽 C. 福建 D. 浙江

4. 下列（ ）不属于桂花红茶的品质特点。

A. 条索紧细或紧结 B. 汤色黄亮

C. 香气带甜香 D. 滋味醇厚

5. 下列（ ）不属于桂花乌龙茶品质特点。

A. 条索紧结 B. 汤色橙黄 C. 香气带板栗香 D. 滋味醇厚

（二）判断题

1. 根据行业标准《桂花茶》（GH/T 1117—2015），桂花茶产品根据原料的不同分为扁形桂花绿茶、条形桂花绿茶、桂花红茶和桂花乌龙茶。（ ）

2. 高档桂花红茶条索细紧、匀齐，色泽乌润；香气清香持久，滋味醇厚甜香，汤色橙红明亮，叶底细嫩、红匀明亮。（ ）

3. 珠兰花茶具有“兰香幽雅，浓而不烈，清而不淡”的香气特点。（ ）

4. 玫瑰红茶生产较多，具有外形条索较细紧、有锋苗，不可见干玫瑰花瓣。（ ）

5. 玉兰花茶的香气浓郁，窨制时一般下花量较少，无须通花、起花和复火。（ ）

理论测验

答案 9-3

技能实训

技能实训 48 其他花茶的感官审评

总结桂花茶、珠兰花茶、玫瑰红茶等花茶的品质特征和审评要点，根据花茶感官审评方法完成不同类型花茶的感官审评，提交感官审评报告，填写茶叶感官审评表（见附录）。

项目十　袋泡茶、粉茶、茶饮料、固态速溶茶的感官审评

项目提要

随着生产的发展和市场需求的不断变化，茶叶产品不断创新，种类繁多，形态各异，品质各具特色，形成了新的风味品质。以茶叶或茶鲜叶为原料，经特定的工艺加工而成的各种茶产品，如袋泡茶、粉茶、速溶茶和茶饮料等茶产品，具有品饮方便快捷的特点，顺应了现代快节奏的生活旋律，深受欢迎。本项目主要介绍袋泡茶、粉茶、茶饮料和固态速溶茶的感官品质特征及感官审评方法等内容。

任务一　袋泡茶的感官审评

任务目标

掌握袋泡茶的感官品质特征、感官审评方法及品质评分原则。

能够正确审评袋泡茶产品。

知识准备

《袋泡茶》（GB/T 24690—2018）规定，袋泡茶是以茶树的芽、叶、嫩茎制成的绿茶、红茶、乌龙茶、白茶、黄茶、黑茶及通过上述原料经各种鲜花窨制的花茶为原料，通过加工形成一定的规格，用过滤材料包装而成的产品。袋泡茶具有携带方便、用量准确、冲泡快速、清洁卫生和茶渣易处理等优点，顺应了现代快节奏的生活旋律，深受欢迎。

微课：袋泡茶的感官审评

一、袋泡茶的感官品质特征

根据茶叶原料的不同，袋泡茶主要分为绿茶袋泡茶、红茶袋泡茶、乌龙茶袋泡茶、黄茶袋泡茶、白茶袋泡茶、黑茶袋泡茶和花茶袋泡茶。其感官品质要求如表10－1所示。

二、袋泡茶的感官审评方法

（一）外形审评要点

检查袋泡茶的包装材料、包装方法、图案设计、包装防潮性以及所使用的文字说明是否

表 10-1　袋泡茶的感官品质特征

项目	外形	汤色	香气	滋味
绿茶袋泡茶	滤袋外形完整，冲泡后不溃破、不漏茶	绿黄	纯正	平和
红茶袋泡茶		红	纯正	尚浓
乌龙茶袋泡茶		橙黄或橙红	纯正	醇和
黄茶袋泡茶		黄	纯正	醇和
白茶袋泡茶		浅黄	纯正	醇正
黑茶袋泡茶		褐红或橙黄	纯正	醇和
花茶袋泡茶		具原料茶的汤色	花香	醇正

符合食品通用标准等。袋泡茶的包装要求包装材料符合食品安全国家标准，清洁、无毒、无异味，不影响茶叶品质；滤纸封口完整，滤纸轧边处不夹茶；提线与滤纸和吊盘连接处定位牢固，滤纸与吊盘和外封套互不粘结。常见的袋泡茶有单室、双室和三角包（图 10-1）。

单室

双室

三角包

图 10-1　袋泡茶

（二）内质审评要点

袋泡茶审评采用柱形杯方法。取一茶袋置于 150mL 审评杯中，注满沸水，加盖浸泡 3min 后揭盖上下提动袋茶两次（两次提间隔 1min），提动后随即盖上杯盖，至 5min 沥茶汤入审评碗中，依次审评汤色、香气、滋味和叶底。叶底审评茶袋冲泡后的完整性。

1. 汤色　色泽因茶类而异，但均以明亮为佳，以陈暗少光泽的为次，混浊不清的最差。

2. 香气　正常的袋泡茶应具有原茶的良好香气，感受香气的纯异、类型、高低与持久性。袋泡茶侧重香气的协调性与持久性。袋泡茶受包装纸污染的机会较大，审评时应注意有无异味。

3. 滋味　常见滋味包括浓、淡、厚、薄、爽、涩等。这是袋泡茶审评的重点，根据口感的好坏判断质量的优劣。

4. 叶底　袋泡茶的叶底主要看滤纸是否破裂，茶渣是否被封包于袋内，带型变化是否明显和有提线是否脱落等。

三、袋泡茶的品质评分原则

袋泡茶品质评语与各品质因子评分原则如表 10－2 所示。

表 10－2　袋泡茶品质评语与各品质因子评分原则

因子	级别	品质特征	给分	评分系数/%
外形(a)	甲	滤纸质量优，包装规范、完全符合标准要求	90～99	10
	乙	滤纸质量较优，包装规范、完全符合标准要求	80～89	
	丙	滤纸质量较差，包装不规范、有欠缺	70～79	
汤色(b)	甲	色泽依茶类不同，但要清澈明亮	90～99	20
	乙	色泽依茶类不同，较明亮	80～89	
	丙	欠明亮或有混浊	70～79	
香气(c)	甲	高鲜、纯正、有嫩茶香	90～99	30
	乙	高爽或较高鲜	80～89	
	丙	尚纯、熟、老火或青气	70～79	
滋味(d)	甲	鲜醇、甘鲜、醇厚鲜爽	90～99	30
	乙	清爽、浓厚、尚醇厚	80～89	
	丙	尚醇或浓涩或青涩	70～79	
叶底(e)	甲	滤纸薄面均匀，过滤性好，无破损	90～99	10
	乙	滤纸厚薄较均匀，过滤性较好，无破损	80～89	
	丙	掉线或有破损	70～79	

理论测验

(一) 单选题

1. (　　) 是以茶树的芽、叶、嫩茎制成的绿茶、红茶、乌龙茶、白茶、黄茶、黑茶及通过上述原料经各种鲜花窨制的花茶为原料，通过加工形成一定的规格，用过滤材料包装而成的产品。

A. 速溶茶　　B. 袋泡茶　　C. 茶饮料　　D. 紧压茶

2. (　　) 具有携带方便、用量准确、冲泡快速、清洁卫生和茶渣易处理等优点。

A. 速溶茶　　B. 紧压茶　　C. 茶饮料　　D. 袋泡茶

3. 袋泡茶的滋味"鲜醇、甘鲜、醇厚鲜爽"，评分为 (　　)。

A. 100 分以上　　B. 90～99　　C. 80～89　　D. 70～79

4. 袋泡茶的香气权重为 (　　)。

A. 20%　　B. 25%　　C. 30%　　D. 35%

5. 袋泡茶的叶底"掉线或有破损"，评为 (　　)。

A. 甲级　　B. 乙级　　C. 丙级　　D. 特级

（二）判断题

1. 袋泡茶外形权重为20%。 （ ）
2. 袋泡茶滤袋外形完整，冲泡后不溃破、不漏茶。 （ ）
3. 袋泡茶汤色权重为20%。 （ ）
4. 袋泡茶香气以纯正、高爽为佳。 （ ）
5. 袋泡茶叶底审评嫩度、匀齐度。 （ ）

理论测验
答案10－1

技能实训

技能实训49 袋泡茶的感官审评

总结袋泡茶的品质特征，根据袋泡茶的感官审评方法完成不同类型袋泡茶的感官审评，提交感官审评报告，填写茶叶感官审评表（见附录）。

任务二　粉茶的感官审评

任务目标

掌握粉茶的感官品质特征、感官审评方法及品质评分原则。
能够正确审评粉茶产品。

知识准备

一、粉茶的感官品质特征

《粉茶》(GH/T 1275—2019) 规定，粉茶是以绿茶、红茶、黄茶、白茶、乌龙茶、黑茶等为原料，经研磨等工艺加工而成的粉状茶产品。粉茶产品按原料的不同，分为绿茶粉、红茶粉、黄茶粉、白茶粉、乌龙茶粉、黑茶粉等。粉茶的感官品质特征如表 10-3 所示。

表 10-3　粉茶的感官品质特征

项目	要求
色泽	应具有相应茶类粉茶固有的色泽
组织形态	均匀粉状
香气和滋味	应具有相应茶类粉茶应有的香气和滋味
杂质	无

二、粉茶的感官审评方法

粉茶是磨碎后的颗粒直径在 0.076mm (200 目) 及以下的直接用于食用茶叶。粉茶采用干湿兼评的方法，先干评粉茶的干茶色泽、粉状均匀、有无杂质，再湿评粉茶的香气和滋味。从粉茶的干茶色泽、粉状均匀、有无杂质和开汤后的香气、滋味 5 个方面进行评定。

(一) 外形审评要点

将试样充分混合，取 5～10g 样品放入评审盘，察看干茶色泽、粉状的均匀性及有无杂质。

(二) 内质审评要点

内质的香气和滋味按国家标准《茶叶感官审评方法》(GB/T 23776—2018) 的规定执行。取 0.6g 茶样，置于 240mL 的评茶碗中，用审评杯注入 150mL 沸水，用茶筅搅拌 3min，依次审评其汤色、香气与滋味。

根据干评的干茶色泽、粉状均匀、有无杂质和湿评的香气、滋味的审评结果，有任一项不符合表 10-3 要求的，均判定为感官品质不合格。

三、粉茶的品质评分原则

粉茶品质评语与各品质因子评分原则如表 10-4 所示。

表 10-4 粉茶品质评语与各品质因子评分原则

因子	级别	品质特征	给分	评分系数/%
外形(a)	甲	嫩度好，细、匀、净，色鲜活	90～99	10
	乙	嫩度较好，细、匀、净，色较鲜活	80～89	
	丙	嫩度稍低，细、较匀净，色尚鲜活	70～79	
汤色(b)	甲	色泽依茶类不同，色彩鲜艳	90～99	20
	乙	色泽依茶类不同，色彩尚鲜艳	80～89	
	丙	色泽依茶类不同，色彩较差	70～79	
香气(c)	甲	嫩香、嫩栗香、清高、花香	90～99	35
	乙	清香、尚高、栗香	80～89	
	丙	尚纯、熟、老火、青气	70～79	
滋味(d)	甲	鲜醇爽口、醇厚甘爽、醇厚鲜爽、口感细腻	90～99	35
	乙	浓厚、尚醇厚、口感较细腻	80～89	
	丙	尚醇、浓涩、青涩、有粗糙感	70～79	

理论测验

（一）单选题

1.（　　）是以绿茶、红茶、黄茶、白茶、乌龙茶、黑茶等为原料，经研磨等工艺加工而成的粉状茶产品。

A. 速溶茶　　B. 袋泡茶　　C. 茶饮料　　D. 粉茶

2. 根据国家标准《茶叶感官审评方法》(GB/T 23776—2018)，粉茶是磨碎后的颗粒直径在（　　）及以下的直接用于食用的茶叶。

A. 0.074mm　　B. 0.075mm　　C. 0.076mm　　D. 0.077mm

3. 粉茶的外形审评（　　）。

A. 干茶色泽、粉状的均匀　　B. 干茶条索、色泽

C. 干茶整碎、色泽　　D. 干茶条索、匀度

4. 粉茶的汤色权重为（　　）。

A. 25%　　B. 20%　　C. 15%　　D. 10%

5. 粉茶内质审评，取（　　）茶样，置于240mL的评茶碗中，用审评杯注入150mL沸水。

A. 0.3g　　B. 0.6g　　C. 0.9g　　D. 3.0g

（二）判断题

1. 粉茶外形权重为20%。（　　）

2. 粉茶产品按原料的不同，分为绿茶粉、红茶粉、黄茶粉、白茶粉、乌龙茶粉、黑茶粉等。（　　）

3. 粉茶香气权重25%。（　　）

4. 优质粉茶外形嫩度好，细、匀、净，色鲜活。（　　）

5. 优质的粉茶鲜醇爽口、醇厚甘爽、醇厚鲜爽、口感细腻。（　　）

理论测验
答案 10-2

技能实训

技能实训 50　粉茶的感官审评

总结粉茶的品质特征，根据粉茶感官审评方法完成不同类型粉茶的感官审评，提交感官审评报告，填写茶叶感官审评表（见附录）。

任务三 固态速溶茶和茶饮料的感官审评

任务目标

掌握固态速溶茶和茶饮料的感官审评方法。

能够正确审评固态速溶茶和茶饮料产品。

知识准备

一、固态速溶茶和茶饮料的感官品质特征

（一）固态速溶茶的感官品质特征

《茶制品 第1部分：固态速溶茶》（GB/T 31740.1—2015）规定，固态速溶茶以茶叶或茶鲜叶为原料，经水提（或采用茶鲜叶榨汁）、过滤、浓缩、干燥制成的，可在生产过程中加入食品添加剂、食品加工助剂以及适量食品辅料（如麦芽糊精）的固态速溶茶产品。根据所选用的原料茶的品种和产品特征，固态速溶茶分为速溶红茶、速溶绿茶、速溶乌龙茶、速溶黑茶、速溶白茶、速溶黄茶和其他速溶茶等7种。

根据溶解温度，固态速溶茶分为冷溶型固态速溶茶和热溶型固态速溶茶。热溶型固态速溶茶是指在85±5℃纯净水中能溶解，经搅拌无肉眼可见悬浮物、沉淀物的固态速溶茶；冷溶型固态速溶茶是指在25±1℃纯净水中能溶解，经搅拌无肉眼可见悬浮物、沉淀物的固态速溶茶。

速溶茶产品具有该茶类应有的外形特征、色泽、香气和滋味，无结块、酸败及其他异常。

（二）茶饮料的感官品质特征

《茶饮料》（GB/T 21733—2008）规定，茶饮料是指以茶叶的水提取液或其浓缩液、茶粉等为主要原料，加入水、糖、酸味剂、食用香精、果汁、乳制品、植（谷）物的提取物等，经加工制成的液体饮料。茶饮料按产品风味分为茶饮料（茶汤）、调味茶饮料、复（混）合茶饮料、茶浓缩液。

1. 茶饮料（茶汤） 茶饮料是以茶叶的水提取液或其浓缩液、茶粉等为原料经加工制成的保持原茶汁应有风味的液体饮料，可以添加少量的食糖或甜味剂。产品分为红茶饮料、绿茶饮料、乌龙茶饮料、花茶饮料和其他茶饮料。

2. 调味茶饮料 产品分为果汁茶饮料、果味茶饮料、奶茶饮料、奶味茶饮料、碳酸茶饮料和其他调味茶饮料。

（1）果汁茶饮料和果味茶饮料。是指以茶叶的水提取液或其浓缩液、茶粉等为原料，加入果汁、食糖和（或）甜味剂、食用果味香精等的一种或几种调制而成的液体饮料。

（2）奶茶饮料和奶味茶饮料。是指以茶叶的水提取液或其浓缩液、茶粉为原料，加入乳或乳制品，食糖和（或）甜味剂、食用奶味香精等的一种或几种调制而成液体

饮料。

（3）碳酸茶饮料。是指以茶叶的水提取液或其浓缩液、茶粉为原料，加入二氧化碳气、食糖和（或）甜味剂、食用香精等调制而成液体饮料。

（4）其他调味茶饮料。是指以茶叶的水提取液或其浓缩液、茶粉为原料，加入除果汁喝乳之外其他可食用的配料、食糖和（或）甜味剂、食用酸味剂、食用香精等一种或几种调制而成液体饮料。

3. 复（混）合茶饮料 是指以茶叶和植（谷）物的水提取液或其浓缩液、干燥粉为原料加工制成的具有茶与植（谷）物混合风味的液体饮料。

4. 茶浓缩液 是指采用物理方法从茶叶水提取液中除去一定比例的水分经加工制成，加水复原后具有原茶汁应有风味的叶态制品。

各种茶饮料的品质要求：具有该产品应有的色泽、香气和滋味，允许有茶成分导致的混浊或沉淀，无正常视力可见的外来杂质。

二、固态速溶茶与茶饮料的感官审评方法

（一）固态速溶茶的感官审评方法

1. 外形审评要点 取被测样品 4.00g（精确至 0.01g），均匀摊放在洁净的培养皿（直径 10cm）中，并将培养皿置于定性滤纸（直径 15cm）上，在自然光线下观察其色泽和外观形状。

2. 内质审评要点 称取样品 0.50g，置于 250mL 烧杯或透明玻璃杯中，用 150mL 水温为85±5℃的纯净水冲泡（其中冷溶型固态速溶茶在 25±1℃纯净水中溶解）后，感官评定气味、滋味和汤色，并观察组织状态和杂质。

固态速溶茶审评项目包括外形（形状、色泽）和内质（香气、滋味、汤色）。汤色以清澈明亮，杯底无沉淀物为佳；以灰暗、灰淡、混浊，杯底有沉淀物为次。速溶红茶讲究汤色红艳明亮、无沉淀物；速溶绿茶汤色以黄绿明亮、无沉淀物为佳。香气以接近原茶应有的风味、无熟汤味、无异味为佳。速溶红茶以浓醇、醇厚、醇和为佳，速溶绿茶以浓爽、醇和为佳。

（二）茶饮料的感官审评方法

取约 50mL 混合均匀的待审评的茶饮料，倒入无色透明的容器中，置于明亮处，迎光观察其色泽和澄清度，在室温下嗅其气味，品尝其滋味。

理论测验

（一）单选题

1.（　　）以茶叶或茶鲜叶为原料，经水提（或采用茶鲜叶榨汁）、过滤、浓缩、干燥制成的，可在生产过程中加入食品添加剂、食品加工助剂以及适量食品辅料（如麦芽糊精）的固态速溶茶产品。

A. 茶饮料　　B. 袋泡茶　　C. 速溶茶　　D. 粉茶

2. 冷溶型固态速溶茶是指在（　　）纯净水中能溶解，经搅拌无肉眼可见悬浮物、沉淀物的固态速溶茶。

A. 0±5℃　　B. 15±5℃　　C. 25±5℃　　D. 35±5℃

3. 热溶型固态速溶茶是指在（　　）纯净水中能溶解，经搅拌无肉眼可见悬浮物、沉淀物的固态速溶茶。

A. 95±5℃　　B. 85±5℃　　C. 75±5℃　　D. 65±5℃

4.（　　）以茶叶的水提取液或其浓缩液、茶粉等为主要原料，加入水、糖、酸味剂、食用香精、果汁、乳制品、植（谷）物的提取物等，经加工制成的液体饮料。

A. 茶饮料　　B. 袋泡茶　　C. 速溶茶　　D. 粉茶

5. 以下（　　）不属于调味茶饮料。

A. 果汁茶饮料、果味茶饮料　　B. 碳酸茶饮料

C. 奶茶饮料、奶味茶饮料　　D. 红茶饮料

（二）判断题

1. 速溶茶根据溶解温度不同可以分为冷溶型固态速溶茶和热溶型固态速溶茶。（　　）

2. 速溶茶产品具有该茶类应有的外形特征、色泽、香气和滋味，无结块、酸败及其他异常。（　　）

3. 热溶型固态速溶茶审评，称取样品 0.50g，置于 250mL 烧杯或透明玻璃杯中，用 150mL 水温为 55±5℃的纯净水冲泡。（　　）

4. 冷溶型固态速溶茶审评，称取样品 0.50g，置于 250mL 烧杯或透明玻璃杯中，用 150mL 水温为 25±5℃的纯净水冲泡。（　　）

5. 茶饮料审评，取约 100mL 混合均匀，倒入无色透明的容器中，置于明亮处，迎光观察其色泽和澄清度。（　　）

理论测验
答案 10-3

技能实训

技能实训 51　固态速溶茶和茶饮料的感官审评

总结固态速溶茶和茶饮料的品质特征，根据速溶茶的感官审评方法完成不同类型速溶茶和茶饮料的感官审评，提交感官审评报告，填写固态速溶茶感官审评记录表（表 10-5）和茶饮料感官审评记录表（表 10-6）。

表 10－5　固态速溶茶感官审评记录

编号	茶名	项目	外形		内质			总分	等级	备注
			形状	色泽	汤色	香气	滋味			
1		评语								
		评分								
2		评语								
		评分								
3		评语								
		评分								
4		评语								
		评分								
5		评语								
		评分								
6		评语								
		评分								
7		评语								
		评分								
8		评语								
		评分								
9		评语								
		评分								
10		评语								
		评分								

表 10-6　茶饮料感官审评记录

编号	茶名	项目	内质			总分	等级	备注
			汤色	香气	滋味			
1		评语						
		评分						
2		评语						
		评分						
3		评语						
		评分						
4		评语						
		评分						
5		评语						
		评分						
6		评语						
		评分						
7		评语						
		评分						
8		评语						
		评分						
9		评语						
		评分						
10		评语						
		评分						

主要参考文献

陈郁榕，2010. 细品福建乌龙茶［M］. 福州：福建科学技术出版社.
陈郁榕，2020. 武夷岩茶百问百答［M］. 福州：福建科学技术出版社.
方维亚，陈萍，2014. 不同地区红茶特异性香气成分比较研究［J］. 茶叶，40（3）：138-145.
郭雅玲，2011. 武夷岩茶品质的感官审评［J］. 福建茶叶（1）：45-47.
黄艳，刘菲，孙威江，2015. 白茶产品与加工技术研究进展［J］. 中国茶叶加工（6）：5-9，19.
刘宝顺，刘欣，刘仕章，等，2016. 武夷岩茶感官审评技术［J］. 蚕桑茶叶通讯（5）：38-40.
刘东娜，罗凡，李春华，等，2018. 白茶品质化学研究进展［J］. 中国农业科技导报，20（4）：79-91.
鲁成银，2015. 茶叶审评与检验技术［M］. 北京：中央广播电视大学出版社.
罗盛财，2013. 武夷岩茶名丛录［M］. 福州：福建科学技术出版社.
农艳芳，2011. 茶叶审评与检验［M］. 北京：中国农业出版社.
阮逸明，2002. 台湾乌龙茶的发展及其文化特色［J］. 农业考古（4）：327-334.
阮逸明，2005. 台湾乌龙茶的发展及特色［J］. 中国茶叶（4）：14-15.
施兆鹏，2010. 茶叶审评与检验［M］. 北京：中国农业出版社.
危赛明，2017. 白茶经营史录［M］. 北京：中国农业出版社.
危赛明，2019. 白茶的产品特征与新的工艺创始［J］. 中国茶叶加工（4）：85-86.
危赛明，2019. 白茶的创制与发展［J］. 中国茶叶加工（2）：79-81.
杨亚军，2015. 评茶员培训教材［M］. 北京：金盾出版社
张木树，2011. 乌龙茶审评［M］. 厦门：厦门大学出版社.

附录一 茶叶感官审评表

茶叶感官审评表 A

<table>
<tr><th rowspan="2">编号</th><th rowspan="2">茶名</th><th rowspan="2">项目</th><th colspan="4">外形</th><th colspan="4">内质</th><th rowspan="2">总分</th><th rowspan="2">等级</th><th rowspan="2">备注</th></tr>
<tr><th>形状</th><th>色泽</th><th>整碎</th><th>净度</th><th>汤色</th><th>香气</th><th>滋味</th><th>叶底</th></tr>
<tr><td rowspan="2">1</td><td rowspan="2"></td><td>评语</td><td></td><td></td><td></td><td></td><td></td><td></td><td></td><td></td><td rowspan="2"></td><td rowspan="2"></td><td rowspan="2"></td></tr>
<tr><td>评分</td><td colspan="4"></td><td></td><td></td><td></td><td></td></tr>
<tr><td rowspan="2">2</td><td rowspan="2"></td><td>评语</td><td></td><td></td><td></td><td></td><td></td><td></td><td></td><td></td><td rowspan="2"></td><td rowspan="2"></td><td rowspan="2"></td></tr>
<tr><td>评分</td><td colspan="4"></td><td></td><td></td><td></td><td></td></tr>
<tr><td rowspan="2">3</td><td rowspan="2"></td><td>评语</td><td></td><td></td><td></td><td></td><td></td><td></td><td></td><td></td><td rowspan="2"></td><td rowspan="2"></td><td rowspan="2"></td></tr>
<tr><td>评分</td><td colspan="4"></td><td></td><td></td><td></td><td></td></tr>
<tr><td rowspan="2">4</td><td rowspan="2"></td><td>评语</td><td></td><td></td><td></td><td></td><td></td><td></td><td></td><td></td><td rowspan="2"></td><td rowspan="2"></td><td rowspan="2"></td></tr>
<tr><td>评分</td><td colspan="4"></td><td></td><td></td><td></td><td></td></tr>
<tr><td rowspan="2">5</td><td rowspan="2"></td><td>评语</td><td></td><td></td><td></td><td></td><td></td><td></td><td></td><td></td><td rowspan="2"></td><td rowspan="2"></td><td rowspan="2"></td></tr>
<tr><td>评分</td><td colspan="4"></td><td></td><td></td><td></td><td></td></tr>
<tr><td rowspan="2">6</td><td rowspan="2"></td><td>评语</td><td></td><td></td><td></td><td></td><td></td><td></td><td></td><td></td><td rowspan="2"></td><td rowspan="2"></td><td rowspan="2"></td></tr>
<tr><td>评分</td><td colspan="4"></td><td></td><td></td><td></td><td></td></tr>
<tr><td rowspan="2">7</td><td rowspan="2"></td><td>评语</td><td></td><td></td><td></td><td></td><td></td><td></td><td></td><td></td><td rowspan="2"></td><td rowspan="2"></td><td rowspan="2"></td></tr>
<tr><td>评分</td><td colspan="4"></td><td></td><td></td><td></td><td></td></tr>
<tr><td rowspan="2">8</td><td rowspan="2"></td><td>评语</td><td></td><td></td><td></td><td></td><td></td><td></td><td></td><td></td><td rowspan="2"></td><td rowspan="2"></td><td rowspan="2"></td></tr>
<tr><td>评分</td><td colspan="4"></td><td></td><td></td><td></td><td></td></tr>
</table>

茶叶感官审评表 B

编号	茶名	项目	外形	内质				总分	等级	备注
				汤色	香气	滋味	叶底			
1		评语								
		评分								
2		评语								
		评分								
3		评语								
		评分								
4		评语								
		评分								
5		评语								
		评分								
6		评语								
		评分								
7		评语								
		评分								
8		评语								
		评分								

注：可登录“智农书苑”网站（http：//read. ccapedu. com）下载茶叶感官审评表。

附录二 《评茶员》国家职业技能标准（2019年版）

限于教材篇幅，本附录内容请扫描下面的二维码进行浏览。

《评茶员》国家职业技能标准（2019年版）

读者意见反馈

亲爱的读者：

感谢您选用中国农业出版社出版的职业教育规划教材。为了提升我们的服务质量，为职业教育提供更加优质的教材，敬请您在百忙之中抽出时间对我们的教材提出宝贵意见。我们将根据您的反馈信息改进工作，以优质的服务和高质量的教材回报您的支持和爱护。

地　　址：北京市朝阳区麦子店街 18 号楼（100125）

中国农业出版社职业教育出版分社

联系方式：QQ（1492997993）

教材名称：　　　　　　　　　　ISBN：

个人资料

姓名：________________所在院校及所学专业：________________

通信地址：________________________________

联系电话：________________电子信箱：________________

您使用本教材是作为：□指定教材□选用教材□辅导教材□自学教材

您对本教材的总体满意度：

从内容质量角度看□很满意□满意□一般□不满意

改进意见：________________________________

从印装质量角度看□很满意□满意□一般□不满意

改进意见：________________________________

本教材最令您满意的是：

□指导明确□内容充实□讲解详尽□实例丰富□技术先进实用□其他________

您认为本教材在哪些方面需要改进？（可另附页）

□封面设计□版式设计□印装质量□内容□其他________________

您认为本教材在内容上哪些地方应进行修改？（可另附页）

____

____

本教材存在的错误：（可另附页）

第______页，第______行：____________应改为：__________

第______页，第______行：____________应改为：__________

第______页，第______行：____________应改为：__________

您提供的勘误信息可通过 QQ 发给我们，我们会安排编辑尽快核实改正，所提问题一经采纳，会有精美小礼品赠送。非常感谢您对我社工作的大力支持！

欢迎访问“全国农业教育教材网”http：//www.qgnyjc.com（此表可在网上下载）

欢迎登录“中国农业教育在线”http：//www.ccapedu.com 查看更多网络学习资源

图书在版编目（CIP）数据

茶叶感官审评技术 / 周炎花，李清主编 . —北京：中国农业出版社，2021.11（2024.5 重印）

高等职业教育农业农村部“十三五”规划教材　高等职业教育“十四五”规划教材

ISBN 978-7-109-28699-3

Ⅰ. ①茶…　Ⅱ. ①周… ②李…　Ⅲ. ①茶叶－食品感官评价－高等职业教育－教材　Ⅳ. ①TS272

中国版本图书馆 CIP 数据核字（2021）第 172683 号

茶叶感官审评技术

CHAYE GANGUAN SHENPING JISHU

中国农业出版社出版

地址：北京市朝阳区麦子店街 18 号楼

邮编：100125

责任编辑：吴　凯

版式设计：王　晨　　责任校对：刘丽香

印刷：中农印务有限公司

版次：2021 年 11 月第 1 版

印次：2024 年 5 月北京第 3 次印刷

发行：新华书店北京发行所

开本：787mm×1092mm　1/16

印张：18.75

字数：500 千字

定价：56.00 元

版权所有 · 侵权必究

凡购买本社图书，如有印装质量问题，我社负责调换。

服务电话：010－59195115　010－59194918